AWS認定
ソリューションアーキテクト －アソシエイト
問題集

平山 毅／福垣内孝造［著・監修］　堀内康弘［監修］
澤田拓也／門倉新之助／新井將友
中根功多朗／村越義親／市川雅也／杉原雄介
星 幸平／榛葉大樹／藤田郁子／大西孝高
鳥谷部昭寛／早川 愛／姜 禮林［著］

リックテレコム

- 本書は、2021 年 5 月時点の情報をもとにしています。本書に記載された内容は、将来予告なしに変更されることがあります。あらかじめご了承願います。

- 本書の記述は、筆者の見解にもとづいており、Amazon Web Services, Inc. およびその関連会社とは一切の関係がありません。

- 本書の記載内容にもとづいて行われた作業やその成果物がもたらす影響については、本書の監修者、著者、発行人、発行所、その他関係者のいずれも一切の責任を負いませんので、あらかじめご了承願います。

- 本書に記載されている会社名、製品名、サービス名は一般に各社の商標または登録商標であり、特にその旨明記がなくても本書は十分にこれらを尊重します。なお、本文中では、™、Ⓡマークなどは明記していません。

はじめに

　本書は、AWS 認定ソリューションアーキテクト－アソシエイト試験に対応した問題集です。前著『AWS 認定アソシエイト 3 資格対策』『AWS 認定ソリューションアーキテクト－プロフェッショナル』の姉妹書になります。

　近年、AWS のクラウドがエンタープライズシステムに適用されるケースが急速に増えつつあります。また、AWS 認定ソリューションアーキテクト－アソシエイト試験の認知度が、ネット企業や IT ベンダーだけではなく一般企業においても高まってきています。

　AWS 認定ソリューションアーキテクト－アソシエイト試験対策では、AWSサービスの基礎知識を身に付けるとともに、基本的な要求仕様に対して最適な答えを導き出す訓練が必要です。本書は、試験問題の特性を踏まえて、姉妹書の『AWS認定ソリューションアーキテクト－プロフェッショナル』と同様に、シナリオ特性ごとに章を組み立て、演習問題とその解説に重点を置いています。また、総仕上げとして、最終章に模擬試験を掲載しています。なお、ソリューションアーキテクト－アソシエイト試験では、多少の実務経験も必要になってきます。そこで、本書の執筆・監修者は、AWS での豊富な経験を持つメンバー、並びに AWS のプレミアコンサルティングパートナー企業に所属するエンジニア達で構成し、最新の内容や特徴も盛り込んでいます。

　本書は、2020 年 3 月に更新された試験バージョン（SAA-C02）に対応しています。SAA-C02 において強化された分野やアップデートした内容に対応した演習問題で構成されているため、より効率的な試験対策が可能になるでしょう。ソリューションアーキテクト－アソシエイト試験を受験する方はもちろんのこと、過去に取得した認定資格の更新を目指す方にも有用な構成になっています。

　日本国内では、年功序列・終身雇用型から成果主義型への移行、クラウドエンジニア不足、働き方改革が話題になっています。AWS は、コンピュータサイエンス分野を短期間に理解するための素材としても優れています。AWS 認定資格を通して得られるスキルは、企業に所属しているエンジニアだけではなく学生やフリーランス、起業家、育児や介護の対応が必要な在宅者、高齢者など、さまざまな方にとって、IT 全盛の時代において人生を豊かにする観点でも有意義です。2020 年か

ら続く外部環境の急激な変化に伴い、在宅リモート勤務に対応した態勢の整備が急務になっており、デジタル化が大きく進みつつあります。システム開発の世界においても、遠隔リモート環境でもセキュアに開発できるクラウドの活用が標準になってくるでしょう。

　本書を通して、読者の皆様がAWS認定ソリューションアーキテクト－アソシエイト試験に合格し、AWSエンジニアとしてのキャリアをつかみ、さらにソリューションアーキテクト－プロフェッショナル試験を目指すきっかけにして頂けましたら幸いです。

著者を代表して

平山　毅

目次

はじめに 3

第 1 章　AWS 認定ソリューションアーキテクト
—アソシエイト試験の概要と特徴　　9

1.1　試験の概要 10
1.2　ソリューションアーキテクト - アソシエイト（SAA-C02）
　　試験で問われるシナリオカテゴリ 13

第 2 章　各種サービスの概要　　17

2.1　押さえておくべき AWS サービス・機能の全体像 18
2.2　コンピューティング...21
2.3　コンテナ 23
2.4　ネットワーキングとコンテンツ配信 25
2.5　サーバーレス 31
2.6　開発ツール 33
2.7　データベース 36
2.8　ストレージ 40
2.9　フロントエンド 43
2.10　分析..45
2.11　アプリケーション統合..48

5

2.12	コスト管理	50
2.13	マネジメントとガバナンス	51
2.14	移行と転送	55
2.15	セキュリティ、アイデンティティ、および コンプライアンス	58

第3章　試験で問われるシナリオの特性 　63

3.1	「レジリエントアーキテクチャの設計」分野で 問われるシナリオ	64
3.2	「高パフォーマンスアーキテクチャの設計」分野で 問われるシナリオ	70
3.3	「セキュアなアプリケーションとアーキテクチャの設計」 分野で問われるシナリオ	75
3.4	「コスト最適化アーキテクチャの設計」分野で 問われるシナリオ	82

第4章　レジリエントアーキテクチャの設計 　85

4.1	多層アーキテクチャソリューションの設計	86
4.2	可用性の高いアーキテクチャやフォールトトレラントな アーキテクチャの設計	95
4.3	AWSのサービスを使用したデカップリングメカニズムの 設計	115
4.4	適切な回復力のあるストレージの選択	120

第5章 高パフォーマンスアーキテクチャの設計 133

5.1 ワークロードに対する伸縮自在でスケーラブルな
コンピューティングソリューションの識別 134

5.2 ワークロードに対するパフォーマンスとスケーラブルな
ストレージソリューションの選択 144

5.3 ワークロードに対するパフォーマンスが高い
ネットワーキングソリューションの選択 156

5.4 ワークロードに対するパフォーマンスが高い
データベース ソリューションの選択 162

第6章 セキュアなアプリケーションと アーキテクチャの設計 173

6.1 AWS リソースへのセキュアなアクセスの設計 174

6.2 セキュアなアプリケーション階層の設計 192

6.3 適切なデータセキュリティオプションの選択......................204

第7章 コスト最適化アーキテクチャの設計 211

7.1 コスト効率が高いストレージソリューションの識別..........212

7.2 コスト効率が高いコンピューティングおよび
データベースサービスの識別.......................................224

7.3 コスト最適化ネットワークアーキテクチャの設計.............238

7

第8章 模擬試験　247

8.1　模擬試験問題 248

8.2　模擬試験問題の解答と解説 282

監修者・著者プロフィール 318

索引 327

第 **1** 章

AWS 認定ソリューション アーキテクト−アソシエイト 試験の概要と特徴

本章では、AWS 認定ソリューションアーキテクト−アソシエイト試験の概要と、試験の出題分野について説明します。なお、本書の内容は、2021 年 5 月時点の情報にもとづいています。

第1章 AWS認定ソリューションアーキテクト−アソシエイト試験の概要と特徴

1.1 試験の概要

AWS認定試験の体系

　AWS認定ソリューションアーキテクト−アソシエイト試験は、図1.1-1に示すとおり、AWS認定クラウドプラクティショナー試験の上位に位置します。1年程度の実務経験を想定しているため、AWS認定クラウドプラクティショナー試験のようなクラウドのコンセプトやAWSサービスの基本知識だけではなく、AWSサービスを活用したソリューションの内容まで幅広く出題されます。

　また、新しいAWSサービスが次々とリリースされ、ソリューションのパターンが増えたことから、AWS認定ソリューションアーキテクト−アソシエイト試験は、2020年3月にバージョン改訂が行われ、従来のSAA-C01からSAA-C02へ更新されました。本書は、その新バージョンであるSAA-C02に対応しています。AWS認定ソリューションアーキテクト−アソシエイト試験の合格後の認定有効期限は、以前は2年でしたが、現在は3年に延長されており、受験者にとって再認定の負荷が軽減されています。

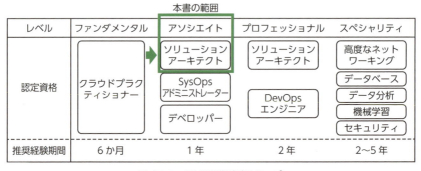

図1.1-1　AWS認定試験ステップ

　AWS認定ソリューションアーキテクト−アソシエイト試験は、「AWSのテクノロジーを使用して、安全で堅牢なアプリケーションを構築およびデプロイするための知識を効果的に証明する」「顧客要件にもとづいて、アーキテクチャ設計原則に沿ったソリューションを定義する」「プロジェクトのライフサイクル全体を通じて、

1.1 試験の概要

1

ベストプラクティスにもとづいた実装ガイダンスを組織に提供する」能力を確認する試験です。そのため、AWSを使ったソリューションの基本を網羅する内容になっています。

近年、システム開発の案件がAWS標準で進められるケースが多くなっています。AWS認定ソリューションアーキテクト−アソシエイト試験の内容は、実際にAWSを使用した案件での提案や要件定義において最低限必要な知識となってきており、資格のニーズもますます高まっています。

AWS認定ソリューションアーキテクト−アソシエイト（SAA-C02）試験の概要

AWS認定ソリューションアーキテクト−アソシエイト（SAA-C02）試験の概要を、AWS認定クラウドプラクティショナー（CLF-C01）試験と対比した形で、表1.1-1に示します。

アソシエイト試験は、クラウドプラクティショナー試験に比べて試験時間が40分も長く（130分間）、合格基準も高く設定されています。また、試験問題の難易度も異なります。アソシエイト試験では、AWSの知識だけではなく、顧客の課題を読み取り、最適なAWSサービスを組み合わせたソリューションを意識して解答する内容になっているため、ソリューションの経験が少なければ、その分、考える時間も必要になってきます。

表1.1-1　AWS認定ソリューションアーキテクト−アソシエイト試験の概要（出典：AWS公式ガイド）

試験	ソリューションアーキテクト−アソシエイト (Solutions Architect – Associate (SAA-C02))	クラウドプラクティショナー (Cloud Practitioner (CLF-C01))
試験問題の形式	・択一選択問題（4つの選択肢のうち、正解を1つ選択） ・複数選択問題（5つ以上の選択肢のうち、正解を2つ以上選択）	・択一選択問題（4つの選択肢のうち、正解を1つ選択） ・複数選択問題（5つ以上の選択肢のうち、正解を2つ以上選択）
試験時間	130分間	90分間
使用言語	英語、日本語、韓国語、中国語（簡体字）	英語、日本語、韓国語、中国語（簡体字）、インドネシア語（バハサ）
受験料（日本語版）	・模擬試験：2,000円（税別） ・本試験：15,000円（税別）	・模擬試験：2,000円（税別） ・本試験：11,000円（税別）
合格基準	100〜1,000点のスコアで評価され、720点以上で合格	100〜1,000点のスコアで評価され、700点以上で合格

11

ここで紹介した試験概要は、2021年5月時点のものであり、今後、変更される可能性があります。最新情報は必ずAWS公式サイト（https://aws.amazon.com/jp/certification/）でご確認ください。

- **AWS 認定資格一覧**
  https://aws.amazon.com/jp/certification/

- **AWS 認定ソリューションアーキテクト－アソシエイト資格**
  https://aws.amazon.com/jp/certification/certified-solutions-architect-associate

- **AWS 認定資格の利点**
  https://aws.amazon.com/jp/certification/benefits

- **AWS 資格再認定**
  https://aws.amazon.com/jp/certification/recertification/

- **AWS 認定資格のよくある質問**
  https://aws.amazon.com/jp/certification/faqs/

1.2 ソリューションアーキテクト - アソシエイト（SAA-C02）試験で問われるシナリオカテゴリ

AWS認定ソリューションアーキテクト－アソシエイト試験で出題されるシナリオ（設問）のカテゴリは表1.2-1のようになっており、この表からSAA-C02と従来のSAA-C01との違いがわかります。本書では問題集という特性から、このシナリオカテゴリごとに章を構成しています。実践的なアプローチは、シナリオ特性単位になりますが、アソシエイトレベルの受験者はAWS初心者も多く、まずはAWSサービスの概要をしっかり理解することが重要です。

表1.2-1　シナリオのカテゴリと各章の対応関係

章	シナリオのカテゴリ（出題分野） ※ SAA-C01でのカテゴリ名称を カッコ内に付記しています。	SAA-C02に おける比重	SAA-C01に おける比重
第4章	レジリエントアーキテクチャの設計 （回復性の高いアーキテクチャを設計する）	30%	34%
第5章	高パフォーマンスアーキテクチャの設計 （パフォーマンスに優れたアーキテクチャを定義する）	28%	24%
第6章	セキュアなアプリケーションとアーキテクチャの設計 （セキュアなアプリケーションおよびアーキテクチャを規定する）	24%	26%
第7章	コスト最適化アーキテクチャの設計 （コスト最適化アーキテクチャを設計する）	18%	10%
―	（オペレーショナルエクセレンスを備えたアーキテクチャを定義する）	0%	6%
合計		100%	100%

SAA-C01からSAA-C02への改訂での大きな変更点は、以下のとおりです。

① 「オペレーショナルエクセレンスを備えたアーキテクチャを定義する」の廃止

② 「パフォーマンスに優れたアーキテクチャを定義する」の強化

③ 「コスト最適化アーキテクチャを設計する」の強化

④ AWS新サービスへの対応

①は、当該内容が、AWS認定SysOpsアドミニストレーター－アソシエイト試験

第1章　AWS認定ソリューションアーキテクト－アソシエイト試験の概要と特徴

の内容と重なるため、集約されたものと思われます。オペレーション周りが得意ではない方にとっては、範囲が絞られるという意味で朗報といえるかもしれません。

　②は、AWSの初期の頃に比べて、仮想サーバー、ストレージ、データベースなどで高性能なスペックのものが大幅に増えたことに加え、実案件においても、性能要件が高いシステムが増えてきていることが背景として挙げられます。特に、従来は、AWSサービスを組み合わせたソリューションで課題を解決するケースが多かったものの、近年はAWSサービスそのものが性能強化されているため、AWSサービスの「コンピューティング」「ストレージ」「ネットワーク」「データベース」の性能関連のオプション機能を理解しておくことが重要になってきています。

　③は、試験における比重として最も強化された点であり、従来からあるサーバーやストレージの要件に応じたタイプの選択だけではなく、ピーク性を考慮したスケーリングや、機能が強化されたコスト管理に加えて、ネットワーク関係のコストも含まれるようになっています。この背景事情として、実際の案件で、クラウドならではのダイナミックに変わるコスト管理の重要性が増していることと、動画やリモートワークの普及等により大規模なインターネット向け配信サービスの利用が増え、ネットワークコストを意識しない案件が増えていることが挙げられます。

　④は、AWSは歴史のあるクラウドサービスですが、機能アップデートのペースは下がらず、従来の試験範囲ではカバーされないAWSサービスが増えてきたことが背景として挙げられます。

　SAA-C02のシナリオカテゴリの詳細は次のとおりです。

1.レジリエントアーキテクチャの設計

- 多層アーキテクチャソリューションの設計
- 可用性の高いアーキテクチャやフォールトトレラントなアーキテクチャの設計
- AWSのサービスを使用したデカップリングメカニズムの設計
- 適切な回復力のあるストレージの選択

2.高パフォーマンスアーキテクチャの設計

- ワークロードに対する伸縮自在でスケーラブルなコンピューティングソリューションの識別
- ワークロードに対するパフォーマンスとスケーラブルなストレージソリュー

ションの選択
- ワークロードに対するパフォーマンスが高いネットワーキングソリューションの選択
- ワークロードに対するパフォーマンスの高いデータベースソリューションの選択

3.セキュアなアプリケーションとアーキテクチャの設計
- AWS リソースへのセキュアなアクセスの設計
- セキュアなアプリケーション階層の設計
- 適切なデータセキュリティオプションの選択

4.コスト最適化アーキテクチャの設計
- コスト効率が高いストレージソリューションの識別
- コスト効率が高いコンピューティングおよびデータベースサービスの識別
- コスト最適化ネットワークアーキテクチャの設計

第2章

各種サービスの概要

「AWS 認定ソリューションアーキテクト－アソシエイト」試験では、AWS のサービス仕様をきちんと理解した上で、シナリオに沿って適切なソリューションを選択する必要があります。本章では、試験でよく問われるサービスや機能の概要等について説明します。

第 2 章　各種サービスの概要

2.1 押さえておくべき AWS サービス・機能の全体像

　試験に合格するためには、前章で説明したとおり、AWS のさまざまなサービスを組み合わせたシステムの設計・構築・テスト・運用の豊富な経験が必要になります。

　AWS のサービスは多岐に渡り、初心者が全サービスを理解するのは困難です。ポイントは、AWS サービスが出てきた順にサービスカテゴリを理解していくことです。近年は特にアプリケーション寄りのサービスがたくさん出てきていますが、AWS の発祥および基本は IaaS であり、その基盤を軸に新サービスがリリースされていきます。そのため、「コンピューティング」「ネットワーキングとコンテンツ配信」「ストレージ」「データベース」が基盤になります。具体的には、EC2、VPC、S3、RDS、およびこれらに関連する AWS サービス群を中心として基本知識を確実に理解していくとよいでしょう。

　図 2.1-1 は、本章で紹介する AWS サービスの一覧です。

18

2.1　押さえておくべき AWS サービス・機能の全体像

コンピューティング	コンテナ	ネットワーキングとコンテンツ配信		サーバーレス
・EC2 ・Lightsail ・Batch ・Elastic Beanstalk ・Outposts ・Serverless Application Repositoty ・Wavelength ・VMware Cloud on AWS	・ECR ・ECS ・EKS ・EKS Distro ・App2Container ・Copilot ・Fargate ・AWS での Red Hat OpenShift	・VPC ・NAT Gateway ・VPC Endpoint ・PrivateLink ・VPC Peering ・CloudFront ・Route 53 ・App Mesh ・Cloud Map ・Direct Connect ・AWS Managed VPN	・ELB ・Global Accelerator ・Transit Gateway	・Lambda ・EventBridge ・Step Functions

開発ツール	データベース	ストレージ	フロントエンド	分析
・CodeGuru ・Corretto ・Cloud Development Kit ・Cloud9 ・CloudShell ・CodeArtifact ・CodeBuild ・CodeCommit ・CodeDeploy ・CodePipeline ・CodeStar ・AWS CLI ・Fault Injection Simulator ・X-Ray	・RDS ・RDS on VMware ・Aurora ・DynamoDB ・DocumentDB ・ElastiCache ・Keyspaces ・Neptune ・QLDB ・Timestream	・S3 ・EBS ・EFS ・FSx for Lustre ・FSx for Windows File Server ・Glacier ・Backup ・Storage Gateway	・Amplify ・API Gateway ・Pinpoint ・AppSync ・Device Farm	・Athena ・CloudSearch ・Elasticsearch Service ・EMR ・FinSpace ・Redshift ・Kinesis ・Managed Streaming for Apache Kafka ・QuickSight ・Data Exchange ・Data Pipeline ・Glue ・Lake Formation

アプリケーション統合	コスト管理	マネジメントとガバナンス		
・AppFlow ・MWAA ・MQ ・SNS ・SQS ・SES	・Cost Explorer ・AWS Budgets ・AWS Cost and Usage Report ・Reserved Instance ・Spot Instances	・CloudWatch ・Auto Scaling ・Chatbot ・CloudFormation ・CloudTrail ・Compute Optimizer ・Config	・Control Tower ・License Manager ・OpsWorks ・Organizations ・Personal Health Dashboard ・Service Catalog ・Systems Manager	・Trusted Advisor ・Well-Architected Tool

移行と転送		セキュリティ、アイデンティティ、コンプライアンス		
・Migration Hub ・Application Discovery Service ・Application Migration Service ・DMS ・DataSync ・SMS	・Snow Family ・Transfer Family ・Migration Evaluator ・CloudEndure Migration Disaster Recovery	・IAM ・STS ・Cognito ・Detective ・GuardDuty ・Inspector ・Macie ・Artifact	・Audit Manager ・Certificate Manager ・CloudHSM ・Directory Service ・Firewall Manager ・KMS ・Network Firewall	・Resource Access Manager ・Secrets Manager ・Security Hub ・Shield ・AWS SSO ・AWS WAF

図 2.1-1　本章で紹介する AWS サービスの一覧

第 2 章　各種サービスの概要

　従来から AWS を利用しているユーザーや、オンプレミスのプライベートクラウド環境の経験が長いエンジニアは、下記の観点を重視するとキャッチアップが進むでしょう。

① クラウドネイティブ（マイクロサービス）技術の浸透にともない、Kubernetes を中心としたコンテナ基盤のサービス拡張が続き、それに関連したコンピューティング、ネットワーキング、開発者支援ツール、管理ツールが強化されている。
ECS、EKS、Fargate、等。

② データを機械学習させるための前処理系を行うサービスが拡張されている。
Glue、Step Functions、Batch、等。

③ 大規模な移行案件や移行後の管理が複雑なシステムに対応し、マイグレーションを支援するサービスや管理を最適化するサービスが拡張されている。
AWS Migration Hub 等。

④ 「コンピューティング」「ネットワーキングとコンテンツ配信」「ストレージ」「データベース」等の AWS の基本サービスの機能および性能が強化されている。

　SAA-C02 は、2020 年 3 月に出た試験バージョンなので、AWS の新しいサービスとしては、その直近の 3～4 年の間に登場した新サービスを中心に出題されると思われるかもしれませんが、基本的な試験の方針は、従来の SAA-C01 と変わっていません。試験で強化された内容はどちらかというと上記の④であり、新サービスよりも、機能強化された既存サービスのほうが重要といえます。従来は AWS の機能制約によって対応できなかった要件が、AWS の機能拡張によって、AWS 機能標準で対応できるようになった、というものです。具体的には、VPC からのインターネットへのアクセスであったり、性能オプションの選択肢であったりです。そのため、新サービスに関する基本的な内容を押さえながら、既存サービスの細かい機能拡張をしっかり把握することが重要です。

20

2.2 コンピューティング

▶ EC2 【Amazon Elastic Compute Cloud（Amazon EC2）】

EC2 は、AWS が提供する仮想サーバーです。IaaS（Infrastructure as a Service）型のサービスであり、AWS 上に仮想サーバーと OS（Linux／Windows／macOS）を起動します。比較的安く利用できる小さいサイズのものから、大規模な基幹システム向けの高速プロセッサを搭載したもの、ベアメタルといわれる物理サーバー、機械学習用の GPU インスタンスなど、さまざまな種類のサーバーが提供されています。

▶ Lightsail 【Amazon Lightsail】

Lightsail は、クラウドに慣れていない利用者がアプリケーションや Web サイトを構築するのに必要な機能を提供する仮想プライベートサーバー（VPS）です。

▶ Batch 【AWS Batch】

Batch は、バッチ処理を実行するために必要な機能を含む AWS のフルマネージドサービスです。バッチ処理に必要なジョブ管理や、リソースの動的なプロビジョニングおよびスケーリングを AWS が提供します。

▶ Elastic Beanstalk 【AWS Elastic Beanstalk】

Elastic Beanstalk は、Java、.NET、PHP、Node.js、Docker などを使用して開発された Web アプリケーションを稼働させることができる PaaS（Platform as a Service）です。Web アプリケーションの稼働に必要な環境が用意されており、ユーザーは開発したコードをデプロイするだけで、Web アプリケーションを稼働させることができ、プロビジョニングや、ロードバランシング、Auto Scaling、アプリケーションのモニタリングも行えます。

第 2 章　各種サービスの概要

▶ Outposts 【AWS Outposts】

Outposts は、AWS がクラウドで提供しているサービスをオンプレミスでも実現可能にしたフルマネージドサービスです。Outposts を使用すれば、セキュリティやシステムの特性上、データセンター内でしか稼動させることができないシステムでも、AWS サービスを利用できるようになります。

▶ Serverless Application Repository 【AWS Serverless Application Repository】

Serverless Application Repository は、サーバーレスアプリケーションの検索、デプロイ、および公開を管理するマネージド型のリポジトリです。Lambda と密接に統合されていて、Lambda 関数で開発された AWS 上のサーバーレスアプリケーションを参照することができます。

▶ Wavelength 【AWS Wavelength】

Wavelength は、モバイルアプリケーションのエッジコンピューティング用の 5G デバイス向けに超低レイテンシーを実現する AWS インフラストラクチャです。超低レイテンシーが求められるアプリケーションを 5G ネットワークのエッジ部分に展開します。

▶ VMware Cloud on AWS

以前から仮想サーバーで使われているソフトウェア「VMware」の環境を AWS のベアメタル環境で稼働するサービスです。オンプレミスの仮想サーバーとして VMware が使われている場合、イメージを変更することなく、そのまま AWS 上にリフト＆シフトすることが可能です。

22

2.3 コンテナ

▶ ECR 【Amazon Elastic Container Registry（Amazon ECR）】

ECR は、Docker 上で稼働させるコンテナ型アプリケーションのイメージを保存、管理、および共有することができるフルマネージド型のコンテナレジストリです。AWS 上でのコンテナサービスである EKS、ECS、Fargate や、Lambda と連携し、デプロイを簡単に行えます。

▶ ECS 【Amazon Elastic Container Service（Amazon ECS）】

ECS は、コンテナ型アプリケーションを稼働させることができるフルマネージドのコンテナオーケストレーションサービスです。ECS では、API（Application Programming Interface）を利用してコンテナベースのアプリケーションの起動および停止を行うことができます。コンテナを実行させるためには、コンピューティングリソースを利用してクラスターを構築する必要がありますが、その際、ECS のコンピューティングリソースとして、EC2 または Fargate を使用します。

▶ EKS 【Amazon Elastic Kubernetes Service（Amazon EKS）】

EKS は、AWS 上で Kubernetes クラスター構成を提供するフルマネージドサービスです。Kubernetes はコンテナオーケストレーションツールのデファクトスタンダードであり、EKS を利用すると、Kubernetes に必要なマスターノードとワーカーノードによるクラスター構成を簡単に構築できます。また、コンテナのスケーリングやオートヒーリング機能も利用できます。

▶ EKS Distro 【Amazon EKS Distro】

EKS Distro は、AWS が EKS で使用している Kubernetes の機能をオープンソースとして提供するディストリビューションです。

第2章　各種サービスの概要

▶ App2Container　【AWS App2Container (A2C)】

A2C は、オンプレミスやクラウドの仮想サーバーで稼働しているアプリケーションのコンテナ化をサポートするツールです。サーバー上のアプリケーションを検出し、依存関係を識別して、ECS や EKS へデプロイするために必要となるアーティファクトを生成します。

▶ Copilot　【AWS Copilot】

Copilot は、ローカルの開発環境から本番稼働用にコンテナ化されたアプリケーションの構築、リリース、および運用を簡素化するためのコマンドラインインターフェイスです。

▶ Fargate　【AWS Fargate】

Fargate は、ECS と EKS の両方で動作するコンテナ用のクラスターを構築し、コンテナを実行するためのマネージド型サーバーレスエンジンです。EC2 とは異なり、インスタンスの選択やクラスター容量のスケーリングを行うことなく、適切なコンピューティング容量が割り当てられます。Fargate の利用料金はコンテナの実行に必要なリソース分のみとなるため、コスト削減を図れます。

▶ AWS での Red Hat OpenShift　【Red Hat OpenShift Service on AWS (ROSA)】

ROSA は、Red Hat 社が提供する Kubernetes 上でアプリケーションを稼働したり、デプロイメントやモニタリングの機能を含んだ OpenShift を稼働したりするために必要なクラスター環境を、AWS 上に簡単に構築できるマネージドサービスです。

2.4 ネットワーキングとコンテンツ配信

2.4 ネットワーキングとコンテンツ配信

▶ VPC 【Amazon Virtual Private Cloud（Amazon VPC）】

VPC は、AWS 上で構築される仮想ネットワークです。AWS クラウド以外の仮想ネットワークから論理的に切り離されていて、EC2 や RDS といったリソースを起動することができます。VPC で利用する IP アドレスの範囲を CIDR で指定してサブネットを追加します。そして、ルートテーブルやセキュリティグループを設定することで通信を制御します。

▶ NAT Gateway 【Amazon VPC NAT Gateway】

NAT Gateway は、インターネットと直接通信する経路を持たないサブネット内の EC2 インスタンス等がインターネットにアクセスする際に、ゲートウェイとして機能するマネージドサービスです。以前は、NAT インスタンスという NAT 機能を設定した EC2 インスタンスを、NAT 用途で利用していました。

▶ VPC Endpoint 【Amazon VPC Endpoint】

VPC 内の EC2 などから AWS の各サービスにアクセスする際、ネットワークの構成やセキュリティ要件によっては、インターネットへのアクセスを制限したい場合があります。このような場合、VPC Endpoint（エンドポイント）を利用すれば、インターネットにアクセスしなくても AWS サービスを操作することができます。VPC Endpoint にはゲートウェイエンドポイント、インターフェイスエンドポイント、Gateway Load Balancer エンドポイントの 3 種類があります。ゲートウェイエンドポイントは、S3 と DynamoDB のみに対応しています。また、Gateway Load Balancer エンドポイントは、VPC 内から Gateway Load Balancer と接続するためのエンドポイントです。

▶ PrivateLink 【AWS PrivateLink】

PrivateLink は、VPC Endpoint のインターフェイスエンドポイントになります。PrivateLink に対応した AWS サービスを操作する場合、VPC 内に PrivateLink を作

25

成すると、専用のENI（Elastic Network Interface）が作成されてプライベートIPアドレスが割り当てられます。これによりユーザーは、AWSの各サービスへアクセスする際、インターネットを経由せずに、PrivateLinkを経由して当該サービスにアクセスできるようになります。

▶ VPC Peering 【Amazon VPC Peering】

VPC Peering（ピアリング）は、VPC間の通信を確立するサービスです。異なるAWSアカウントで作成されたVPCや、異なるリージョンに存在するVPCの間でも、VPC Peeringを設定することができます。VPC Peeringは自分のVPCから複数のVPCへピアリングを設定できますが、推移的なピアリングはサポートされません。そのため、VPC間の通信を設定する際は、通信が必要となるすべてのVPC間に対して、Peeringの設定が必要です。なお、VPC数が多くなったときは、VPC間の通信を効率的に設定および管理するためにTransit Gatewayを使用します。

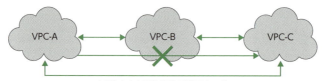

図 2.4-1　VPC PeeringによるVPC間通信

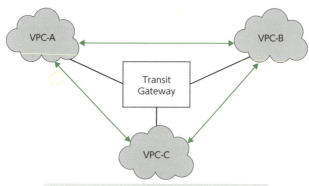

図 2.4-2　Transit GatewayによるVPC間通信

▶ CloudFront 【Amazon CloudFront】

CloudFront は、AWS が提供する CDN（Content Delivery Network）サービスであり、ユーザーが Web システムで利用する HTML、CSS、イメージファイル等の静的な Web コンテンツを高速に配信します。CloudFront は、エッジロケーションというデータセンターからグローバルなネットワークを経由してコンテンツを配信します。

CloudFront にはアプリケーションのユーザーに近いロケーションで Lambda 関数のコードを実行できる Lambda@Edge というサービスがあります。これによりエッジロケーションでプログラムを実行することが可能になります。

▶ Route 53 【Amazon Route 53】

Route 53 は、AWS が提供するマネージド型のドメインネームシステム（DNS）サービスです。インターネットや VPC 内における FQDN の名前解決、および AWS が払い出すサービスの名前解決に利用します。Route 53 の主な機能として、ドメイン登録、DNS ルーティング、およびヘルスチェックがあります。ルーティングでは、応答時間によってルーティング先を決める「レイテンシーベースルーティング」、ルーティングしたいサイトを比重で分けて分散する「加重ラウンドロビン」、アクセス元の位置情報に応じて距離的に最も近い位置の IP アドレスを返す「位置情報ルーティング」等を利用できます。

▶ App Mesh 【AWS App Mesh】

App Mesh は、コンテナ化によってマイクロサービス化されたアプリケーションを可視化し、トラフィックを制御するサービスです。EC2、ECS、Fargate、EKS でコンテナ化されたマイクロサービスアプリケーションが増加すると、サービス間の連携が複雑になります。この状態をサービスメッシュといいます。サービスメッシュになると、サービス内でエラーが発生した場合にトラフィックの再ルーティングといった作業が困難になります。App Mesh は前述のように可視化およびトラフィック制御を行ってくれるので、こうした事態を回避でき、サービスの実行が容易になります。なお、App Mesh はオープンソースの Envoy プロキシを使っているので、オープンソースのツールとも互換性があります。

▶ Cloud Map 【AWS Cloud Map】

Cloud Map は、マイクロサービスのアプリケーション、データベース、キューな

第 2 章　各種サービスの概要

どのクラウドリソースに対してわかりやすい名前を付けてレジストリに登録し、API
を使ってリソースの名前や場所を簡単に検出できる仕組みです。

▶ Direct Connect　【AWS Direct Connect】

Direct Connect は、オンプレミス環境と AWS の VPC 上に構築したシステムを専
用線で接続するサービスです。VPN 接続と比べて広い通信帯域を確保し、閉域網で
アクセスすることでセキュリティを担保します。高可用性を実現するためにネット
ワークを冗長化したい場合、専用線を二重化する必要があります。しかし、コスト
の観点から、通常使う回線に専用線を利用して、バックアップ回線に VPN 接続を利
用するケースもあります。

▶ AWS Managed VPN

AWS Managed VPN は、オンプレミスと AWS 上の VPC 間を IPsec VPN で接続
するオプションです。オンプレミス側には、Customer Gateway（CGW）と呼ばれる
アプライアンス（物理またはソフトウェア）を設置して、各デバイス固有の設定ファ
イルを使って接続情報を設定します。一方、AWS 側には Virtual Private Gateway
（VGW）を作成します。そして、CGW と VGW を連携してオンプレミスと AWS 間
の VPN 接続を確立します。

▶ ELB　【Elastic Load Balancing】

ELB は、AWS が提供するマネージド型の負荷分散サービスです。EC2 インスタ
ンス、Lambda、ECS、または EKS 上で稼働しているコンテナアプリケーションへの
トラフィックを自動的に分散することができます。

ELB には、HTTP/HTTPS のプロトコルで負荷分散する「Application Load
Balancer（以下、ALB）」、レイヤ 4 のプロトコルで負荷分散する「Network Load
Balancer（以下、NLB）」、セキュリティ製品などに負荷分散する「Gateway Load
Balancer（以下、GWLB）」、従来の「Classic Load Balancer（以下、CLB）」という 4
種類のサービスがあります。これらのうち GWLB は、ネットワークゲートウェイお
よびロードバランサーを提供するフルマネージドサービスです。ファイアウォール
や IPS/IDS などのサードパーティ製仮想アプライアンスに対して、トラフィックを
ルーティングさせたい場合などに使われます。

2.4 ネットワーキングとコンテンツ配信

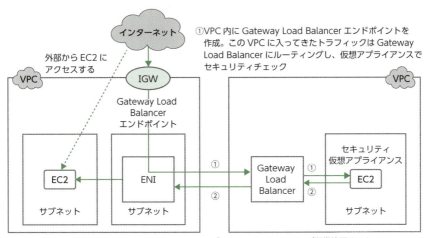

図 2.4-3　GWLB (Gateway Load Balancer) の例 (インバウンド)

　EC2 からインターネットにアクセスする際、仮想アプライアンスでセキュリティチェックを行う場合でも GWLB へルーティングします。そして、セキュリティチェックが正常終了した場合、インターネットへルーティングします。

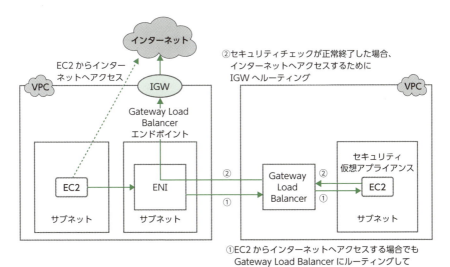

図 2.4-4　GWLB (Gateway Load Balancer) の例 (アウトバウンド)

29

第 2 章　各種サービスの概要

▶ Global Accelerator　【AWS Global Accelerator】

Global Accelerator は、グローバルのユーザーに提供するアプリケーションの可用性およびパフォーマンスを改善するサービスです。AWS のグローバルネットワークを利用して、ユーザーからアプリケーションまでのパスを最適化します。また、ELB や EC2 のアプリケーションエンドポイントなどに対して、固定エントリポイントとして機能する静的 IP アドレスを提供します。

▶ Transit Gateway　【AWS Transit Gateway】

Transit Gateway は、AWS 内の VPC や、オンプレミスネットワークを接続するサービスです。VPC はリージョン間でも接続することが可能です。VPC Peering 方式とは異なり、中央のハブ方式でルーティングするため、複雑なピア接続を行う必要がなく、ネットワークやルーティング設定が簡素化されます。

2.5 サーバーレス

▶ Lambda 【AWS Lambda】

　Lambda は、FaaS（Function as a Service）サービスの1つであり、アプリケーションのコードをサーバーレスで実行するのに必要なプログラム言語のフレームワークを提供します。ユーザーが、実行したいアプリケーションコードを Lambda 関数で開発し、Lambda 上にデプロイすると、アプリケーションが実行される状態になります。通常、Lambda では、S3 にファイルが置かれたタイミングや DynamoDB にデータが書き込まれたタイミングをトリガーとして Lambda 関数が処理されます。Lambda は、関数が実行された時間だけ課金されるのでコスト効率に優れたサービスです。

▶ EventBridge 【Amazon EventBridge】

　Web でのリクエスト受信タイミングやファイルが保存されたタイミングをトリガーとして、非同期で別のアプリケーションを実行することを、イベント処理といいます。EventBridge は、さまざまなアプリケーションや AWS サービスから送られてきたイベントをターゲットとなる別のアプリケーションや AWS サービスなどに配信できるサーバーレスのイベントバスサービスです。イベントが発生したソースからデータを受信すると、Lambda や Kinesis といった AWS サービスや、EventBridge API の送信先にある HTTP エンドポイントなどにルーティングします。

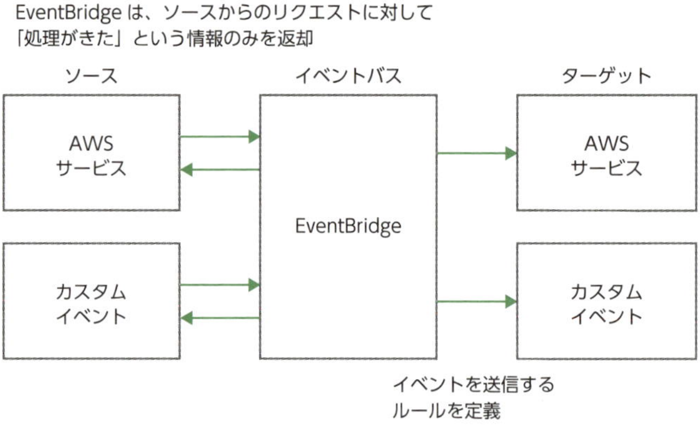

EventBridge は、ソースからのリクエストに対して
「処理がきた」という情報のみを返却

図 2.5-1　EventBridge の概要

▶ Step Functions　【AWS Step Functions】

　Step Functions は、一連の処理フローをステートマシンとしてJSON形式の定義ファイルで定義し、処理を実行する基盤を提供します。定義された処理フローはマネジメントコンソール上で可視化されるので、ユーザーはそれをビジュアルに確認できます。Step Functions を使って一連の処理を定義する場合、Step Functions から呼び出される実際の処理は、Lambda 関数や ECS 上で稼働しているアプリケーションが行います。Step Functions では、ステップ内の各アプリケーションの処理結果を確認しながら一連の処理を進めます。また、分岐やループの処理を記述することも可能です。

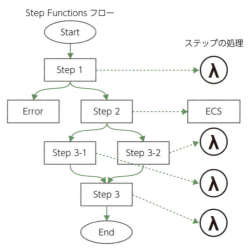

図 2.5-2　Step Functions による一連の処理フロー

2.6 開発ツール

▶ CodeGuru 【Amazon CodeGuru】

CodeGuru は、開発者が作成したアプリケーションのプログラムコードについて、機械学習の技術を活用し、パフォーマンスの問題を起こす可能性があるコードを見つけて、コードの保守性を向上させるツールです。コードをどのように改修すればよいか、推奨案を提示してくれます。

▶ Corretto 【Amazon Corretto】

Corretto は、さまざまなプラットフォームで利用可能な無料の Open Java Development Kit (OpenJDK) ディストリビューションです。

▶ Cloud Development Kit 【AWS Cloud Development Kit (AWS CDK)】

AWS CDK は、TypeScript、Python、Java など、さまざまなプログラミング言語を使用して、AWS 上で構築したいインフラ基盤をコードで定義し、CloudFormation を通じてデプロイするための OSS の開発フレームワークです。

▶ Cloud9 【AWS Cloud9】

Cloud9 は、コードエディタ、デバッガー、およびターミナルを含んだクラウドベースの統合開発環境 (IDE) です。JavaScript や Python、PHP などのプログラム言語によるアプリケーション開発において、ブラウザのみでコードを記述、実行、およびデバッグすることができます。

▶ CloudShell 【AWS CloudShell】

CloudShell は、ブラウザから AWS リソースやツールにコマンドラインで直接アクセスするためのシェルです。

第 2 章　各種サービスの概要

▶ CodeArtifact　【AWS CodeArtifact】

CodeArtifact は、システムで利用するソフトウェアのパッケージや、ソースコードをコンパイルして生成されたバイナリについて、その保存、公開、共有を容易にするフルマネージドなアーティファクトリポジトリです。

▶ CodeBuild　【AWS CodeBuild】

CodeBuild は、ビルドとデプロイの一連の処理フローからデプロイ用のパッケージを作成することができるフルマネージド型のビルドサービスです。開発者が作成したソースコードのコンパイルや単体テストでは、通常、サーバーやソフトウェアの設定が必要ですが、CodeBuild を使えば、そうした設定を行わずに済みます。CodeBuild では、ビルドするための方式を YAML 形式の設定ファイルに記述します。そして、ビルドしたいプログラムのソースコードを CodeCommit や GitHub、S3 から取得し、ビルド処理を行います。

▶ CodeCommit　【AWS CodeCommit】

CodeCommit は、Git と互換性のあるマネージド型のソースコードリポジトリです。開発者は、ローカルの開発環境に Git のツールをインストールし、リポジトリとして CodeCommit を使用してソースコードを管理することができます。

▶ CodeDeploy　【AWS CodeDeploy】

CodeDeploy は、開発したプログラムコードをビルドしてサーバーへデプロイするという一連のフローを自動化する、フルマネージドサービスです。デプロイ先として、EC2、ECS、Lambda、オンプレミスのサーバー等のさまざまな環境を指定できます。

▶ CodePipeline　【AWS CodePipeline】

CodePipeline は、CodeBuild や CodeDeploy サービスを束ね、CI（Continuous Integration：継続的インテグレーション）/CD（Continuous Delivery：継続的デリバリー）のパイプラインを定義するフルマネージドサービスです。CI/CD のパイプラインの実行ステータスをビジュアルに確認できます。たとえば、デプロイ前に「承認」などの手動プロセスが必要なケースにおいて、管理者が承認した場合にのみリソースが環境にデプロイされる、といった制御も可能です。

▶ CodeStar 【AWS CodeStar】

CodeStar は、CI/CD パイプラインの構築に必要となるさまざまな開発言語や開発フレームワーク向けのテンプレートを提供するサービスです。このサービスを利用すれば、CI/CD パイプラインを簡単に構築できます。

▶ AWS コマンドラインインターフェイス（AWS CLI）

クライアント PC に AWS CLI をインストールし、コマンドラインから AWS の複数のサービスを制御するためのスクリプトを記述することができます。

▶ Fault Injection Simulator 【AWS Fault Injection Simulator】

Fault Injection Simulator は、AWS 上で稼働するシステムに対して故意に障害を発生させて、システムのリソースの使用状況やアプリケーションのパフォーマンスをモニタリングし、ボトルネックを発見したり、改善策を検討したりするためのフルマネージド型のサービスです。

▶ X-Ray 【AWS X-Ray】

X-Ray は、本番環境やマイクロサービスアーキテクチャ基盤で実行されているアプリケーションの状況を把握し、エラーの原因やパフォーマンスのボトルネックを特定してデバッグを行えるサービスです。AWS サービスやアプリケーション間で転送されているリクエストを追跡することが可能です。

第 2 章　各種サービスの概要

2.7　データベース

▶ RDS　【Amazon Relational Database Service（Amazon RDS）】

RDS は、MySQL、PostgreSQL といったオープンソースの DB や、Oracle、SQL Server といった商用データベースをマネージド型で提供する RDBMS サービスです。RDS を利用すれば、ユーザーはデータベースをインストールしたり設定したりすることなく、高可用性の DB 環境を簡単に構築できます。具体的には、複数の AZ（アベイラビリティーゾーン）をまたいだアクティブ／スタンバイ型のマルチ AZ 構成や、読み取り専用のデータベースを複製するリードレプリカ構成を容易に構築できます。

RDS では、標準で日次のバックアップが取得されます。さらに、障害発生から 5 分前までの状態に DB を復元できるポイントインタイムリカバリ（Point-in-Time Recovery）機能も備えているので、細かい単位でのバックアップによる復元が必要な場合に役立ちます。

▶ RDS on VMware　【Amazon Relational Database Service（Amazon RDS）on VMware】

RDS on VMware は、AWS がクラウド上で提供している RDS の機能をオンプレミスの VMware 環境にデプロイするサービスです。

▶ Aurora　【Amazon Aurora】

Aurora は、OSS のデータベースである MySQL および PostgreSQL と互換性があり、エンタープライズデータベースのパフォーマンスと可用性を持つマネージド型のリレーショナルデータベースです。Aurora は RDS と比べて性能面で優れており、高度な拡張性や可用性、機能を備えています。ストレージは、データベースが必要とする容量に応じて自動的に拡張され、最大 128TB まで自動的にスケールされます。また、1 つの AZ で 2 か所にコピーされ、さらに 3 つの AZ にも、それぞれコピーが作成されるので、どこかのストレージにエラーが発生しても修復できる仕組みになっています。

36

▶ DynamoDB 【Amazon DynamoDB】

DynamoDB は、Key-Value（キーバリュー）およびドキュメント型のフルマネージド NoSQL データベースサービスです。DynamoDB に保存されたデータは 3 つの AZ にコピーされ、保存データの容量が増えても自動的にスケールします。DynamoDB のデータはリージョン間でレプリケーションすることができ、これにより高可用性を実現しています。このレプリケートには、DynamoDB グローバルテーブルと呼ばれるサービスが使われます。また、DynamoDB と互換性があり、処理のレスポンスタイムをミリ秒単位からマイクロ秒単位までに短縮できるサービスとして、フルマネージド型のインメモリキャッシュである DynamoDB Accelerator（DAX）も提供されています。

▶ DocumentDB 【Amazon DocumentDB（MongoDB 互換）】

DocumentDB は、オープンソースのドキュメントデータベース「MongoDB」と互換性があり、高速かつスケーラブルで、高可用性も備えたフルマネージド型ドキュメントデータベースサービスです。DocumentDB を利用すれば、JSON データの保存、クエリ、およびインデックス作成を簡単に行うことができます。

▶ ElastiCache 【Amazon ElastiCache】

ElastiCache は、フルマネージド型のインメモリデータストアであり、エンジンとしてオープンソースの Redis または Memcached を選択できます。これは、たとえば、キャッシング、セッションストア、参照用マスターデータの格納、リアルタイム分析などに利用されます。インメモリデータストアは、データをメモリに保存しているので、データの参照に対して RDBMS よりも高速に応答を返すことができます。このため、ElastiCache を利用すれば、DB の負荷分散や、アプリケーション全体のレスポンスタイムの短縮化が可能になります。

▶ Keyspaces 【Amazon Keyspaces（Apache Cassandra 用）】

Keyspaces は、スキーマレスの OSS データベース「Apache Cassandra」と互換性があるマネージドデータベースサービスです。アプリケーションのトラフィックに応じて、テーブルを自動的にスケールアップまたはスケールダウンします。

▶ Neptune 【Amazon Neptune】

Neptune は、フルマネージドグラフデータベースサービスです。グラフデータベー

スは、データエンティティを格納するノード（頂点）や、エンティティ間の関係を表すエッジ（辺）、プロパティ（属性）などのグラフ構造を使ってデータを表現します。たとえば、通信ネットワークや、経路案内、ゲノム（遺伝子）の分析などに活用されています。

Neptuneでは、グラフデータベースのモデルで主に使われているプロパティモデルとRDF（Resource Description Framework）モデルを利用できます。グラフデータベースではソフトウェアごとにクエリ言語の種類が異なっており、NeptuneではApache TinkerPop GremlinとSPARQLをサポートしています。また、NeptuneはマネージドサービスなのでC、拡張のためのリードレプリカや、ポイントインタイムリカバリ、S3へのバックアップ、AZ間のレプリケーション機能を備えています。

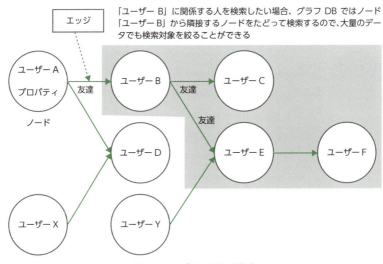

図2.7-1　グラフDBの構成

▶ QLDB 【Amazon Quantum Ledger Database（Amazon QLDB）】

QLDBは、フルマネージド型の台帳データベースです。ブロックチェーンのシステムで台帳として利用することができ、アプリケーションデータのすべての変更を追跡するとともに、完全かつ検証可能な変更履歴を長期間にわたって保持することが可能です。

▶ Timestream 【Amazon Timestream】

Timestreamは、高速でスケーラブルなサーバーレス時系列データベースサービ

スです。IoT のセンサー情報など、時系列で同時かつ大量に送られてくるイベント
データのうち、直近の新しいデータをメモリに保持することで、リレーショナルデー
タベースの最大 1,000 倍の速度かつ 10 分の 1 のコストで、データを格納し、それを
分析に活用できます。

第 2 章　各種サービスの概要

2.8 ストレージ

▶ S3　【Amazon Simple Storage Service（Amazon S3）】

　S3 は、オブジェクトストレージサービスです。EBS 等のストレージサービスとは
異なり、ユーザーは容量の上限を気にせずに、データを S3 上に保存し、利用できま
す。S3 にはさまざまなストレージクラスがあり、たとえば「Standard（スタンダード）」
を利用すると、データは複数の AZ をまたいで保存され、99.999999999%（9 × 11）
の耐久性が担保されます。また、「Standard-IA（低頻度アクセス）」を利用すると、
データは 1 つの AZ のみに保存されます。

　別リージョンの S3 へデータ転送を行う場合、通常、インターネット経由となりま
すが、S3 Transfer Acceleration 機能を有効にすれば、エッジロケーションを経由し
て S3 にルーティングします。エッジロケーションから S3 へは AWS 内部のネット
ワーク経由で通信が行われるため、クライアントと S3 間のデータ転送を高速化でき
ます。なお、S3 でリージョン間のレプリケーションをとりたい場合は、「クロスリー
ジョンレプリケーション」というサービスを利用します。これにより DR 構成でデー
タを他のリージョンに格納することができます。

▶ EBS　【Amazon Elastic Block Store（Amazon EBS）】

　EBS は、EC2 にアタッチして利用する高性能なブロックストレージです。SSD
ベースと HDD ベースに大別され、性能を重視する場合は SSD、スループットを重
視する場合は HDD を利用します。SSD タイプには、汎用 SSD と高い I/O 性能を設
定できるプロビジョンド IOPS の 2 種類があります。汎用 SSD ではシステム要件の
最大 IOPS を実現できないケースで、プロビジョンド IOPS を利用します。なお、汎
用 SSD では、新たに gp3 というタイプが提供されており、これまでの gp2 と同等の
性能であれば、gp3 を利用するほうがコストは安くなります。

▶ EFS　【Amazon Elastic File System（Amazon EFS）】

　EFS は、フルマネージド型の共有ファイルシステムサービスです。EFS を利
用すると、OS が Linux である複数の EC2 インスタンスから、NFS（Network File

40

System) を使って同じファイルシステムをマウントすることができます。これまで EC2 や EBS ではできなかった複数 EC2 でのファイル共有を実現できます。なお、EFS は、Linux のみサポートしており、Windows で利用されるファイル共有（SMB）形式はサポートしていません。

▶ FSx for Lustre 【Amazon FSx for Lustre】

FSx for Lustre は、スーパーコンピュータでも使われている高性能かつスケーラブルな分散ファイルシステム「Lustre」を提供するフルマネージド型のファイルストレージサービスです。機械学習やシミュレーションなど、ミリ秒未満のレイテンシーや、1 秒あたり数百ギガバイトのスループットが求められる処理に適しています。S3 バケットと Lustre をリンクさせることで、Lustre から S3 内のデータにアクセスすることができます。

▶ FSx for Windows File Server 【Amazon FSx for Windows File Server】

FSx for Windows File Server は、Windows サーバーで標準のメッセージブロック（SMB）プロトコルに対応したスケーラブルなフルマネージド型共有ファイルストレージサービスです。本ストレージには、VPC 内の EC2 や Amazon WorkSpaces、オンプレミスにあるクライアント PC からも、Direct Connect や VPN 接続経由でアクセスすることができます。

▶ Glacier 【Amazon S3 Glacier】

Glacier は、S3 のストレージクラスの 1 つで、アクセスする頻度は低いけれど長期間保存が必要な大容量のデータについて、安価なアーカイブ手段を提供するストレージです。Glacier からデータを取り出す方法は複数あり、たとえば、「Expedited」は 1〜5 分以内にデータを取り出す必要がある場合に利用されます。また、「Standard」は 3〜5 時間以内にデータを取り出す標準の機能です。

S3 には「Glacier Deep Archive」というストレージクラスもあり、最小のストレージ保存期間は 180 日（Glacier は 90 日）、データの取り出しの所要時間は 12 時間以内（標準の場合）という制限がありますが、より安価にデータをアーカイブできます。

▶ Backup 【AWS Backup】

AWS Backup は、フルマネージド型のバックアップサービスです。AWS サービ

第 2 章　各種サービスの概要

スで必要となるデータのバックアップを簡単に一元化し、またバックアップの取得を自動化することができます。AWS Backup は、いつ、どのようにバックアップを取得するかを定義したバックアッププランおよびスケジュールの設定にもとづき、各 AWS リソースに対して、バックアップジョブを実行します。

▶ Storage Gateway　【AWS Storage Gateway】

Storage Gateway は、オンプレミスに仮想アプライアンス（VMware 等で稼働）を配置し、仮想アプライアンス経由で S3 にデータを転送することで、バックアップを実現するサービスです。オンプレミス環境のサーバーは残しておいて、データをストレージにバックアップする部分のみを AWS 側で実施します。

Storage Gateway には、NFS インターフェイスの「ファイルゲートウェイ」、iSCSI ブロックインターフェイスの「ボリュームゲートウェイ」、iSCSI 仮想テープライブラリ（VTL）インターフェイスの「テープゲートウェイ」という 3 つのタイプがあります。さらに、ボリュームゲートウェイには、バックアップ対象のデータのすべてをオンプレミス側に保持し、オンプレミス側のデータを S3 にバックアップする「Gateway-Stored Volumes」と、バックアップ対象のデータは S3 側に保持し、ユーザーアクセスが頻繁なデータのみ、オンプレミス側にキャッシュとして保持する「Gateway-Cached Volumes」という 2 つの方式があり、いずれかを選択することができます。

2.9 フロントエンド

▶ Amplify 【AWS Amplify】

Amplify は、フロントのアプリケーションとバックエンドをシームレスに接続するためのフレームワークや開発ツールを提供しています。これを使うことにより、Web フロントアプリケーション、モバイルアプリケーション、およびバックエンドの開発を素早くセットアップすることができます。

▶ API Gateway 【Amazon API Gateway】

Amazon API Gateway は、API の作成、公開、保守、モニタリング、および保護を行うためのフルマネージドサービスです。API Gateway で受けた REST API および WebSocket API リクエストをトリガーとして Lambda 関数を呼び出し、JSON 形式のデータを返す Web アプリケーションを容易に構築できます。また、セキュリティ面で AWS WAF や Cognito の認証サービスと連携できます。

▶ Pinpoint 【Amazon Pinpoint】

Pinpoint は、インバウンドおよびアウトバウンドのマーケティングコミュニケーションサービスであり、メール、SMS、音声などにより顧客とやりとりすることができます。マーケティング活動などにおいて、ユーザーを細かくセグメントに分けて、各セグメントのユーザーに合わせて個別にメッセージを通知したり、メトリクスを用いて効果測定を行うことが可能です。

▶ AppSync 【AWS AppSync】

　AppSync は、アプリケーションがサーバーからデータを取得して操作できるようにした GraphQL という言語の仕様を用いて、アプリケーション開発を容易にするフルマネージドサービスです。AppSync は、Single Page Application（SPA）などのフロントアプリケーションから GraphQL でリクエストを受け取った後、DynamoDB や Lambda といった AWS 上のデータソースとなる AWS サービスからデータを取得し、フロントに返却します。AppSync は、パフォーマンス改善のためのキャッシュ機能を備えています。

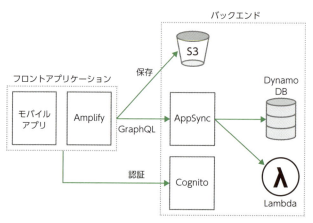

図 2.9-1　AppSync によるシステム構成

▶ Device Farm 【AWS Device Farm】

　Device Farm は、アプリケーションテストサービスです。モバイルアプリおよび Web アプリのテストを効率化し、アプリの品質向上を図ります。

2.10 分析

▶ Athena 【Amazon Athena】

Athena は、S3 に保存されたデータに対してスキーマを定義し、標準 SQL を実行して分析処理を簡単に行えるサービスです。標準 SQL を使用して、大型のデータセットを素早く、かつ容易に分析することができます。

▶ CloudSearch 【Amazon CloudSearch】

CloudSearch は、Web サイトやアプリケーションの検索機能を容易に設定および管理することができるマネージド型の検索機能提供サービスです。CloudSearch を使用すれば、全文検索が可能となるため、どの検索キーワードがどの Web ページやドキュメント等に含まれるかを簡単に検索できます。

▶ Elasticsearch Service 【Amazon Elasticsearch Service】

Elasticsearch Service は、AWS 上でログ分析やリアルタイムのアプリケーションモニタリング、クリックストリーム分析等を行う Elasticsearch クラスターを、簡単にデプロイ、運用、およびスケールすることができるフルマネージドサービスです。Kibana という BI ツールが標準で備わっており、Elasticsearch Service に保存されたデータを使用して、データの分析や可視化を行うことができます。

▶ EMR 【Amazon Elastic MapReduce（Amazon EMR）】

EMR は、ビッグデータの集計で用いられるフレームワーク（Apache Hadoop、Apache Spark 等）を使って大量データを処理および分析するためのマネージド型のデータ分散処理基盤です。Hadoop で利用するクラスター用の EC2 インスタンスのタイプとノード数を指定すると、数分で Hadoop クラスターを構築します。S3 や DynamoDB などの AWS サービスと連携して、EMR で計算するためのデータの抽出や、EMR で計算した結果を S3 などに格納することができます。

第 2 章　各種サービスの概要

▶ FinSpace 【Amazon FinSpace】

FinSpace は、金融サービス業界専用のデータ管理および分析サービスです。この
サービスを利用すれば、ペタバイト規模の財務データの検索等に費やす時間を数分
に短縮することが可能です。

▶ Redshift 【Amazon Redshift】

Redshift は、マネージド型のデータウェアハウス（DWH）サービスであり、デー
タは列指向型（カラムナ型）で格納されるので、データの集計処理に向いています。
Redshift の拡張機能である Redshift Spectrum を利用すると、一部のデータを S3 に
残しておき、Redshift と S3 それぞれに格納されているデータを結合して SQL クエ
リを発行することができます。また、Concurrency Scaling 機能を利用すると、ピー
ク時に Redshift のクラスターを自動的に拡張し、並列処理を負荷分散できます。

▶ Kinesis 【Amazon Kinesis】

Kinesis は、IoT 等のデバイスから送られてきた数千万～数億件のストリーミング
データをリアルタイムで処理することが可能なフルマネージドサービスです。

Kinesis には、Kinesis Data Streams、Kinesis Data Firehose、Kinesis Data Analytics
という 3 つのプラットフォームがあります。Kinesis Data Streams は、送られて
くるストリーミングデータに対して、独自アプリケーションによる処理を加えるな
どして、AWS の他のサービスへ高速に転送するサービスです。また、Kinesis Data
Firehose は、ストリーミングデータを S3 や Redshift、Elasticsearch に転送するサー
ビスです。クライアントにあるアプリケーションログなど、送られてきた大量デー
タを一気に S3 に格納したい場合に利用します。Kinesis Data Analytics は、標準
SQL を使用してストリーミングデータをリアルタイムに分析するサービスです。

▶ Managed Streaming for Apache Kafka 【Amazon Managed Streaming for Apache Kafka（Amazon MSK）】

Amazon MSK は、オープンソースのデータストリーミングプラットフォーム
「Apache Kafka」の構築および実行を容易にするフルマネージド型のサービスです。

▶ QuickSight 【Amazon QuickSight】

QuickSight は、フルマネージド型のビジネスインテリジェンス（BI）サービス
です。ユーザーは、QuickSight がグラフ表示するためのデータが保持されている

データソース、すなわち、S3、RDS、Redshift、Athena 等の AWS サービスや、オンプレミス環境にあるデータベース、Excel や CSV 等のファイルを指定できます。QuickSight では、データソースから取得したデータに対してインタラクティブな BI ダッシュボードを簡単に作成し、公開することができます。ダッシュボードは、アプリケーション、ポータル、Web サイトにシームレスに埋め込むことが可能です。

▶ Data Exchange 【AWS Data Exchange】

Data Exchange は、世界中にある大量のサードパーティのデータを検索し、それらをサブスクリプション形式で使用できるサービスです。AWS では、特定の企業を認定データプロバイダーとして認定し、それらの企業から、さまざまなデータを収集しています。

▶ Data Pipeline 【AWS Data Pipeline】

Data Pipeline は、AWS 内のさまざまなコンピューティングサービスとストレージサービスを連携させてデータの移動や変換を自動化するマネージドサービスです。オンプレミス環境でも Data Pipeline を利用できます。データソースにあるデータにアクセスして、データの抽出・変換処理を行い、その結果を S3 や RDS、DynamoDB などの AWS サービスに格納する一連のワークフローを提供しています。

▶ Glue 【AWS Glue】

データ分析基盤を構築する際、データソースからのデータの抽出（Extract）、データ形式の変換（Transform）、データ分析基盤へのデータの取り込み（Load）を行います。Glue は、こうした一連の流れ（ETL 処理）をフルマネージド型で提供するサービスです。Glue の構成要素の 1 つである Glue クローラを使用すると、S3 のデータからデータベースやテーブルスキーマを自動的に推測し、関連するメタデータを Glue データカタログに保存できます。

▶ Lake Formation 【AWS Lake Formation】

Lake Formation は、データレイクの構築、セキュリティ保護、および管理を容易にするフルマネージドサービスです。データレイクとは、情報を選んで収集し、それを格納したリポジトリであり、すべてのデータが、元の形式と分析用に処理された形式の両方で保存されます。Lake Formation は、データレイクの作成に必要とされる複雑なステップ（データの収集、クレンジング、移動、カタログ化など）を簡素化および自動化します。

第 2 章　各種サービスの概要

2.11 アプリケーション統合

▶ AppFlow 【Amazon AppFlow】

AppFlow は、Salesforce や ServiceNow などの SaaS サービスと S3 や Redshift などの AWS サービスの間で、データを安全に転送してデータフローを実行するフルマネージド型の統合サービスです。AppFlow は、動作中のデータを暗号化します。また、PrivateLink と連携して SaaS サービスのデータをプライベートネットワーク経由で転送することにより、セキュア通信を実現します。

▶ MWAA 【Amazon Managed Workflows for Apache Airflow （Amazon MWAA）】

MWAA は、複数のタスクの実行順序の定義、スケジューリング、および監視を行えるワークフロー管理のオープンソースツール「Apache Airflow」を AWS 上で提供するマネージドサービスです。

▶ MQ 【Amazon MQ】

MQ は、Apache ActiveMQ や RabbitMQ といったオープンソースメッセージブローカーの設定および運用を簡単に行えるマネージド型メッセージブローカーサービスです。業界標準の API とプロトコルを使用して既存アプリケーションに接続するので、コードを書き直すことなく AWS に簡単に移行できます。

▶ SNS 【Amazon Simple Notification Service （Amazon SNS）】

SNS は、フルマネージド型のメッセージ通知サービスです。アプリケーションやシステムで発生した情報を通知したい場合、プッシュベースでメッセージを通知します。メッセージを通知する方法として、E メールによる通知、HTTP/HTTPS による POST、モバイル端末への Push 通知の他、後述する SQS へのメッセージの登録や、Lambda ファンクションの実行等があります。通知を送信する側は Publisher（パブリッシャー）、受信する側は Subscriber（サブスクライバー）と呼ばれています。

48

▶ SQS 【Amazon Simple Queue Service（Amazon SQS）】

SQS はフルマネージド型のメッセージキューイングサービスであり、ソフトウェアコンポーネント間でメッセージを送受信および保存できます。AWS 上でアプリケーションやサービス間を疎結合な状態に保つために、この SQS を活用することができます。

SQS では、標準キューと SQS FIFO キューという 2 種類のメッセージキューを利用できます。標準キュー方式では、配信は少なくとも 1 回行われ、配信順序はベストエフォート型となっています。そのため、送られてきた順序とは異なる順序で処理したり、同じメッセージを 2 回処理するケースがあり得ます。確実に 1 回だけ、送られてきた順序通りに処理するようにしたものが SQS FIFO です。SQS FIFO 方式は、SQS に保存されているキューの量（Queue Length）を監視できるので、Auto Scaling と連携し、キューの量に応じて EC2 インスタンスを増やすことも可能です。

▶ SES 【Amazon Simple Email Service（Amazon SES）】

SES は、大規模なアウトバウンド（送信）だけではなくインバウンド（受信）も可能なフルマネージド型のメールサービスです。

第 2 章　各種サービスの概要

2.12 コスト管理

▶ Cost Explorer 【AWS Cost Explorer】

Cost Explorer は、AWS のコスト（利用料）および使用量を可視化します。カスタムレポートを作成して、コストと使用量のデータを分析することができ、さらには全体的な傾向や異常なども把握できます。

▶ AWS Budgets

Cost Explorer と同様、AWS Budgets もコスト削減に役立つサービスです。AWS Budgets は、AWS のコスト（利用料）あるいは使用量が、事前に設定しておいた値を超えたとき、もしくは超えることが予測されたときに、アラートを発信します。

▶ AWS Cost and Usage Report（AWS のコストと使用状況レポート）

AWS のコストと使用状況に関するデータ（サービス、料金、リザーブドインスタンス、Savings Plans などに関するメタデータを含むデータ）を提供します。

▶ Reserved Instance（リザーブドインスタンス）

リザーブドインスタンスは、一定の前払い金を支払って単位時間あたりの利用料金を安くする仕組みです。購入したインスタンスタイプ分のハードウェアリソース（キャパシティ）を予約（リザーブ）できるので、AWS のリソース不足でインスタンスを起動できないという問題を防ぐこともできます。将来的にインスタンスタイプを変更する可能性がある場合でも、コンパーティブルタイプのリザーブドインスタンスを選択することにより、インスタンスタイプ変更に対応できます。

▶ Spot Instances（スポットインスタンス）

スポットインスタンスは、AWS のハードウェア上に存在する余剰キャパシティを入札制度により低価格で利用できる仕組みです。

50

2.13 マネジメントとガバナンス

▶ CloudWatch 【Amazon CloudWatch】

CloudWatch は、AWS サービスのメトリクスやログの収集・監視、およびイベントの監視を行うためのフルマネージドサービスです。AWS 上で稼働するシステムの死活監視、性能監視、キャパシティ監視を行う「CloudWatch」、ログ管理のプラットフォームサービスである「CloudWatch Logs」、AWS リソースに対するイベントをトリガーとしてアクションを実行する「CloudWatch Events」があります。また、CloudWatch で収集しているログやメトリクスがしきい値を超えた場合にアラートを通知する機能として、「CloudWatch Alarm」があります。たとえば、EC2 の CPU 使用率が 85% を超えたらアラートを通知するといった使い方ができます。

▶ Auto Scaling 【AWS Auto Scaling】

Auto Scaling は、EC2 で組まれたシステムのトランザクション量と利用者が定義する条件にもとづいて、EC2 インスタンスをスケールアウト／スケールインするサービスです。負荷に応じて EC2 インスタンスの台数を増やしたり減らしたりすることができます。

▶ Chatbot 【AWS Chatbot】

Chatbot は、コミュニケーションツールの Slack や Amazon Chime で AWS のリソースをモニタリングおよび操作できるようにするインタラクティブエージェントです。Chatbot を使用して、Lambda 関数を呼び出したり、AWS サービスからアラートを受信したりする他、AWS サポートケースの作成を行うコマンドを実行することができます。

▶ CloudFormation 【AWS CloudFormation】

CloudFormation は、AWS サービスによる基盤構成を JSON または YAML 形式のスクリプトで記述し、環境を自動構築するためのサービスです。スクリプト化することで、基盤の再構築や構築した環境の一括削除も行えます。

▶ CloudTrail 【AWS CloudTrail】

CloudTrail は、マネジメントコンソールや CLI、SDK から呼ばれた AWS サービスの API アクセスを、ログ形式で記録するサービスです。AWS が提供するサービスはすべて API を介して連携する仕組みになっており、誰が、どのサービスに、どのような API をコールしたか、アクションを実行したかについて、ログに残すことができます。これは、後で問題が生じたときに監査ログとして参照することを目的としています。

▶ Compute Optimizer 【AWS Compute Optimizer】

Compute Optimizer は、AWS サービスのワークロードに対して機械学習を使用し、過去の使用率メトリクスにもとづいて EC2 インスタンス、EBS ボリューム、および Lambda 関数に最適な AWS リソースを推奨するサービスです。

▶ Config 【AWS Config】

AWS Config は、AWS リソースの構成情報を管理するサービスです。構成情報をもとに、現状の AWS リソースの設定が、定義された状態と同じかどうかを調べるとともに、AWS リソースに対する構成変更について、どのリソースを、誰が、いつ、どう変更したかを記録し、そのログを指定された S3 バケットに保存します。また、AWS Config Rules というルールを設定することも可能です。設定したルールに違反する構成変更がなされた場合に、ダッシュボードや管理者へ通知できます。

▶ Control Tower 【AWS Control Tower】

Control Tower は、マルチアカウントの AWS 環境をセットアップし、管理するために利用するサービスです。Control Tower では、AWS のベストプラクティスにもとづいて AWS の新規アカウントをセキュアな状態でセットアップし、そのアカウントを安全に使用するために、ガードレールという機能を利用します。これは、セキュリティ、運用、およびコンプライアンスに対するガバナンスルールです。ガードレールには、好ましくない設定を制限する予防的ガードレールと、特定のイベントが発生したときにそれを検知する発見的ガードレールの 2 種類があります。

▶ License Manager 【AWS License Manager】

ベンダーが提供するライセンスの管理を AWS やオンプレミス環境で行いたい場合、License Manager というサービスが役立ちます。管理者は、このサービスを利

用して、ライセンス契約の条件を反映したライセンスルールを作成することができます。

▶ OpsWorks 【AWS OpsWorks】

OpsWorks は、Chef や Puppet をもとにしたサーバー構成管理ツールを利用して、コードによりサーバーの構成を自動的に構築できるようにしたマネージドサービスです。EC2 インスタンスやオンプレミス環境のサーバーを設定した上で、アプリケーションのデプロイに必要な情報を設定すれば、環境構築が自動で行われます。

▶ Organizations 【AWS Organizations】

AWS Organizations は、複数の AWS アカウントの組織を作成し、一元管理するサービスです。たとえば、AWS アカウントを新規に作成してリソースを割り当てたり、複数のアカウントをまとめてグループ化したりすることができます。また、アカウントやグループに対してポリシーを適用することも可能です。

▶ Personal Health Dashboard 【AWS Personal Health Dashboard】

Personal Health Dashboard は、組織内のアカウントに影響を与えているメンテナンスイベント、セキュリティの脆弱性、および AWS サービスの障害等の情報を把握できるダッシュボードです。このダッシュボードで、世界各地のリージョンで発生した AWS の障害やパフォーマンスイシューも確認できます。利用中の AWS 環境で異常が確認された場合、リージョンや AZ レベルで障害が発生しているのか、利用者自身の環境でのみ障害が発生しているのかを切り分ける際に役立ちます。

▶ Service Catalog 【AWS Service Catalog】

Service Catalog は、AWS 上での使用が承認されたさまざまな IT サービス（ソフトウェア、サーバー、データベース、仮想マシンイメージなど）のカタログを作成し、管理するサービスです。

▶ Systems Manager 【AWS Systems Manager（AWS SSM）】

Systems Manager（SSM）は、AWS やオンプレミスのサーバーに導入された SSM Agent を経由して、SSM 自身にサーバーの情報を集約し、リソースや、定型的な運用作業を一元的に管理するサービスです。AWS 上の OS 設定情報やインストールされているソフトウェア一覧などを収集し、EC2 インスタンスまたは RDS インスタン

第 2 章　各種サービスの概要

スのバックアップやパッチ当てといった定型的な運用作業を自動で行うことができます。

▶ Trusted Advisor 　【AWS Trusted Advisor】

Trusted Advisor は、現在利用している AWS 環境の設定やリソースについて、その状況をチェックし、改善が可能なアクションを提案してくれるサービスです。チェック対象は 5 つのカテゴリ（コスト最適化、パフォーマンス、セキュリティ、フォールトトレランス、サービス制限）に大別され、カテゴリごとに改善のための推奨事項を提案します。

▶ Well-Architected Tool 　【AWS Well-Architected Tool】

Well-Architected Tool は、ユーザーが AWS 上で構築したシステムのアーキテクチャが、セキュアかつ高パフォーマンスを実現可能で、耐障害性も備えた効率的なインフラストラクチャであるかを確認し、ベストプラクティスなアーキテクチャ構築をサポートするツールです。実際のアーキテクチャと最新の AWS アーキテクチャのベストプラクティスを比較して、アーキテクチャ上の問題点を発見することが可能です。

2.14 移行と転送

▶ Migration Hub 【AWS Migration Hub】

Migration Hub を使用して、オンプレミスにある既存サーバーの情報を収集し、仮想サーバーやアプリケーションの情報をインポートして移行を計画したり、移行時に移行ステータスを確認することができます。ユーザーは、AWS が提供する AWS Database Migration Service や AWS Server Migration Service といった移行サービスや、サードパーティベンダーが提供する移行サービス（CloudEndure 等）から収集した情報にもとづいて、移行の計画・実行や、移行ステータスの追跡を行います。

▶ Application Discovery Service 【AWS Application Discovery Service】

Application Discovery Service は、AWS への移行の準備段階として、オンプレミスにあるシステムのアプリケーションやインフラの情報を収集するためのサービスです。

▶ Application Migration Service 【AWS Application Migration Service】

Application Migration Service は、AWS へのリフト＆シフト移行において、その利用が推奨されている移行サービスです。オンプレミスおよび他クラウド上のサーバーから変更を加えることなく AWS に移行することにより、エラーが生じやすい手動処理を最小限に抑えることが可能です。

▶ DMS 【AWS Database Migration Service（AWS DMS）】

DMS は、同じ種類の DB エンジン間の移行（同種 DB 移行）だけではなく、異なる種類の DB エンジン間の移行（異種 DB 移行）もサポートするサービスです。

第 2 章　各種サービスの概要

▶ DataSync　【AWS DataSync】

　DataSync は、オンラインデータ転送サービスです。AWS ストレージサービスとオンプレミスのストレージシステム間や、AWS 上のストレージサービス間におけるデータの移動を自動的かつ高速に行います。

▶ SMS　【AWS Server Migration Service（AWS SMS）】

　SMS は、オンプレミスにある VMware vSphere、Microsoft Hyper-V/SCVMM、または Hyper-V 仮想マシンを AWS の AMI として移行するサービスです。仮想マシンを Amazon マシンイメージ（AMI）として段階的にレプリケートし、EC2 にデプロイします。このサービスは、リホストと呼ばれる、オンプレミスの仮想サーバーをそのままクラウドに移行するパターンで用いられます。

▶ Snow Family　【AWS Snow Family】

　Snow Family にはいくつか種類があります。それらのうち Snowball は、テラバイト級のデータ移行を実現するサービスです。ハードウェアアプライアンスを利用して、オンプレミスと AWS 間の大容量データの移行を高速に行います。Snow Family には、この他、物理デバイスにより移行を行う Snowball Edge や、輸送トラクタトレーラーを利用してエクサバイト級のデータを移行する Snowmobile があります。

▶ Transfer Family　【AWS Transfer Family】

　Transfer Family は、S3 または EFS との間で直接ファイルを転送するためのサポートを提供します。具体的には、Secure File Transfer Protocol（SFTP）、File Transfer Protocol over SSL（FTPS）、および File Transfer Protocol（FTP）をサポートしています。Transfer Family では、エンドポイントのカスタム名に Route 53 の DNS を使ったルーティングや、API Gateway、Lambda などの AWS サービスと連携した認証により、クライアントにあるサーバーからのファイル転送処理を AWS 側でシームレスに実行できます。

▶ Migration Evaluator

　Migration Evaluator は、オンプレミスのリソースの利用状況に関するデータを収集します。そして、オンプレミスのシステムを AWS クラウドで実行することで生じるコストの見積りなどを提供します。

56

▶ CloudEndure Migration Disaster Recovery

　CloudEndure Migration は、オンプレミスにある仮想サーバーをリフト＆シフトでクラウドに移行するソリューションを提供します。また、CloudEndure Migration Disaster Recovery は、レプリケート機能を利用して災害対策を行う AWS のマネージドサービスです。この CloudEndure Migration Disaster Recovery を使って、オンプレミスや AWS 上にあるサーバー、データベースをレプリケーションし続けておきます。そして、災害発生時に、レプリケーションしたデータから災対環境ですぐに自動で復旧できるようにします。このようにクラウドサービスを使ってディザスタリカバリを実現する手段を、「DRaaS（Disaster Recovery as a Service）」といいます。

第 2 章　各種サービスの概要

2.15 セキュリティ、アイデンティティ、およびコンプライアンス

▶ IAM　【AWS Identity and Access Management（AWS IAM）】

IAM は、AWS サービスを利用するための認証や、AWS サービスやリソースへのアクセス制御を統合的に行えるサービスです。

AWS のマネジメントコンソールにログインするには IAM ユーザーが必要です。そのため、まず初めに IAM ユーザーを作成します。次に、いくつかの IAM ユーザーをグルーピングするために IAM グループを作成します。そして、IAM ユーザーや IAM グループ単位でポリシーを割り当てて、どのリソースに対して、どのようなアクションを許可／拒否するのかを JSON 形式のドキュメントで定義します。

なお、ユーザーやグループに対してではなく、AWS サービスやサービス上のアプリケーションに対して、AWS リソースへのアクセス権限を付与する仕組みを IAM ロールといいます。

▶ STS　【AWS Security Token Service（AWS STS）】

STS は、一時的な認証情報を発行するサービスです。たとえば、IAM にあるアカウント A の AWS サービスについて、その利用を別のアカウント B に許可したい場合を考えます。まず、アカウント B は、STS に AWS サービスの利用について問い合わせます。このときアカウント A の AWS サービスの利用が許可されていれば、STS が、アカウント A の AWS サービスにアクセスするための一時的な認証情報をアカウント B に対して発行します。一時的な認証情報には、「アクセスキー」、「シークレットアクセスキー」、「セッショントークン」の 3 つの情報が含まれています。アカウント B は、この一時的な認証情報を利用して、アカウント A の AWS サービスにアクセスすることができます。S3 にあるコンテンツへのアクセスを、許可された利用者のみに限定したい場合などに STS が使われます。

▶ Cognito　【Amazon Cognito】

Cognito は、Web アプリケーションやモバイルアプリケーションに対して、ユーザーのサインアップやサインインのための認証機能を提供するマネジドサービス

58

です。

Cognito には、サインイン機能の他、ソーシャル ID プロバイダー(IdP)、OpenID Connect や SAML 2.0 で連携した ID プロバイダーを介した認証を行える「ユーザープール」と、AWS サービスへのアクセスの認可を行う「ID プール」があります。

▶ Detective 【Amazon Detective】

Amazon Detective は、AWS リソースからログデータを自動的に収集し、AWS 環境における不審なアクティビティの原因を効率的に分析および調査するためのサービスです。

▶ GuardDuty 【Amazon GuardDuty】

GuardDuty は、AWS 上での操作等をモニタリングし、セキュリティ上の脅威を検出します。

▶ Inspector 【Amazon Inspector】

Inspector は、EC2 インスタンスの脆弱性を診断および検出するサービスです。Inspector Agent を EC2 インスタンスにインストールして、EC2 インスタンスの定期的なセキュリティチェックを実施するとともに、検出された脆弱性についてレポーティングを行います。

▶ Macie 【Amazon Macie】

Macie は、AWS 上に保存されている機密データを機械学習によって検出、分類、および保護するサービスです。

▶ Artifact 【AWS Artifact】

Artifact は、AWS のマネジメントコンソールから重要なコンプライアンスレポートを確認できるサービスです。AWS のセキュリティやコンプライアンスの現状について把握することができます。

▶ Audit Manager 【AWS Audit Manager】

Audit Manager は、AWS の使用状況について継続的に監査を行うサービスです。監査で発生する証拠収集を自動化し、工数を削減します。

第 2 章　各種サービスの概要

▶ Certificate Manager　【AWS Certificate Manager】

Certificate Manager を利用して、ELB や CloudFront 用のサーバー証明書を無料で発行し、インポートすることができます。サーバー証明書の有効期限が切れた場合は、証明書を自動的に更新することも可能です。なお、Certificate Manager によって発行されたサーバー証明書をインポートできるサービスは、ELB、CloudFront、Amazon API Gateway といった一部のサービスに限られており、EC2 にはインポートできません。

▶ CloudHSM　【AWS CloudHSM】

CloudHSM は、暗号化キーを生成および管理するためのハードウェアセキュリティモジュール（HSM：Hardware Security Module）です。専用のハードウェアを利用して、FIPS 140-2 のレベル 3 認証済みの HSM で暗号化キーを管理できます。

▶ Directory Service　【AWS Directory Service】

Directory Service は、AWS 上でマネージド型のディレクトリサービスを利用できるサービスです。Directory Service では複数のディレクトリタイプが用意されており、たとえば AD Connector は、オンプレミス環境や AWS 上の既存のディレクトリサービスに接続するための認証プロキシの役割を担っています。

▶ Firewall Manager　【AWS Firewall Manager】

Firewall Manager は、多数のアカウントおよびアプリケーション全体で一元的にファイアウォールのルールを設定、管理できるようにするセキュリティ管理サービスです。ファイアウォールの設定を集約して管理できるので、メンテナンスの簡素化が図れます。

▶ KMS　【AWS Key Management Service（AWS KMS）】

KMS は、データの暗号化に用いられる暗号化キー（暗号鍵）を容易に作成および管理できるようにするマネージドサービスです。KMS は、AWS が管理するサーバーを利用して暗号化キーを管理します。KMS の暗号化キーを利用して、EBS ストレージ、RDS データベース、および S3 のデータの暗号化や、暗号化に使う鍵の管理を容易に行えます。

60

▶ Network Firewall 【AWS Network Firewall】

Network Firewall は、AWS 上で構築した VPC 環境へのトラフィックにおいて、外部攻撃の脅威から保護するためのファイアウォールのルール設定や IPS/IDS の管理を一元的に行うことができるマネージドサービスです。

▶ Resource Access Manager 【AWS Resource Access Manager（AWS RAM）】

RAM は、AWS のアカウント間で AWS のリソースを共有するサービスです。RAM で共有できるリソースとして、VPC のサブネット、License Manager、Transit Gateway、Route 53 リゾルバーがあります。

▶ Secrets Manager 【AWS Secrets Manager】

Secrets Manager は、シークレット情報（データベースの認証情報、API キーなど）をセキュアに保存するとともに、定期的にシークレット情報をローテーションするサービスです。

▶ Security Hub 【AWS Security Hub】

AWS Security Hub は、AWS のセキュリティに関して、その状態を確認したり、セキュリティ標準やベストプラクティスに準拠しているか否かをチェックするのに有用なサービスです。AWS アカウントやサービス等から収集したデータをもとにセキュリティ状況を分析し、解決すべき問題を把握します。

▶ Shield 【AWS Shield】

AWS Shield は、DDoS（分散型サービス妨害）攻撃から AWS リソースを保護するマネージドサービスです。

▶ AWS SSO 【AWS Single Sign-On（SSO）】

AWS 環境でシングルサインオン（SSO）を実現するには、AWS SSO というマネージドサービスが役立ちます。AWS SSO は、AWS Organizations とサービス統合されているため、AWS Organizations で管理している AWS アカウント間の SSO を簡単に実現できます。

第 2 章　各種サービスの概要

▶ AWS WAF（AWS Web Application Firewall）

　AWS WAF は、名前が示すとおり Web アプリケーションファイアウォールであり、さまざまなセキュリティ脅威から Web アプリケーションを保護します。

第 **3** 章

試験で問われる
シナリオの特性

　AWS 認定ソリューションアーキテクト−アソシエイト試験は、
AWS における分散システムの可用性、コスト効率、高耐障害性お
よびスケーラビリティの設計に関する 1 年以上の実務経験を持つ
ソリューションアーキテクト担当者を対象に設計されており、シス
テム構築の現場でも設計要素として押さえるべき、実践的な内容が
問われます。

　試験では、AWS のベストプラクティスに沿った解答を選択する
必要があります。そのためには、試験の出題分野のカテゴリ単位
（本章では「シナリオ」と呼びます）で重要ポイントを把握すること
が大切です。

第 3 章　試験で問われるシナリオの特性

3.1 「レジリエントアーキテクチャの設計」分野で問われるシナリオ

　AWS の試験ガイド[1]には試験の出題範囲が記載されていますが、各分野で何が問われるのかについては抽象的な記述に留まります。しかし、各分野をよく見ると、AWS のベストプラクティスがまとめられた AWS Well-Architected フレームワークの 5 つの柱に対応していることがわかります。したがって、この AWS Well-Architected フレームワークの中で推奨されているアーキテクチャを押さえることが試験対策として有効です。

- **AWS Well-Architected フレームワーク**

　https://aws.amazon.com/jp/architecture/well-architected/

　AWS Well-Architected フレームワークは、AWS とその利用者の長年の経験にもとづいてシステム設計・運用の "大局的な" 考え方とベストプラクティスをまとめたもので、ホワイトペーパーとして公開されています。このフレームワークでは、以下の 5 つの柱の観点で、クラウド上でワークロードを設計および実行するための主要な概念、設計原則、アーキテクチャのベストプラクティスについて説明しています。

- **運用上の優秀性**
- **セキュリティ**
- **信頼性**
- **パフォーマンス効率**
- **コスト最適化**

　本節で扱う「レジリエント（弾力性がある）」とは、サービスの中断から自律的に素早く復旧できる能力が高いことをいいます。システム設計を考えるにあたって、

---

[1]　https://d1.awsstatic.com/ja_JP/training-and-certification/docs-sa-assoc/AWS-Certified-Solutions-Architect-Associate_Exam-Guide.pdf

予期せぬサービスの停止に備える「Design for Failure」という原則があり、あらゆるものは壊れる宿命にあることを前提に、AZ やリージョン全体での障害発生を想定した設計を行うことを基本的な考え方としています。ビジネスのニーズと重要度に応じて、アプリケーションのサービスレベル目標（SLO）を設定し、適切な設計を選択します。

AWS は障害に備えるためのさまざまなサービスを提供しており、試験では、それらを活用するための知識が要求されます。

多層アーキテクチャソリューションの設計

データセンターの設備障害など、AZ 全体が影響を受ける障害が発生した場合の対策を検討します。このような障害に対して、短時間で復旧するためのアーキテクチャに関する知識が問われます。

次ページに示す図 3.1-1 の構成例のように、EC2 を複数の AZ に配置し、**ELB** を利用してリクエストを複数の AZ に分散して**マルチ AZ 構成**にします。ELB にはヘルスチェック機能があるため、正常に稼働していない EC2 には処理を振り分けません。さらに **Auto Scaling** と組み合わせれば、ELB のヘルスチェックに失敗したサーバーは自動的に削除され、正常なインスタンスに置き換えられるので、システムを自動復旧させることができます。Web サーバーの背後にある DB サーバーについても、RDS などマネージドサービスを活用し、AZ 間でデータを同期しておき、障害発生時にセカンダリ AZ に切り替えます。

なお、既存のシステムと連携するために AWS 環境とオンプレミス環境のネットワークを Direct Connect や VPN で接続している場合は、データセンターごとにオンプレミス側の接続経路を冗長化することも忘れないようにしましょう。

第 3 章　試験で問われるシナリオの特性

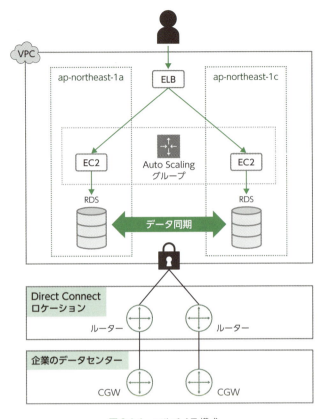

図 3.1-1　マルチ AZ 構成

高可用性・高耐障害性のアーキテクチャの設計

　地震やハリケーンなどの広域障害への対策について、ビジネス継続要件やコストとのトレードオフを勘案しながら、アーキテクチャを検討します。このようなリージョン全体に影響を及ぼす障害に対して、業務を継続するためのアーキテクチャに関する知識が試験で問われます。

　図 3.1-2 の構成例のように、複数リージョンに同一構成のシステムを構築し、**Route 53** を利用してリクエストをルーティングする**マルチリージョン構成**にすることで高い可用性を実現します。Route 53 の**ヘルスチェック**と**ルーティングポリシー**の設定により、リージョン障害時には自動でセカンダリリージョンにフェイルオーバーさせることもできます。また、データを保持するサービスについては、リー

ジョン間でのデータコピー方式も覚えておくとよいでしょう。たとえば、EC2 は AMI を取得し、リージョン間でコピーしておきます。RDS の場合は、クロスリージョンリードレプリカを作成してデータを同期しておき、障害発生時には、正常に稼働しているリージョンにあるリードレプリカを昇格させます。さらに、Direct Connect を利用する場合は、東京や大阪といった**複数の Direct Connect ロケーション**の利用も検討する必要があります。

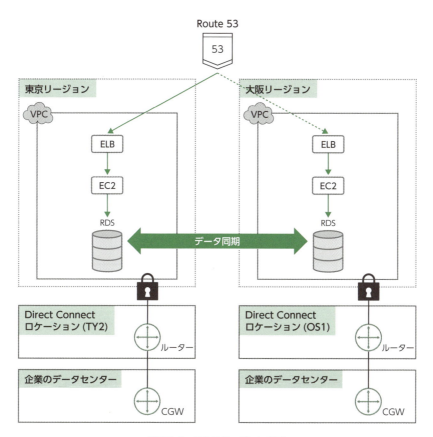

図 3.1-2　マルチリージョン構成

疎結合なメカニズムの設計

複数のサービスを連携させて逐次的な処理を行う場合、1つのコンポーネントで起きた障害が他のコンポーネントに影響を与えないよう、できるだけ疎結合にします。これにより可用性が向上します。また、1つのコンポーネントに変更を加えたときの影響範囲が限定されることから、アジリティも高まります。

疎結合なアーキテクチャの1つとして、コンポーネント間を **SQS キュー** でつなぎ、メッセージを直接送受信することを避けるという方法があります。可能な限りコンポーネント間のやりとりを非同期にすることで、メッセージを受信して処理する側は並列処理ができるようになるため、スケーラビリティが向上します（図3.1-3）。疎結合なアーキテクチャを実現するために、SQSのようなメッセージングサービスに加えて、**Kinesis** のようなストリーミングサービスや、**Step Functions** のようなワークフローサービスを活用することができます。

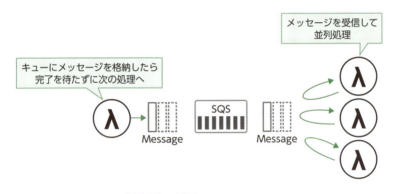

図3.1-3　疎結合なアーキテクチャ

適切な回復力のあるストレージの選択

目標復旧時間（RTO）と目標復旧時点（RPO）に合わせて、データやアプリケーションなどのバックアップを取得します。データのバックアップ方法や、誤ってデータを削除することがないようデータを保護する仕組みについて理解しておきましょう。

▶ S3

S3 は、さまざまなサービスのバックアップ先として使用できます。**バージョニング設定**を有効化することで、S3 に格納されたデータの履歴データを保護できます。バージョニングの設定で **MFA Delete** が有効になっている場合は、バージョニング状態の変更やオブジェクトバージョンの削除を行う際、MFA デバイスによる追加の認証が要求され、セキュリティを強化することができます。**ライフサイクルポリシー**を設定すると、S3 Glacier または S3 Glacier Deep Archive にデータがアーカイブされるので、バックアップデータの保存にかかるコストを削減できます。

▶ バックアップ

AWS のサービスには EBS スナップショット、RDS スナップショット、DynamoDB バックアップなど、データを保護するためのバックアップを作成する機能が提供されています。バックアップは、RPO に合わせて継続的に取得されるよう自動化することが推奨されています。AWS Backup というフルマネージド型のバックアップサービスを活用すれば、バックアップの自動化と履歴の一元管理を行うことができます。

▶ Storage Gateway

Storage Gateway を利用すると、オンプレミスで作成されたデータのバックアップを AWS 上に自動で取得することができます。Storage Gateway には、**ファイルゲートウェイ、ボリュームゲートウェイ、テープゲートウェイ**という 3 つのゲートウェイタイプがあるので、それぞれが想定しているユースケース[2] についても確認しておきましょう。

※ 2　AWS Storage Gateway とは何ですか？
　　　https://docs.aws.amazon.com/ja_jp/storagegateway/latest/userguide/WhatIsStorage
　　　Gateway.html

第3章　試験で問われるシナリオの特性

3.2 「高パフォーマンスアーキテクチャの設計」分野で問われるシナリオ

　AWSを活用してアプリケーションを開発・運用する場合、システム全体としてのパフォーマンス目標を達成するためには、システムのワークロードに合わせてサービスを選択する必要があります。また、システムのパフォーマンスを監視し、ボトルネック、または過剰なキャパシティとなっているリソースがないか把握することが重要です。そして、スケールアウトやスケールアップが柔軟に行えるというAWSの特徴を生かし、問題が起きているリソースに応じた対策を実施することでパフォーマンスを最適化します。

■ コンピューティングソリューション

　代表的なコンピューティングサービスのパフォーマンス向上策を以下に紹介します。試験では、設問に示されているパフォーマンスの問題に対して、有効なパフォーマンスオプションを選択できるようにしておきましょう。

▶ EC2

　EC2にはさまざまなワークロードに対応したインスタンスファミリーおよびサイズが用意されており、GPUやSSDなど、パフォーマンス向上に役立つ機能を提供します。EC2を利用するにあたっては、ワークロードに応じて表3.2-1にあるようなインスタンスタイプ、ネットワーキングオプション、ストレージオプションから最適なオプションを選択します（ストレージオプションについてはP.72で解説します）。

70

3.2 「高パフォーマンスアーキテクチャの設計」分野で問われるシナリオ

表 3.2-1　EC2 の主なパフォーマンスオプション

分類	オプション	用途・パフォーマンス考慮点
インスタンスタイプ	T3（バースト可能な汎用インスタンスタイプ）、M4（汎用インスタンス）など。 詳細は公式ドキュメントを参照[3]	汎用、CPU 最適化、メモリ最適化、ストレージ最適化、GPU 搭載など、多様なインスタンスタイプが用意されている
ネットワーキングオプション	プレイスメントグループ	単一のアベイラビリティーゾーン内でインスタンスを論理的にグループ化し、ネットワーク的に近くに配置することで、低レイテンシーおよび高スループットを実現する
	拡張ネットワーキング	SR-IOV を使用して、高性能ネットワーキング機能が提供される
ストレージオプション	次ページ参照	次ページ参照

▶ Lambda

Lambda は、1つのリクエストを処理している間に再度呼び出されると別のインスタンスが割り当てられ、同時実行数の上限までは自動でスケールアウトします。CPU リソースについては、メモリ容量に比例して割り当てられるので、スケールアップしたい場合はメモリ容量を追加します。たとえば、256MB のメモリ容量を設定した Lambda は、128MB のメモリ容量を設定した Lambda の約 2 倍の CPU パワーが割り当てられます。

※ 3　Amazon EC2 インスタンスタイプ
　　　https://aws.amazon.com/jp/ec2/instance-types/

第 3 章　試験で問われるシナリオの特性

■ ストレージソリューション

　ストレージサービスは、アクセス方法、アクセスパターン、アクセス頻度などに応じて最適なものを選択します。表 3.2-2 に代表的なストレージサービスをまとめましたので、それぞれのサービスの用途や、パフォーマンスに影響する特徴を覚えておきましょう。

表 3.2-2　主なストレージサービス

分類	サービス	用途・パフォーマンス考慮点
ブロックストレージ	EBS	・低レイテンシー ・**用途に応じたボリュームタイプ**（SSD、HDD）が提供される[4]
	インスタンスストア	・EC2 が稼働するホストコンピュータにアタッチされた一時ストレージ ・**EBS よりも低レイテンシー** ・インスタンスを停止、休止、終了するとデータが消える
ファイルストレージ	EFS	・ストレージ容量が無制限 ・多数のクライアントで共有できる
	FSx	・多数のクライアントで共有できる ・Windows File Server、または HPC（Lustre）ワークロード向け
オブジェクトストレージ	S3	・ストレージ容量が無制限 ・多数のクライアントで共有できる ・**静的 Web サイトホスティング**により、静的コンテンツを S3 から直接配信することでパフォーマンスが向上 ・マルチパートアップロードでスループットを最大化 ・**S3 Transfer Acceleration** により、エッジロケーションから AWS のグローバルネットワーク経由でデータを転送できる
	S3 Glacier	・**アーカイブ用** ・データの取り出しに数分〜数時間かかる

※ 4　EBS ボリュームの種類
　　　https://docs.aws.amazon.com/ja_jp/AWSEC2/latest/UserGuide/ebs-volume-types.html

72

ネットワーキングソリューション

ネットワークサービスは、レイテンシー、スループット要件、ジッターに応じて最適なものを選択します。表3.2-3に代表的なネットワークサービスを示します。それぞれのサービスの用途や、パフォーマンスに影響する特徴を押さえることが重要です。

表3.2-3 主なネットワークサービス

分類	サービス	用途・パフォーマンス考慮点
CDN	CloudFront	・グローバルに配置されたエッジロケーションからコンテンツを配信する ・画像や動画などのコンテンツをキャッシュし、よりユーザーに近いロケーションでリクエストを処理し、レイテンシーを低減する
DNS	Route 53	・ルーティングポリシーでレイテンシーベースルーティングを設定することで、エンドユーザーの最寄りのリージョンでリクエストを処理し、レイテンシーを低減する
ネットワーク経路	Global Accelerator	・ユーザーは、グローバルに配置されたエッジロケーションからAWSグローバルネットワーク経由でシステムに接続できる ・NLB、ALB、EC2と組み合わせて利用できる
オンプレミス接続	Direct Connect	・専用線でAWS環境とネットワーク接続することで、一定の帯域幅が確保され、スループットが安定する ・VPNでは、インターネットのジッターの影響でスループットが安定しない可能性がある

第3章　試験で問われるシナリオの特性

データベースソリューション

データベースサービスは、クエリパターン、クエリ頻度、パフォーマンス要件などに応じて最適なものを選択します。表 3.2-4 に代表的なデータベースサービスをまとめましたので、それぞれのサービスの用途や、パフォーマンスに影響する特徴を覚えておきましょう。

表 3.2-4　主なデータベースサービス

分類	サービス	用途・パフォーマンス考慮点
リレーショナル	RDS/Aurora	・**トランザクション**をサポート ・汎用的にどのワークロードにも対応できる ・**リードレプリカ**により読み取りパフォーマンスが向上する ・スナップショットをリードレプリカから取得することで性能を維持できる
NoSQL	DynamoDB	・Key-Value ストアであるため key が一意に定まるクエリを特に高速に処理できる ・クエリパターンに合わせた**インデックス設定**、**パーティションキー分散**、**ソートキー設定**でパフォーマンスを向上できる ・**キャパシティユニット（RCU/WCU）**で読み込み／書き込みクエリキャパシティを指定する ・**DynamoDB Accelerator（DAX）**という組み込みのインメモリキャッシュ機能を持つ
データ分析	Redshift	・トランザクションをサポート ・**バッチデータ分析**で高い性能を発揮する（リアルタイムにクエリする用途には向かない）
インメモリ	ElastiCache	・**インメモリキャッシュ** ・他の DB と組み合わせて読み取りパフォーマンスを向上できる ・**Memcached と Redis のキャッシュエンジンをサポート**しており、バックアップ機能の有無などに違いがある[5] ・デフォルトではデータはメモリにのみ存在し、再起動などでデータが消失する

※ 5　Memcached と Redis の比較
　　　https://docs.aws.amazon.com/ja_jp/AmazonElastiCache/latest/red-ug/SelectEngine.html

3.3 「セキュアなアプリケーションとアーキテクチャの設計」分野で問われるシナリオ

　AWS利用時のセキュリティ対策においては、AWSが責任を持つ範囲とAWS利用者が責任を持つ範囲を理解し、それぞれの責任範囲において必要な対策を実施することでシステム全体のセキュリティを担保します（**責任共有モデル**）。AWS利用者側の責任範囲では、どこまでの対策が必要なのか、どこからのリスクを保有するのかは、利用者の責任において判断が必要です。

　セキュリティ対策として、「ID管理とアクセス管理」「インシデントの検出」「インフラストラクチャの保護」「データ保護」「インシデント対応」について検討する必要があります。その際に、システムの重要度に合わせてリスク管理策を策定する**リスクベースアプローチ**の考え方を適用し、何をどこまで対策すべきかを決めることが重要です。

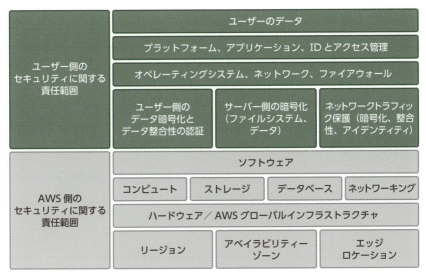

図3.3-1　AWSセキュリティの責任共有モデル

第 3 章　試験で問われるシナリオの特性

AWS リソースへのセキュアなアクセスの設計

　AWS にアクセスするユーザーの役割に応じて、必要な AWS リソースへのアクセス権限を付与します。試験では、複数の AWS アカウントと、それぞれにアクセスするユーザーを、セキュアかつ効率的に管理する方法が問われます。

▶ Organizations による AWS アカウントの統合管理

　異なる部門が管轄しているシステムや、開発環境と本番環境など、ワークロードの重要度やセキュリティレベル、統制レベルが異なるシステムは、AWS アカウントレベルで環境を分けることが強く推奨されています。そのため、特にエンタープライズ企業では AWS アカウント数が数百にまで増えていきますが、これらをバラバラに管理していると効率が悪く、作業ミスの原因にもなり得ます。

　Organizations を使用することで、増大した複数の AWS アカウントを本番環境や開発環境といった用途ごとにグループ化し、ポリシーベースで階層的に管理することができます。AWS アカウントは、組織単位（OU）というグループ単位で管理されます。そのグループに対してサービスコントロールポリシー（SCP）を適用することにより、組織全体、OU といった階層ごとにアクセス権限を管理できます。たとえば、SCP を適用して、特定の OU 配下のアカウントについて、特定のサービスの使用を制限するといった管理ができます。

　また、Organizations で組織レベルのすべてのアカウントに適用する AWS サービスを、まとめて有効化することも可能です。たとえば、組織レベルで CloudTrail を有効化することで、すべてのアカウントで実行されるアクションのログを一元的に取得し、かつメンバーアカウントが CloudTrail を無効化しないように設定できます。

▶ IAM によるユーザー管理

　IAM は、AWS のサービスやリソースへのアクセスを管理するためのサービスです。アクセスが必要な個人ごとに **IAM ユーザー** を作成し、**IAM グループ** に所属させます。アクセス権限は **IAM ポリシー** で定義され、IAM グループに IAM ポリシーをアタッチすることにより、グループ単位で権限を管理します。このとき、**ポリシー定義は、許可定義（Allow）よりも拒否定義（Deny）のほうが優先**されます。この特徴を利用して、セキュリティ上ユーザーに対して禁止すべき操作（監査ログの改ざんなど）が行われないよう、拒否定義で明示的に禁止するポリシーをアタッチするといった使い方をします。

　AWS では、タグを AWS リソースに付与し、そのタグを条件にしてアクセス許可

76

を適用することができます。「Env=TEST」といったタグ付けのルールを定めておくと、TEST というタグが付与されたテスト環境にのみアクセス許可を付与することができます。ルール通りにタグが付与されているかどうかのチェックには **Config Rules** を活用できます。

▶ IAM ロールによる一時的認証情報の発行

IAM ロールは、AWS サービスやアプリケーションに対して AWS の操作権限を付与するための仕組みです。たとえば、EC2 から S3 にアクセスする場合などに、IAM ロールを利用して EC2 に権限を付与します。IAM ロールの権限の定義には、IAM ポリシーを用います。IAM ロールを活用することで、プログラム内での認証情報（アクセスキー）の保存が不要になり、認証情報の漏洩を防ぐことができます。

また、複数の AWS アカウントを持つと、アカウントをまたぐアクセス権限を必要とする IAM ユーザーが生じることがあります。たとえば、本番と開発の両方の AWS アカウントへのログインが必要な開発者がいたとします。このような場合、IAM ロールを使った**クロスアカウントアクセス**（スイッチロール）を許可することで、アカウントごとに IAM ユーザーを作成する必要がなくなります。

なお、IAM ユーザーの数が多い場合は、**AWS SSO（Single Sign-On）**、**AD Connector**、**SAML 連携**によりオンプレミスの Active Directory などの ID プロバイダーと統合し、ID を一元管理することが推奨されています。

▣ セキュアなアプリケーション階層の設計

VPC は、AWS 上で論理的に分離されたユーザー専用の仮想ネットワークです。VPC 内で動作する AWS リソースについては、ネットワークレイヤーで VPC の外部環境と分離することができます。このように VPC 内部のリソースとのネットワーク接続を保護する方法や、外部からの不正侵入、情報漏えいリスクに対応する方法が試験で問われます。

▶ VPC のネットワークアクセス制御

ネットワーク間の通信制御には**セキュリティグループ**を用います。たとえば、Web サーバー、DB サーバー（RDS）という 2 種類のサーバーがある場合、それぞれに対してセキュリティグループを作成し、サーバーの役割に応じてセキュリティグループを関連付けます。

この他、サブネットに対するネットワークアクセス制御の機能として、**ネットワー**

ク ACL（NACL）があります。NACL はステートレスなファイアウォールなので、インバウンドルールとアウトバウンドルールの両方を定義する必要があります。**明示的に通信の拒否を定義できる点が、セキュリティグループとの違い**です。

▶インターネットとの接続

VPC 内のリソースとインターネットとの通信を許可するには、**インターネットゲートウェイ**を VPC にアタッチし、インターネットへのルーティング情報を追加します。ルーティングでは、インターネット向けのトラフィックをインターネットゲートウェイに転送する定義をルートテーブルに追加します。

サブネットは、インターネット接続が可能な**パブリックサブネット**と、VPC 内のみ通信が可能な**プライベートサブネット**に分割します。この2つのサブネットの違いは、インターネットゲートウェイへのルートを持つかどうかです。RDS のように、インターネット接続を必要としないサービスはプライベートサブネットに配置し、意図しないアクセスを許可してしまうリスクを低減します。

プライベートサブネットに配置された AWS リソースも、パッチ取得や他の AWS サービスの API 呼び出しを行うためにインターネットとのアウトバウンド通信が必要になることがあります。その場合は、パブリックサブネットに **NAT ゲートウェイ**をデプロイし、インターネット向けのトラフィックを NAT ゲートウェイに転送するルートを、プライベートサブネットのルートテーブルに追加します。

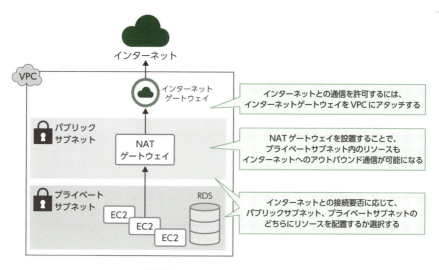

図 3.3-2　インターネットとの接続

▶ AWS サービスとの接続

PrivateLink（VPC エンドポイント）[6] を使うと、VPC 内のリソースはインターネットを介さずに AWS リソースにアクセスすることができます。このとき、**エンドポイントポリシー**と組み合わせて、接続先のサービスへのアクセスを特定の VPC からの接続に制限し、インターネットからはアクセス不可にするといった制御が可能です。

▶ 外部攻撃からの保護

B to C の Web サイトなど、不特定多数からアクセスされる可能性があるサービスについては、外部からの攻撃への対策も必要です。

AWS Shield は、UDP リフレクション攻撃、SYN フラッド攻撃、HTTP フラッド攻撃といった DDoS 攻撃から AWS リソースを保護します。デフォルトですべての AWS アカウントに対して Standard レベルの保護が有効になっています。Shield Advanced では、EC2、CloudFront、Route 53、AWS Global Accelerator、ELB、ALB で実行中のアプリケーションを標的とする高度な DDoS 攻撃からの保護が提供されます。

AWS WAF は、Amazon API Gateway、CloudFront、ALB と関連付けることで、これらのサービス上の HTTP/HTTPS トラフィックを双方向で監視し、SQL インジェクション、クロスサイトスクリプティング、セッションハイジャックなどの一般的な Web ベースの攻撃から Web アプリケーションを保護します。

---

[6] VPC エンドポイントにはインターフェイス型とゲートウェイ型の 2 種類があり、インターフェイス型を PrivateLink、ゲートウェイ型を VPC エンドポイントと呼ぶことが多いです。ゲートウェイ型の VPC エンドポイントは、S3 と DynamoDB に対応しています。

第3章 試験で問われるシナリオの特性

データセキュリティオプションの選択

データ漏えいのリスクに対しては、暗号化が有効です。まず、データの重要度と機密性に着目してデータを分類し、それぞれに適した方法でデータを管理します。その上で、データの暗号化をどのように行うか、開発者に暗号化を強制するにはどうするか、暗号化のための鍵をセキュアに管理するにはどうするか、といった不正なアクセスからデータを保護するための知識が問われます。

▶ サーバーサイド暗号化とクライアントサイド暗号化

暗号化のモデルには、AWS の機能を用いてサーバー側で暗号化する**サーバーサイド暗号化**と、ユーザー側のアプリケーションで暗号化する**クライアントサイド暗号化**があります。どちらのモデルを採用するかはデータの分類結果に応じて決めます。

表 3.3-1 　サーバーサイド暗号化とクライアントサイド暗号化

	サーバーサイド暗号化	クライアントサイド暗号化
特徴	AWS の機能を用いてサーバー側で暗号化する	ユーザーのアプリケーションで暗号化する
メリット	アプリケーションは暗号化を意識する必要がない	AWS がデータを受信するときにすでに暗号化されているため、ユーザーの管理下で確実なデータ保護が実現できる
鍵管理	KMS/CloudHSM	KMS/CloudHSM/ 独自に管理

▶ 保管中のデータ保護（AWS のサーバーサイド暗号化）

AWS のサービスには、KMS と統合された暗号化の仕組みが提供されています。S3 では、バケットのデフォルト暗号化を設定することで、新しいオブジェクトが自動的に暗号化されます。また、EC2 では、リージョンに対してデフォルトで暗号化を行う設定を有効にすることで、新しく作成した EBS ボリュームとスナップショットコピーの暗号化を強制します。

暗号化されていない EBS ボリュームを暗号化するには、一度スナップショットを取得します。これにより、スナップショットからボリュームを復元する際、あるいはスナップショットのコピーを作成する際に暗号化が可能になります。RDS の場合も同様に、スナップショットを経由して暗号化が可能です。

80

▶ 暗号化キー（暗号鍵）の管理

KMS は多くの AWS サービスと統合されており、暗号化キー（暗号鍵）の保存、ローテーション、アクセス制御を管理することができます。暗号化キーはカスタマーマスターキー（CMK）と呼ばれます。これには、AWS サービスごとにデフォルトで作成される CMK や、ユーザーが作成する CMK の他、インポートされたキーマテリアルを使用して作成するキーがあり、ユーザーがコントロールできる範囲はそれぞれ異なっています。KMS で管理された CMK にアクセスするには、**キーポリシー**でアクセスを許可します。

クライアントサイド暗号化の鍵管理で用いられる **CloudHSM** は、クラウドベースの FIPS 140-2 のレベル 3 認証済みのハードウェアセキュリティモジュール（HSM）です。業界規制によりハードウェアを他アカウントと共有することが許容されていないなど、より高いレベルのコンプライアンスへの対応が可能です。

▶ 転送中のデータ保護

AWS のサービスでは、通信に TLS を使用し、HTTPS の API エンドポイントが用意されています。HTTP リクエストは CloudFront または ALB で HTTPS に自動的にリダイレクトできます。なお、TLS 証明書は、**AWS Certificate Manager** を使うことで ELB、CloudFront、Amazon API Gateway と統合管理が可能です。

第 3 章　試験で問われるシナリオの特性

3.4 「コスト最適化アーキテクチャの設計」分野で問われるシナリオ

　AWS リソースは従量課金モデルであるため、利用した分のサービス利用料を毎月支払うことになります。構成変更を容易に行うことができる反面、コストの管理が疎かになると、大きすぎるインスタンスタイプを利用し続けてリソースが余っていたり、使用されなくなったリソースがずっと残っていたり、といった無駄が生じかねません。システムのライフサイクル全体にわたって、コストを継続的に監視し、コスト効率に優れたアーキテクチャや料金モデルを選択する能力が問われます。

ストレージソリューションのコスト最適化

　3.2 節でパフォーマンス向上に最適なストレージソリューションを紹介しましたが、用途に合ったストレージソリューションを選択することは、コスト最適化でも同じです。主なストレージソリューションの特徴を再度確認しておきましょう。たとえば、ストレージとして S3 を利用する場合、アーカイブ用の S3 Glacier では保存しているデータ容量に対するコストが S3 Standard に比べて最大 80% 安くなります。S3 の**ライフサイクルポリシー**を活用することで、オブジェクトが S3 に格納されてから、その経過時間に応じて保存するストレージクラスを Glacier に変更したり、オブジェクトを削除することが可能になるので、コスト最適化を図れます。アクセスパターンが予測できないデータに対しては、**S3 Intelligent-Tiering** を活用することで、使用パターンにもとづいて高頻度アクセスと低頻度アクセスという 2つのアクセスティア間でデータを自動的に移動できます。

コンピューティングおよびデータベースサービスのコスト最適化

　AWS には、表 3.4-1 のような複数の料金モデルがあります。ワークロードの特性に合った料金モデルを選択することでコスト最適化を図ることが可能です。また、**Cost Explorer** のレコメンデーションツールを使用して、現在の利用状況からどれくらいのコミットメントでコスト削減が見込めるかを確認することができます。さ

3.4 「コスト最適化アーキテクチャの設計」分野で問われるシナリオ

らに、**コストと使用状況レポート (CUR)** データを使って高度な分析を行うことも可能です。

表 3.4-1 料金モデル

購入オプション	特徴
オンデマンドインスタンス	・**デフォルト**の従量課金オプション ・利用期間のコミットなし
リザーブドインスタンス (RI)	・**常時起動している、キャパシティ予測のしやすいワークロード向け** ・長期（1 年または 3 年）利用のコミットにより、オンデマンド料金に比べて大幅な割引価格（最大 72% 割引）が適用される ・**インスタンスタイプやリージョンなどを指定**し、それを利用する必要がある ・支払いオプションには「前払いなし」「一部前払い」「全額前払い」がある
スポットインスタンス	・**中断可能なスケールをするワークロード向け** ・AWS クラウド内の使用されていない EC2 を低価格で利用できる（オンデマンド料金に比べて最大 90% 割引） ・落札価格を指定し、スポット価格が指定した価格帯であれば利用できるオークションのようなモデル ・AWS クラウド内のリソース状況により強制終了されるリスクがある ・スポットフリート、スポットブロックなどのオプションがある
Savings Plans	・長期（1 年または 3 年）利用のコミットにより、オンデマンド料金に比べて大幅な割引価格（最大 72% 割引）が適用される ・**時間あたりの利用料をコミットする** ・支払いオプションには「前払いなし」「一部前払い」「全額前払い」がある

また、クラウドの伸縮自在な性質を活用して、必要な時間帯に必要な分のリソースのみを起動することでコストを削減することを検討します。このようなコスト最適化では、リクエスト数の増加や CPU 使用率の増加などの需要の変化に応じて Auto Scaling によりキャパシティを調整します。

次ページの表 3.4-2 のように、Auto Scaling では**手動スケーリング、スケジュールにもとづくスケーリング、動的スケーリング**が可能です。

第 3 章　試験で問われるシナリオの特性

表 3.4-2　スケーリングポリシー

Scaling Plan	解説
手動スケーリング	・手動でインスタンス数を変更する
スケジュールにもとづく スケーリング	・事前に定義したスケジュールにもとづくスケーリング ・予測可能なワークロード向け（日時指定、繰り返し実行）
動的スケーリング	・メトリクス値にもとづくスケーリング ・以下のスケーリングポリシーにもとづく 　1. 簡易スケーリング 　　1つのメトリクスにもとづく 　　（例：CPU 使用率 80% 以上で 2 台追加） 　2. ステップスケーリング 　　変動する一連のメトリクスにもとづく 　　（例：CPU 使用率 60% 以上で 1 台、80% 以上でもう 1 台 　　追加） 　3. ターゲット追跡スケーリング 　　指定したメトリクスを一定に保つ 　　（例：平均 CPU 使用率を 60% に維持する）

ネットワークアーキテクチャのコスト最適化

　ネットワークサービスは、データ転送が発生する場所や、転送先、データ転送量に応じて利用料が異なります。

　CloudFront は、ユーザーの近くにデータをキャッシュするので、データ転送量の削減に役立ちます。また、**VPC エンドポイント**を利用することにより、VPC 内のリソースはインターネットを介さずに AWS サービスへの接続が可能になり、パブリックデータ転送コストと NAT ゲートウェイのコストを削減できます。

　オンプレミスとの接続においては、**Direct Connect** が有用です。Direct Connect は複数の VPC で共有することによりコストを最適化でき、インターネット経由の接続よりも安定したネットワーク接続が可能になります。一方、**VPN** は、より迅速にオンプレミスと AWS 間をセキュアなネットワークで接続することができます。複数のアカウントや VPC との接続が必要な場合は、**Direct Connect Gateway** や**Transit Gateway** により接続を一元的に管理し、構成変更のコストを抑えます。

84

第4章

レジリエント
アーキテクチャの設計

　システム内で不具合が発生したとしても、システム全体が停止することを防ぐ必要があります。「レジリエントアーキテクチャの設計」分野では、AWSが提供するさまざまなサービスを組み合わせて高可用性かつ回復性の高いシステムを構築するためのベストプラクティスが問われます。

　本章では、多層アーキテクチャによる高可用性のシステムを設計するため、あるいは高負荷な状況でもシステムの稼働を維持するための最適なソリューションを選択する演習を行います。

【AWSのサービス名の表記について】
　AWSの各サービスの正式名称には、「Amazon」もしくは「AWS」という文言が付記されていますが、本書に掲載している演習問題（模擬試験を含む）とその解説では、一部を除き概ね、これらの文言の記載を省略しています。（例）「Amazon S3」の場合、「S3」と表記。

第4章　レジリエントアーキテクチャの設計

4.1 多層アーキテクチャソリューションの設計

問1

　ある会社は、ニュースコンテンツを配信する Web サービスを運営しています。アプリケーションは ALB の背後にある EC2 インスタンスで実行されます。インスタンスは複数の AZ にまたがる EC2 Auto Scaling グループで実行され、データベースは Aurora を使用しています。

　最近、Web サービスへのアクセスが増加してきました。拡張性と可用性を高めるのに適切な AWS サービスはどれですか。（2つ選択してください）

A. AWS Shield

B. Direct Connect

C. Aurora レプリカ

D. CloudFront

E. AWS Global Accelerator

解説

　本ケースで問われているアプリケーションは、複数の AZ（アベイラビリティーゾーン）にまたがる EC2 インスタンス上で実行されています。このような場合、Aurora のレプリケーションを利用することで、1つの AWS リージョンの中で最大15個の Aurora レプリカを AZ 全体に分散できます。これによりデータベース層が高可用性となります。また、ALB（Application Load Balancer）の前段に CloudFront を配置することで、アプリケーションへのアクセスが増加した場合でもコンテンツ配信の負荷を分散することができます。したがって、C と D が正解です。

A. AWS Shield は、DDoS 攻撃からアプリケーションを保護するサービスです。

B. Direct Connect は、オンプレミス内部ネットワーク環境と AWS 環境を物理ネットワークで接続するためのサービスです。

86

4.1 多層アーキテクチャソリューションの設計

E. AWS Global Accelerator は、グローバルの AWS ネットワークを利用することで、ネットワークの可用性とパフォーマンスを向上させるためのサービスであり、アプリケーションの拡張性を高めるものではありません。

[答] C、D

問2

あなたの企業の Web サイトでは複数の EC2 インスタンスを利用しています。各 EC2 インスタンスには EBS ボリュームがアタッチされており、Web アプリケーションとファイルが配置されています。障害発生時のレジリエンス向上のために、Web アプリケーションの素早い復旧方法と、複数の EC2 インスタンスで共有可能なストレージの利用を検討しています。これらの要件を満たす構成はどれですか。(1つ選択してください)

A. 複数の AZ にまたがる ALB を作成し、Auto Scaling を使った冗長構成とする。ファイルは EFS に保存する。

B. 複数の AZ にまたがる ALB を作成し、Auto Scaling を使った冗長構成とする。ファイルはインスタンスストアに保存する。

C. 複数の AZ にまたがる ALB を作成し、Auto Scaling を使った冗長構成とする。ファイルは EBS に保存する。

D. 複数の AZ にまたがる ALB を作成し、Auto Scaling を使った冗長構成とする。ファイルは CloudFront に保存する。

解説

この設問では、Web アプリケーションの高可用性と素早い復旧、そして複数の EC2 インスタンスで共有可能なストレージの利用が求められています。

Web アプリケーションの高可用性を実現するために、複数の AZ にまたがる ALB を作成します。さらに、Web アプリケーションが素早く復旧できるように、Auto Scaling を使った冗長構成を構築します。また、複数の EC2 インスタンスで共有可能なストレージサービスは、EFS です。したがって、A が正解です。

第 4 章　レジリエントアーキテクチャの設計

B. インスタンスストアは、各 EC2 インスタンス内でファイルを保持する揮発性のストレージです。

C. EBS は EC2 にアタッチする永続的なストレージですが、複数の AZ にまたがる EC2 インスタンスでストレージを共有することはできません。

D. CloudFront は CDN（Content Delivery Network）サービスであり、静的コンテンツのファイルを高速に配信します。複数の EC2 インスタンスでのストレージ共有とは関係ありません。

[答] A

問 3

あなたのチームは、証券会社向けのシステム開発を行っています。システムが顧客に提供している Web サービスの 1 つに年間取引報告書の作成があります。このサービスでは、顧客からのリクエストがあると EC2 上でジョブが実行されます。このジョブはステートレスです。時間帯や時期によって顧客からのリクエスト数が大きく変わるため、並列かつスケーラブルな構成にする必要があります。システムを疎結合に保ちつつパフォーマンスを発揮するためには、どのような構成にすればよいですか。（1 つ選択してください）

A. ジョブリクエストを受け付ける SQS のキューを作成する。Auto Scaling グループを作成し、EC2 の CPU 使用率に応じてジョブ実行インスタンス数を変化させる。

B. ジョブリクエストを受け付ける SQS のキューを作成する。Auto Scaling グループを作成し、SQS のリクエスト数に応じてジョブ実行インスタンス数を変化させる。

C. ジョブリクエストを送信する Amazon SNS のトピックを作成する。Auto Scaling グループを作成し、EC2 のネットワーク使用率に応じてジョブ実行インスタンス数を変化させる。

D. ジョブリクエストを送信する Amazon SNS のトピックを作成する。Auto Scaling グループを作成し、SNS のメッセージ数に応じてジョブ実行インスタンス数を変化させる。

解説

　この設問のように大量のジョブを非同期的に処理するケースでは、ジョブをSQSキューに保持しておき、EC2やLambdaを用いてキューを取り出して処理する方式がよく用いられます。

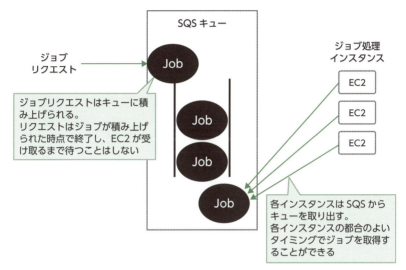

図 4.1-1　SQSによる疎結合

　このような方式を用いる目的は、サービスを疎結合にすることです。

　それでは、疎結合にしなければ、どのような問題があるのでしょうか。たとえば、SQSを利用せず、直接EC2にジョブリクエストを発行する構成を考えてみます。

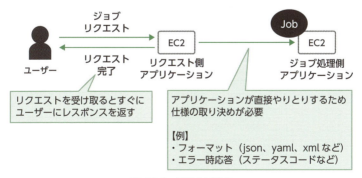

図 4.1-2　密結合な構成

第 4 章　レジリエントアーキテクチャの設計

　図 4.1-2 の構成では、リクエスト側のアプリケーションは、ジョブ処理側のアプリ
ケーションの仕様に即した実装にする必要があります。また、ジョブ処理側のアプ
リケーションも同様に、リクエスト側の仕様に合わせて実装する必要があります。
このため、いずれかのアプリケーションの仕様が変更になった場合は、両方のアプ
リケーションを改修することになります。このような状態を「密結合である」とい
い、両方のアプリケーションを改修することになるため改修コストが大きくなると
いう問題があります。

　SQS を利用しない構成では、この他にも次のような問題があります。

- リクエスト時に、ジョブ処理側の EC2 が高負荷のジョブを処理するなどしてビ
  ジー状態だった場合、リクエストがタイムアウトとなり、処理が受け付けられ
  ない可能性がある。
- リクエスト側とジョブ処理側が 1 対 1 の関係になっているため、スケールアウ
  トできない。
- 基本的にジョブの並列処理ができない。ジョブ処理側のアプリケーション内で
  並列処理ができるように実装することで並列処理は可能になるが、実装コスト
  がかかる。

　上記の問題は、SQS を用いることで解消されます。SQS を用いた構成では、キュー
にたまっているリクエストの数に応じてインスタンスをスケーリングさせるため、
大量のリクエストが発行された場合にはインスタンスをスケールアウトさせます。
このように、リクエストの数によって適切にスケーリングすることができます。し
たがって、B が正解です。

- **A.** CPU 使用率に応じてスケーリングさせる方法では、ジョブが CPU をあまり
  使わないような処理だった場合にインスタンスがスケールアウトせず、大量
  のリクエストが発行された際に処理が遅延します。
- **C、D.** SNS はフルマネージド型メッセージングサービスであり、キューを保持し
  ておくことができません。

[答] B

4.1 多層アーキテクチャソリューションの設計

問 4

　あなたの企業では EC サイトを運営しており、システムをオンプレミスから AWS へ移行しました。EC サイトは 3 層 Web アプリケーションの構成となっています。1 層目が Web サーバー、2 層目がアプリケーションサーバー、3 層目がデータベースサーバーとなっており、すべて EC2 インスタンスを利用しています。本システムには EC サイト用の大量の商品画像データがあり、それらのデータはすべて、Web サーバーにアタッチされている EBS ボリュームに保存されています。可用性を高めるためにはどのように構成を変更すればよいですか。（3つ選択してください）

- **A.** 1 層目の Web サーバーの前に ALB を配置する。Auto Scaling グループを利用して複数の AZ に Web サーバーを展開する。
- **B.** 3 層目のデータベースサーバーを RDS に変更し、マルチ AZ 構成にする。
- **C.** 2 層目のアプリケーションサーバーを EC2 フリートに変更する。
- **D.** 商品画像データを S3 に配置する。商品画像データは S3 バケットから配信する。
- **E.** 2 層目と 3 層目の間にキャッシュレイヤーとして DynamoDB を追加する。

解説

　各選択肢に記述されている変更を加えた後に可用性が高まるかどうかを考えます。

　まず、A を見てみます。構成を変更する前は、Web サーバーがダウンした場合にシステムが停止します。しかし、変更後は、複数の AZ に Web サーバーが配置されるため、いずれかの AZ に障害が発生した場合でも他の Web サーバーを利用してシステムは稼働し続けることができます。よって、A は正解です。

　次に、B について考えてみます。構成を変更する前は、データベースサーバーがダウンした場合にシステムが停止します。しかし、変更後は、データベースサーバーに障害が発生しても、別の AZ のデータベースサーバーにフェイルオーバーが行われてシステムは稼働し続けることができます。よって、B も正解です。

　さらに D も、A や B と同様に可用性を高めることができます。構成を変更する前は画像データが EBS に配置されており、この EBS に障害が発生すると画像データを表示できなくなります。しかし、変更後は画像データが S3 に配置され、S3 はリージョン内の少なくとも 3 つの AZ にデータを自動的にコピーします。そのため、い

第 4 章　レジリエントアーキテクチャの設計

ずれかの AZ で障害が発生した場合でも、他の AZ に保存されている画像データを表示することができます。よって、D も正解です。

以上より、正解は A、B、D です。

C. EC2 フリートはコスト削減のための仕組みであり、可用性には影響しません。EC2 フリートは予算を指定し、その予算を超えないように EC2 インスタンスを自動的に起動・停止させます。

E. キャッシュレイヤーの追加は、可用性には影響しません。キャッシュレイヤーを導入するとアプリケーションサーバーとデータベースサーバー間のアクセス頻度が減り、パフォーマンス向上につながります。しかし、キャッシュレイヤーを導入しても、導入前と同様、アプリケーションサーバーやデータベースサーバーがダウンするとシステムは停止してしまいます。

[答] A、B、D

問 5

　ある会社は、S3 を利用して有料会員限定の動画を配信しようと考えています。ユーザーが申し込みを行って料金を支払った後、1 か月間は動画のダウンロードが可能です。CloudFront を組み合わせてアクセスの制御を行う場合、最もシンプルな実装はどれですか。（1 つ選択してください）

A. S3 をオリジンとして CloudFront ディストリビューションを設定する。ユーザーが料金を支払うと、そのユーザーごとに S3 にファイルを配置し、ユーザーへファイルの S3 アドレスを通知する。ファイルの有効期限を DynamoDB で管理し、Lambda を使って有効期限が過ぎたファイルを削除する。

B. オリジンアクセスアイデンティティ（OAI）を作成して CloudFront ディストリビューションに関連付け、オリジンを S3 に設定する。ユーザーが料金を支払うと、有効期限を 1 か月に設定した CloudFront 署名付き URL を発行する。発行された署名付き URL をユーザーに通知する。

C. オリジンアクセスアイデンティティ（OAI）を作成して CloudFront ディストリビューションに関連付け、オリジンを S3 に設定する。CloudFront

92

のキャッシュ保持期間を1か月に設定する。料金を支払ったユーザーに CloudFront URL を通知する。

D. オリジンアクセスアイデンティティ（OAI）を作成して CloudFront ディストリビューションに関連付け、オリジンを S3 に設定する。ユーザーが料金を支払うと、署名付き Cookie を発行し、ファイルへのアクセスを許可した上で CloudFront URL を通知する。ファイルの有効期限を DynamoDB で管理し、Lambda を使って有効期限が過ぎたファイルを削除する。

解説

ここでは、CloudFront と S3 を組み合わせて、限定されたユーザーにプライベートコンテンツを配布する方法が問われています。S3 に配置したファイルへのアクセスを制限するには、オリジンアクセスアイデンティティ（OAI）と呼ばれる特別な CloudFront ユーザーを作成し、ディストリビューションに関連付ける必要があります。また、CloudFront 署名付き URL に有効期限を設定し、限定されたユーザーに当該 URL を通知します。したがって、B が正解です。

A. ユーザーに S3 のアドレスを通知すると、CloudFront を利用する意味がありません。また、DynamoDB と Lambda で有効期限を管理する仕組みは、署名付き URL で有効期限を管理する方法よりも複雑です。

C. CloudFront のキャッシュ保持期間を1か月とした場合、この保持期間を過ぎてアクセスを行うと、CloudFront がオリジンからファイルを取得します。保持期間後のファイルへのアクセスを制限できるわけではありません。

D. DynamoDB と Lambda で有効期限を管理する仕組みは、署名付き URL で有効期限を管理する方法よりも複雑です。

[答] B

第 4 章 レジリエントアーキテクチャの設計

問 6

ある会社では、AWS 上でアプリケーションを作成しています。アプリケーションの要件として、可用性が高く、保守対応の作業を可能な限り省力化する必要があります。また、アプリケーションは EC2 上で実行することが決まっています。ソリューションアーキテクトは、これらの要件を満たすために何をすべきですか。（1つ選択してください）

A. NLB を作成し、そのターゲットとして、複数の AZ に存在する Auto Scaling グループの EC2 インスタンスを登録する。

B. NLB を作成し、そのターゲットとして、複数の AZ に存在する既存の EC2 インスタンスを指定する。

C. NLB と、そのターゲットとなる複数の EC2 スポットインスタンスを作成する。

D. NLB と、そのターゲットとなる同一のパーティションプレイスメントグループに属する複数の EC2 インスタンスを作成する。

解説

可用性が高く、保守対応は可能な限り省力化する、とあるので、Auto Scaling グループを使用している A が正解です。Auto Scaling グループを使用することにより、EC2 インスタンスは異常状態になると削除され、新しいインスタンスが自動的に作成されます。

B. EC2 インスタンスが異常になった場合に手動で復旧する必要があるため、A と比較して保守作業が増加します。

C. スポットインスタンスは、コスト削減のための設定であり、可用性には影響しません。

D. パーティションプレイスメントグループは、グループごとに別のラックが割り当てられるためハードウェア障害の頻度を軽減できますが、B と同様に手動で復旧する必要があるため、保守対応の省力化にはなりません。

[答] A

4.2 可用性の高いアーキテクチャやフォールトトレラントなアーキテクチャの設計

問1

あなたは、画像をアップロードし編集するシステムのアーキテクチャを設計しています。ユーザーからのリクエストをトリガーに即時に画像が編集され、画像を表示またはダウンロードするリンクを生成します。画像を編集するためのパラメータは、Amazon API Gateway の先の API に送信されるすべてのリクエストに含まれます。このサービスを停止させないために、高い可用性が求められています。

これらの要件を満たす最適なソリューションはどれですか。（1つ選択してください）

A. EC2 インスタンスを使用して、画像を処理するアプリケーションを実行する。元の画像と編集後の画像を EC2 インスタンスに保存する。EC2 インスタンスの前段に ELB を設定する。

B. Lambda を使用して、画像を処理する関数を実行する。元の画像を S3 に保存し、編集後の画像を DynamoDB に保存する。

C. Lambda を使用して、画像を処理する関数を実行する。元の画像と編集後の画像を S3 に保存する。S3 バケットをオリジンとして CloudFront ディストリビューションを設定する。

D. EC2 インスタンスを使用して、画像を処理するアプリケーションを実行する。元の画像を S3 に保存し、編集後の画像を DynamoDB に保存する。S3 バケットをオリジンとして CloudFront ディストリビューションを設定する。

解説

ユーザーからの要求をトリガーに画像を即時にカスタマイズするには、Lambda の利用が適しています。また、静的コンテンツの保存には S3、コンテンツ URL の提供には CloudFront の利用が適しています。Lambda、S3、CloudFront は高可用性を担保するサービスであり、要件を満たすため C が正解です。

第 4 章　レジリエントアーキテクチャの設計

A. 静的コンテンツは EC2 インスタンスに保持されることとなり、インスタンス障害に耐えることができません。

B、D. DynamoDB は NoSQL 型のデータベースサービスであり、画像データの保存には適していません。

[答] C

問2

あなたの会社の Web システムは、単一リージョンの EC2 インスタンスで実行されています。ソリューションアーキテクトは、災害が発生した場合、アプリケーションを別のリージョン上で素早く起動できるように求められています。

この要求に応えるための最適なソリューションはどれですか。（1つ選択してください）

A. EC2 インスタンスのボリュームをデタッチし、S3 にコピーする。コピーしたボリュームを利用して別のリージョンで EC2 インスタンスを起動する。

B. EC2 インスタンスの AMI を取得して別のリージョンへコピーし、コピーした AMI を利用して EC2 インスタンスを起動する。

C. EC2 インスタンスのボリュームを S3 Glacier にコピーする。コピーしたボリュームを利用して別のリージョンで EC2 インスタンスを起動する。

D. S3 から EBS ボリュームをコピーし、その EBS ボリュームを使用して別のリージョンで EC2 インスタンスを起動する。

解説

本設問のケースでは、起動済みの EC2 インスタンスと同一のリソースを別のリージョンに作成する必要があります。同一のリソースを作成する場合、AMI の利用が適切です。起動済みの EC2 インスタンスから AMI を作成し、作成した AMI を利用して別のリージョンで EC2 インスタンスを起動することができます。したがって、B が正解です。

A. EBS スナップショットを取得するとしても、ボリュームをデタッチする必要

96

はありません。また、S3 に取得したスナップショットを別のリージョンにコピーする必要がありますが、その対応が不足しています。

C. S3 Glacier は、S3 に一定期間保管されているデータをバックアップするためのサービスです。S3 Glacier からのリストア作業には時間を要します。

D. 別リージョンで EC2 インスタンスを起動することは可能ですが、復元できるのは EBS に格納されているデータのみです。インスタンスを構成する管理情報は含まれないため、B と比較して同一の構成を復元するには手間がかかります。

[答] B

問3

　ある企業は、日本全国にオフィスを展開しています。各オフィスでは、システムによってスタッフの入退室記録が保存されています。入退室記録には社員 ID、社員名、時刻が記録されています。現在、各オフィスのサーバーに入退室記録が保存されていますが、今後は、入退室記録をクラウド上に保存することになりました。入退室記録は NFS プロトコルで保存されます。どのような方法でクラウド上に入退室記録を保存すればよいでしょうか。(1つ選択してください)

A. EC2 インスタンスを設置し、EFS をマウントする。

B. Storage Gateway のファイルゲートウェイハードウェアアプライアンスを各オフィスのサーバーにインストールし、入退室記録を S3 に保存する。

C. Storage Gateway のボリュームゲートウェイ VM を各オフィスのサーバーにインストールし、入退室記録を S3 に保存する。

D. Storage Gateway のファイルゲートウェイ VM イメージを各オフィスのサーバーにインストールし、入退室記録を S3 に保存する。

解説

　この設問では、オンプレミスのデータをクラウドに保存する際の適切なソリューションを選択します。そのためには、Storage Gateway の各機能について理解する必要があります。

Storage Gateway を用いたオンプレミスデータのクラウドへの保存は、図 4.2-1 のような構成で行います。

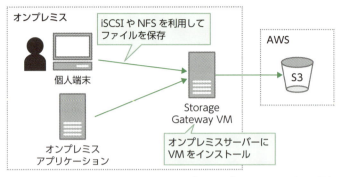

図 4.2-1　Storage Gateway を用いたオンプレミスデータのクラウドへの保存

まず、オンプレミスのサーバーに Storage Gateway の VM（仮想マシン）をインストールし、AWS と接続します。次に、クラウドに保存したいデータを NFS や iSCSI といったファイルプロトコルを利用して、VM をインストールしたサーバーに保存します。その後、Storage Gateway VM がデータを S3 に保存します。なお、Storage Gateway のファイルゲートウェイは、NFS もしくは SMB を利用することができます。したがって、D が正解です。

- A. オンプレミスのデータをクラウドに保存する方法が記載されていないため不適切です。
- B. ハードウェアアプライアンスは、既存のオンプレミスサーバーにインストールするものではありません。ハードウェアアプライアンスは、図中の VM をインストールするサーバーを、AWS から購入する仕組みです。購入したサーバーにはすでに Storage Gateway VM がインストールされており、接続設定を行うだけで Storage Gateway が利用可能です。
- C. ボリュームゲートウェイでは NFS プロトコルを利用できません。ボリュームゲートウェイは iSCSI を用いて接続します。

[答] D

4.2 可用性の高いアーキテクチャやフォールトトレラントなアーキテクチャの設計

問4

あなたの企業のWebサイトでは、単一のAZにパブリックサブネットとプライベートサブネットを作成しています。パブリックサブネットにはWebサーバー、プライベートサブネットにはデータベースサーバーを配置しています。データベースサーバーはMySQLをEC2にインストールしています。AZ障害時でもWebサイトを稼働させ続けるために何をすればよいですか。（1つ選択してください）

A. 現在使用しているAZとは別のAZにパブリックサブネットとプライベートサブネットを作成し、既存のAZとまたがるALBを作成する。ALBは、それぞれのAZのWebサーバーにアクセスを振り分ける。データベースサーバーはRDSに置き換え、定期的にバックアップを取得する。

B. 現在使用しているAZとは別のAZにパブリックサブネットとプライベートサブネットを作成し、既存のAZとまたがるALBを作成する。ALBは、それぞれのAZのWebサーバーにアクセスを振り分ける。データベースサーバーはRDSに置き換え、新規作成したAZにリードレプリカを配置する。

C. 現在使用しているリージョンとは別のリージョンにパブリックサブネットとプライベートサブネットを作成し、既存のリージョンとまたがるALBを作成する。ALBは、それぞれのリージョンのWebサーバーにアクセスを振り分ける。データベースサーバーはRDSに置き換え、定期的にバックアップを取得する。

D. 現在使用しているリージョンとは別のリージョンにパブリックサブネットとプライベートサブネットを作成し、既存のリージョンとまたがるALBを作成する。ALBは、それぞれのリージョンのWebサーバーにアクセスを振り分ける。データベースサーバーはRDSに置き換え、新規作成したAZにリードレプリカを配置する。

解説

ここでは、WebサーバーとデータベースサーバーそれぞれのAZ障害対策が問われています。

第 4 章　レジリエントアーキテクチャの設計

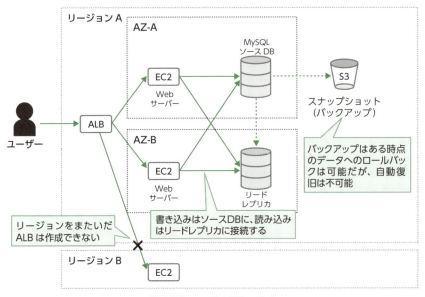

図 4.2-2　AZ 障害対策の構成

　Web サーバーの AZ 障害対策では、図 4.2-2 に示すように、複数の AZ に Web サーバーを配置してロードバランサーで負荷分散をします。これにより、1つの AZ に障害が発生しても、別の AZ にある Web サーバーを利用できます。

　一方、データベースサーバーの AZ 障害対策では、マルチ AZ 構成をとります。たとえば RDS for MySQL では、読み込みアクセス可能なスタンバイ DB としてリードレプリカを利用することで、マルチ AZ 構成が可能です。この構成では、ソース DB が停止した場合にソース DB からリードレプリカに自動的にフェイルオーバーすることができます。このため、ソース DB 側の AZ に障害が発生した場合でもシステムとして利用可能です。

　したがって、これら 2 点の対策を行っている B が正解です。

A. バックアップを取得していても自動的に DB が復旧するわけではありません。
C、D. ALB はリージョンをまたいで設定できません。

［答］B

4.2 可用性の高いアーキテクチャやフォールトトレラントなアーキテクチャの設計

問5

ある企業では、オンプレミスで Web サイトを運営しています。今後、この Web サイトを AWS に移行する予定です。ソリューションアーキテクトは、この Web サイトは合計 6 台の EC2 インスタンスを ALB で負荷分散することが最適だと判断しました。どのような構成にすれば可用性を高めることができますか。(1つ選択してください)

A. 3つのリージョンを利用する。各リージョンに EC2 インスタンスを 2 台ずつ配置するように Auto Scaling を設定する。

B. 2つの AZ を利用する。各 AZ に EC2 インスタンスを 3 台ずつ配置するように Auto Scaling を設定する。

C. 3つのリージョンを利用する。各リージョンではそれぞれ 2つの AZ を利用する。各 AZ に EC2 インスタンスを 1 台ずつ配置するように Auto Scaling を設定する。

D. 1つの AZ を利用する。その AZ にはすべての EC2 インスタンスを配置するように Auto Scaling を設定する。

解説

6 台の EC2、および ALB を利用することが決まっており、この条件で可用性を高める構成について問われています。選択肢 A～D のうち B は、2つの AZ にまたがって EC2 インスタンスを配置しています。そのため、一方の AZ に障害が発生しても、もう一方の AZ の EC2 インスタンスで処理が可能です。したがって、この構成は可用性が高いといえるので、B が正解です。

A. 3つのリージョンにまたがって EC2 インスタンスを配置していますが、ALB 単体の設定ではリージョンをまたいだ構成にはできません。

C. A と同様、リージョンをまたいで ALB を設定することはできません。

D. 1つの AZ のみを使用する構成では、AZ 障害が発生した場合にシステムが停止します。よって、可用性が高いとはいえません。

[答] B

第 4 章　レジリエントアーキテクチャの設計

問6

複数の AZ にまたがって構成した VPC があります。VPC には 1 つのパブリックサブネットと、それぞれの AZ にプライベートサブネットがあります。プライベートサブネットからはパブリックサブネットの NAT ゲートウェイを使用してインターネットに接続します。プライベートサブネットにはインターネットに接続するインスタンスが複数あり、1 つの AZ に障害が発生した際に、すべてのインスタンスがインターネットと通信できなくなる事態を避ける必要があります。これらの要件を満たす最も可用性の高いソリューションはどれですか。(1 つ選択してください)

A. NAT ゲートウェイのあるパブリックサブネットに NAT インスタンスを作成する。NAT ゲートウェイと NAT インスタンスの間でトラフィックを分散させる。

B. 別の AZ にパブリックサブネットを新たに作成し、NAT ゲートウェイを配置する。各 AZ のプライベートサブネットから、同じ AZ の NAT ゲートウェイへ通信するよう設定する。

C. パブリックサブネットに NAT インスタンスを作成する。NAT ゲートウェイを NAT インスタンスに置き換え、NAT インスタンスがトラフィックに応じてスケールアウトするようスケーリングポリシーを設定する。

D. NAT ゲートウェイを配置している AZ にパブリックサブネットを追加し、新しく NAT ゲートウェイを配置する。プライベートサブネットからのトラフィックが既存の NAT ゲートウェイと追加した NAT ゲートウェイで分散されるよう設定する。

解説

プライベートサブネットからインターネット接続を行う際に、最も可用性が高くなる構成を選択する問題です。まず、NAT ゲートウェイは冗長性を持たせて実装されており、NAT インスタンスに比べて可用性が高いです。図 4.2-3 のように、2 つの AZ においてパブリックサブネットに NAT ゲートウェイを配置し、各 AZ のインスタンスがそれぞれの AZ の NAT ゲートウェイを利用することで、AZ 障害時に他の AZ に影響が出ないアーキテクチャとなります。したがって、B が正解です。

102

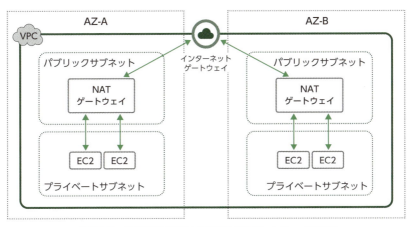

図 4.2-3　AZ をまたいだ VPC での NAT ゲートウェイの構成

- **A、D.** 同じ AZ 内に複数の NAT ゲートウェイを配置しても、AZ に障害が発生した場合、その AZ に配置された NAT ゲートウェイは通信できなくなるため、AZ 障害に対応できません。
- **C.** NAT ゲートウェイを NAT インスタンスに変更しているため、最も可用性の高いソリューションとはいえません。

[答] B

問 7

ある保険会社では、個人情報を含む秘匿性の高いデータを取り扱っています。データの消失を避けるため、データのコピーを地理的に離れた複数の異なる場所に保管する必要があります。個人に紐付く情報は、過去 90 日分はすぐに参照できる必要があります。しかし、それよりも古い情報は、数時間以内に取り出すことができれば運用上問題ありません。データは最低 10 年間保管しておく必要があります。これを実現するためにソリューションアーキテクトは何を推奨しますか。（1つ選択してください）

- **A.** クロスオリジンリソースシェアリング（CORS）を有効にして S3 を使用する。ライフサイクルポリシーを使用して、90 日後にデータを S3 Glacier に

（選択肢は次ページに続きます。）

第 4 章　レジリエントアーキテクチャの設計

移動する。

B. クロスリージョンレプリケーションを有効にして S3 を使用する。ライフサイクルポリシーを使用して、90 日後にデータを S3 Glacier に移動する。

C. 同一リージョンレプリケーションを有効にして S3 を使用する。ライフサイクルポリシーを使用して、90 日後にデータを S3 Glacier Deep Archive に移動する。

D. S3 Transfer Acceleration を有効にして S3 を使用する。ライフサイクルポリシーを使用して、90 日後にデータを S3 Glacier に移動する。

解説

適切なデータバックアップとアーカイブ方法を選択する問題です。ここでは、地理的に離れた複数の場所にバックアップを保管することと、10 年間アーカイブを保管するが、90 日以上前のデータは取得までに数時間かかることを許容する、という要件があります。

この要件に照らすと、複数のリージョンでデータをコピーする S3 クロスリージョンレプリケーションを有効にし、ライフサイクルポリシーを利用して、低コストのストレージである S3 Glacier へアーカイブするのが最適です。したがって、B が正解です。

A. クロスオリジンリソースシェアリング (CORS) は、ブラウザで実行されるアプリケーションにおいて異なるドメインへのリクエストを許可する仕組みです。今回の要件とは関係がありません。

C. 同一リージョンレプリケーションの場合、地理的に離れた複数の場所に保管するという要件を満たせません。また、S3 Glacier Deep Archive はデータの取り出しに標準取り出しで 12 時間、大容量取り出しで 48 時間かかるため、こちらも要件を満たしません。

D. S3 Transfer Acceleration は、クライアントと S3 バケット間の通信を高速化する機能です。今回の要件とは関係がありません。

[答] B

4.2 可用性の高いアーキテクチャやフォールトトレラントなアーキテクチャの設計

問 8

　ある証券会社が、ミッションクリティカルな Web アプリケーションを設計しています。アプリケーションは、ALB を経由して、複数の AZ に冗長化された EC2 インスタンス上で稼働し、リレーショナルデータベースを利用します。データベースは高可用性と耐障害性を備えている必要があります。ソリューションアーキテクトが推奨すべきデータベースサービスはどれですか。（1つ選択してください）

A. Redshift

B. DynamoDB

C. Athena

D. Aurora MySQL

解説

　Aurora には Aurora MySQL と Aurora PostgreSQL があります。それぞれ MySQL、PostgreSQL と互換性を持ち、高可用性と耐障害性を備えたリレーショナルデータベースです。Aurora のデータは標準で複数の AZ にまたがってレプリケーションされ、ストレージの物理障害時は自動的にデータの復旧が行われます。また、障害発生時におけるインスタンスのフェイルオーバーも短時間（通常 30 秒以内）で完了します。したがって、D が正解です。

A. Redshift は、データウェアハウス用途のリレーショナルデータベースです。ペタバイトクラスのデータを一括で保存し、分析のために大量に読み出す処理に最適化されているため、継続的な更新と参照が発生する Web アプリケーションのバックエンドには適しません。

B. DynamoDB は Key-Value 型の NoSQL データベースであり、リレーショナルデータベースではありません。

C. Athena は S3 内のデータに対してクエリを発行し、データ分析を行うサービスであり、リレーショナルデータベースではありません。

[答] D

第 4 章　レジリエントアーキテクチャの設計

問 9

　あるベンチャー企業が、ユーザーの写真をアップロードして世界中のユーザーと共有できる Web サービスを開始しました。アプリケーションは EC2 をオリジンサーバーとして、CloudFront を利用してコンテンツを高速に配信しています。この企業から、アプリケーションの可用性をなるべく高めたいという要望がありました。ソリューションアーキテクトが推奨すべきソリューションはどれですか。(1つ選択してください)

A. CloudFront のコンテンツキャッシュ時間を長くする。

B. オリジンサーバーとして、別の AZ に新規の EC2 インスタンスを追加し、その前段に ALB を配置する。

C. オリジンサーバーとして、同じ AZ に新規の EC2 インスタンスを追加し、その前段に ALB を配置する。

D. CloudFront に Lambda@Edge を追加し、EC2 上のアプリケーションをキャッシュする。

解説

　CDN サービス利用時において、アプリケーションを冗長化して可能な限りサービス断を回避する方法を選択する問題です。オリジンサーバーを複数の AZ に冗長化することで、アプリケーションの可用性を高めることができます。したがって、B が正解です。

A. CloudFront のコンテンツキャッシュ時間を長くしても、アプリケーションの可用性を高めることはできません。

C. 同じ AZ 内でインスタンスの冗長化をしても、AZ 障害に対する可用性を高めることはできません。

D. Lambda@Edge を追加することで、CloudFront 経由のアクセスに対して、ユーザーに近いロケーションでコードを実行できます。また、アプリケーションの機能を Lambda@Edge にオフロードしてアプリのパフォーマンスを最適化できます。この選択肢 D ではオリジンサーバーを Lambda@Edge で代替しておらず、追加しているだけなのでオリジンサーバーが停止した場合にはサービスが停止します。このため、Lambda@Edge を追加してもアプリケーションの可用性が高まるわけではありません。

[答] B

106

4.2 可用性の高いアーキテクチャやフォールトトレラントなアーキテクチャの設計

問 10

ある会社が AWS の複数リージョンを使ってアプリケーションの DR サイトを構築しました。アプリケーションはウォームスタンバイで実行されており、ECS とその前段の ALB で構成されます。現在、ALB のフェイルオーバーは手動による対応であり、別のリージョンのスタンバイ ALB を指定するように Route 53 のエイリアスレコードを更新する必要があります。フェイルオーバーを自動化するには、どの手段が有効ですか。（1つ選択してください）

A. Route 53 のレイテンシールーティングを有効にする。

B. ALB のヘルスチェックを有効にする。

C. Route 53 の加重レコードを有効にする。

D. Route 53 のヘルスチェックを有効にする。

解説

Route 53 の ALB を利用したフェイルオーバーの自動化は、Route 53 のヘルスチェックを有効にすることで実現可能となるので D が正解です。なお、ヘルスチェックを有効にする際、ルーティングポリシーをフェイルオーバーに設定し、プライマリレコードとセカンダリレコードを設定する必要があります。

A. Route 53 のレイテンシールーティングはアプリケーションの遅延を低減しますが、フェイルオーバーには対応していません。

B. ALB のヘルスチェックはターゲット（今回の場合は ECS タスク）の正常性を確認しますが、別のリージョンへのフェイルオーバーには対応していません。

C. 加重レコードはフェイルオーバーに対応していません。

[答] D

第 4 章　レジリエントアーキテクチャの設計

> ## 問 11

　ある会社は、顧客向けアプリケーションを運営しています。アプリケーション
は、通常時には少なくとも 4つの EC2 インスタンスを必要とし、ピーク時には
最大 16 の EC2 インスタンスにスケールアップする必要があります。アプリケー
ションは会社のコアビジネスを担っており、可能な限りダウンタイムを回避する
必要があります。これらの要件を満たす最適なソリューションはどれですか。(1つ
選択してください)

A. Auto Scaling グループを使用して EC2 インスタンスをデプロイする。イン
スタンスの最小数を 8 に、最大数を 16 に設定し、4つのインスタンスを 1つ
の AZ に、4つのインスタンスを別の AZ に配置する。

B. Auto Scaling グループを使用して EC2 インスタンスをデプロイする。イン
スタンスの最小数を 8 に、最大数を 16 に設定し、8つのインスタンスすべ
てを同じ AZ に配置する。

C. Auto Scaling グループを使用して EC2 インスタンスをデプロイする。イン
スタンスの最小数を 4 に、最大数を 16 に設定し、2つのインスタンスを 1つ
の AZ に、2つのインスタンスを別の AZ に配置する。

D. Auto Scaling グループを使用して EC2 インスタンスをデプロイする。イン
スタンスの最小数を 4 に、最大数を 16 に設定し、4つのインスタンスすべ
てを同じ AZ に配置する。

解説

　通常時には少なくとも 4つの EC2 インスタンス、ピーク時には最大 16 の EC2 イ
ンスタンスが必要となるため、インスタンスの最小数は 4、最大数は 16 になります。
また、より高可用性になるのは、異なる AZ にインスタンスを配置したときです。
したがって、C が正解です。

A、B. 最小数が 8 に設定されているため、不要なリソースが発生します。

D. 同じ AZ にすべてのインスタンスを配置しています。このような構成は、異
なる AZ にインスタンスを配置した場合と比較して可用性が劣ります。

[答] C

4.2 可用性の高いアーキテクチャやフォールトトレラントなアーキテクチャの設計

問 12

ある会社のアプリケーションは、単一の EC2 インスタンスで実行されています。アプリケーションの制限により、Auto Scaling グループを使用してアプリケーションをスケールアウトすることはできません。開発者は、基盤となるハードウェアに障害が発生した際に、EC2 インスタンスを自動で復旧したいと考えています。ダウンタイムを最小にするための最適な方法はどれですか。(1つ選択してください)

A. EC2 インスタンスの障害発生時に開発者にメールが送られるよう、Amazon SNS をトリガーする CloudWatch アラームを設定する。

B. EC2 インスタンスの障害発生時に EC2 インスタンスの復旧をトリガーする CloudWatch アラームを設定する。

C. EC2 インスタンスの状態を確認し、異常な場合に EC2 インスタンスの復旧を行う Lambda を 30 分に 1 回トリガーする。

D. EC2 インスタンスの状態を確認するよう CloudTrail を設定し、障害発生時に EC2 インスタンスの復旧をトリガーする。

解説

ダウンタイムを最小にする必要があるので、CloudWatch アラームで EC2 インスタンスを監視し、障害発生時に自動で EC2 インスタンスの復旧をトリガーする B が正解です。

A. この方法は、開発者がメールを受信した後に手動で EC2 インスタンスの復旧を行う必要があります。

C. EC2 インスタンスの状態確認と障害発生時のリカバリを行う Lambda を用いれば自動復旧が可能ですが、30 分に 1 回しかトリガーされないためダウンタイムを最小にすることはできません。

D. CloudTrail は API の使用状況を記録しますが、障害の発生は検知できません。

[答] B

第 4 章　レジリエントアーキテクチャの設計

問 13

　ある企業では、自社で運用しているオンプレミスの MySQL データベースを AWS へ移行することを検討しています。同社は、データベースの移行に際して、可能な限りリアルタイムにすべてのトランザクションを 2 つ以上のノードに保存できるような可用性の担保を要件としています。この要件を満たす最も費用対効果の高いソリューションはどれですか。(1 つ選択してください)

A. 別のリージョンへの同期レプリケーション機能を利用して RDS の MySQL DB インスタンスを作成する。

B. RDS の MySQL DB インスタンスを作成してから、データを同期的に複製するために別のリージョンにリードレプリカを作成する。

C. 同期レプリケーションを有効にするためにマルチ AZ 機能を有効にして、RDS の MySQL DB インスタンスを作成する。

D. RDS の MySQL DB インスタンスを作成する。さらに、この RDS インスタンスと同期させるために MySQL エンジンがインストールされた EC2 インスタンスを起動する。MySQL を同期させる処理を Lambda 関数としてデプロイする。

解説

　可用性を高めるために RDS のマルチ AZ 機能を活用し、リージョン内の複数の AZ にインスタンスを展開するのは、有効なソリューションです。マルチ AZ 設定を有効にするだけで実現できるため、追加の構築コストは不要です。また、インスタンスの費用は倍になりますが、稼働系・待機系の DB インスタンスの運用コストはかからないので、費用対効果が高いといえます。したがって、C が正解です。

A、B. RDS のリージョン間レプリケーションは非同期に行われます。また、リードレプリカのデータ更新も同様に非同期であり、「可能な限りリアルタイム」という要件を満たしません。さらに、B の場合は、インスタンスの構築コストがかかるので費用対効果の面でも劣ります。

D. このソリューションでは、RDS のトランザクション追加をトリガーに Lambda 関数を呼び出すことはできません。また、RDS と EC2 のノード切り替えには別途仕組みが必要になるため、アーキテクチャ全体が複雑になり、

4.2 可用性の高いアーキテクチャやフォールトトレラントなアーキテクチャの設計

構築および運用の観点で費用対効果が高いとはいえません。

[答] C

問 14

ある企業では、主にオンプレミスのデータセンターで Web サーバーを運用しています。現時点では完全に AWS に移行することはできませんが、オンプレミスのデータセンターの障害発生に備えて AWS 上の待機系環境の構築を検討しています。オンプレミスと AWS 間のデータは整合性がとれている必要があります。オンプレミスのデータセンター障害時のダウンタイムが最も小さいソリューションはどれですか。(1つ選択してください)

A. Route 53 にフェイルオーバーレコードを設定し、障害発生時にオンプレミスから AWS のサーバーへ切り替わるように設定する。AWS 上では Web サーバーとして、ALB の背後に Auto Scaling グループを有効化した EC2 インスタンスを起動する。VPC とデータセンターの間に Direct Connect 接続を設定し、オンプレミスのデータを参照する。

B. Route 53 にフェイルオーバーレコードを設定し、障害発生時にオンプレミスから AWS のサーバーへ切り替わるように設定する。AWS 上では Web サーバーとして、ALB の背後に Auto Scaling グループを有効化した EC2 インスタンスを起動する。Storage Gateway を設定して、データを S3 にバックアップする。

C. Transit Gateway のフェイルオーバー機能を設定し、障害発生時にオンプレミスから AWS のサーバーへ切り替わるように設定する。AWS 上では Web サーバーとして、ALB の背後に Auto Scaling グループを有効化した EC2 インスタンスを起動する。VPC とデータセンターの間に Direct Connect 接続を設定し、オンプレミスのデータを参照する。

D. Route 53 にフェイルオーバーレコードを設定し、障害発生時にオンプレミスから AWS のサーバーへ切り替わるように設定する。AWS 上では Web サーバーとして、ALB の背後に Auto Scaling グループを有効化した EC2 インスタンスを起動する。オンプレミスの日次バッチ処理で Web サーバーの

(選択肢は次ページに続きます。)

第 4 章　レジリエントアーキテクチャの設計

VM を取得し、S3 にバックアップしておく。

解説

　ここでのポイントは、ダウンタイムが最も小さいソリューションを選択すること
です。Route 53 は AWS マネージドの DNS サービスで、ヘルスチェック機能を持っ
ており、障害発生時のフェイルオーバーが可能です。また、Storage Gateway は、
オンプレミスから AWS のストレージサービスに接続してデータやファイルのバッ
クアップを行うことができるサービスです。これらを組み合わせた選択肢 B は、オ
ンプレミスと AWS のデータの整合性がとれて、ダウンタイムが小さいソリューショ
ンとなります。したがって、B が正解です。

A. VPC とデータセンターの間に Direct Connect 接続を設定しただけでは、単に
　　ネットワークがつながるだけで、データのバックアップができたことにはな
　　りません。さらに「データを参照する」となっていますが、障害発生後にはオ
　　ンプレミスのデータにアクセスできない可能性があるため、ソリューション
　　として不十分です。

C. Transit Gateway は複数のオンプレミスや VPC 間のネットワークを管理する
　　ことができますが、DNS フェイルオーバーの機能は持っていません。また、
　　Direct Connect 接続の利用方法もバックアップ手段としては A と同様に不十
　　分です。

D. オンプレミスの VM を S3 に格納することは技術的には問題ありません。し
　　かし、日次バッチで取得するため、障害発生時に AWS 上でデータを復旧さ
　　せた場合に最大で 1 日の差分が生じてしまい、オンプレミスと AWS 間でデー
　　タの整合性がとれない可能性があります。

[答] B

112

4.2 可用性の高いアーキテクチャやフォールトトレラントなアーキテクチャの設計

問 15

ある企業は、us-east-1 リージョンに Development、Testing、Production という名前の 3 つの VPC を運用しています。今回、これら 3 つの VPC をオンプレミスのデータセンターに接続する要件が出てきました。セキュリティ要件のため、3 つの VPC は独立して維持する必要があり、今後、新たな VPC を構築しやすいように拡張性を担保したいと考えています。要件を満たす最適なソリューションはどれですか。（1 つ選択してください）

- A. オンプレミスのデータセンターと VPC ごとに 1 つずつ Direct Connect 接続と VPN 接続を新規に作成する。
- B. すべての VPC から Production VPC への VPC ピアリングを作成する。Production VPC からオンプレミスのデータセンターへの戻りの通信に Direct Connect 接続を使用する。
- C. すべての VPC からの VPN 接続を Production VPC の VPN に接続する。Production VPC からオンプレミスのデータセンターへの戻りの通信に VPN 接続を使用する。
- D. Transit Gateway を新規に作成し、3 つの VPC をアタッチする。また、オンプレミスのデータセンターへの戻りの通信用の Direct Connect 接続を同様にアタッチする。

解説

この設問のポイントは、今後の VPC 増加に対応できるような拡張性があるか否かです。このようなケースでは、VPC や Direct Connect の中継ハブとして機能する Transit Gateway の利用が適切です。Transit Gateway はルートテーブルを持ち、複数の VPC や Direct Connect 間の接続を単一のゲートウェイで管理することができます。また、トラフィック量に応じて自動スケーリングするマネージドのサービスです。

Transit Gateway を採用することにより、接続先 VPC の追加にともなうピアリングやフルメッシュなどの複雑なネットワーク設計を省力化でき、拡張性が高くなります。したがって、D が正解です。

- A. Direct Connect 接続と VPN 接続を同時に新規作成する必要性がなく、合理

第 4 章　レジリエントアーキテクチャの設計

的なネットワーク設計とはいえません。

B. VPC ピアリングを VPC 間ごとに作成する方法は、接続先の VPC 等が増える
たびに作成する数が増えていくので、拡張性が高いとはいえません。

C. VPN 接続を VPC 間ごとに作成する方法は、B と同様に拡張性が低いです。

[答] D

114

4.3 AWSのサービスを使用したデカップリングメカニズムの設計

問1

あなたの所属するオペレーションチームはS3バケットを管理しています。バケットは、バケット内に新しいオブジェクトが作成されたときにSQSキューに通知するように設定されています。あなたは社内のサービス開発チームから、バケットが更新されたとき、サービス開発チームがイベントを受信できるようにしてほしいと相談を受けました。既存のワークフローを変更することはできません。サービス開発チームの要望に応えるためには、どうすればよいですか。（1つ選択してください）

A. サービス開発チーム用の新しいSQSキューを作成する。バケット内の更新をフックして、サービス開発チーム用のSQSキューにイベントを追加する。

B. サービス開発チーム用の新しいSQSキューとAmazon SNSトピックを作成する。バケット内の更新をフックして、サービス開発チーム用に作成したSNSトピックにイベントを追加する。既存のSQSキューと新しいSQSキューはSNSをサブスクライブする。

C. サービス開発チーム用の新しいSQSキューを作成する。新しいSQSキューはS3のみがアクセスできるように設定する。バケット内の新規オブジェクト作成をフックして、サービス開発チーム用のSQSキューにイベントを追加する。

D. サービス開発チーム用の新しいSQSキューとAmazon SNSトピックを作成する。バケット内の更新をフックして、サービス開発チーム用に作成したSNSトピックにイベントを追加する。既存のSQSキューと新しいSQSキューはSNSをポーリングするように変更する。

解説

この設問では、S3バケットの更新イベントを複数のチームで受け取る方法が問わ

第 4 章　レジリエントアーキテクチャの設計

れています。S3 から SNS トピックに通知を行い、その SNS トピックをサブスクラ
イブすることで、複数の SQS キューが通知を受け取ることができます。したがって、
B が正解です。

A. S3 のイベント通知は、1つのイベントタイプにつき 1つの通知先のみ選択可能
です。新しいオブジェクトが作成されたときに複数の SQS キューへ通知を行
うことはできません。

C. S3 のみキューにアクセスが可能な SQS を作成した場合、複数のチームでそ
れぞれイベント通知を受信するという要件を満たすことができません。

D. この設問では、「既存のワークフローを変更することはできない」という要件
があるため、SQS はポーリングではなくイベントを受け取る必要があります。

[答] B

問 2

開発者は、ALB とその背後の EC2 インスタンスを用いてアプリケーションを開
発しています。アプリケーションが停止した際は、停止したことを伝えるメッセー
ジとユーザーがコンタクトできる電子メールアドレスを含むページを表示したい
と考えています。この要件を満たすには、どのようなアーキテクチャが適切です
か。(1つ選択してください)

A. EC2 インスタンスを別のリージョンにデプロイし、ALB の加重ターゲットグ
ループを使用する。

B. EC2 インスタンスを別のリージョンにデプロイし、アプリケーションサー
バーのリダイレクトを使用する。

C. S3 を用いて静的 Web サイトをホスティングし、Route 53 のフェイルオー
バールーティングポリシーを使用する。

D. S3 を用いて静的 Web サイトをホスティングし、Route 53 のレイテンシー
ルーティングポリシーを使用する。

116

4.3　AWSのサービスを使用したデカップリングメカニズムの設計

解説

　ここでは、アプリケーションが停止した際、ユーザーに対してメッセージとメールアドレスを含むページを表示することになっています。これは静的Webサイトで実現可能であることから、S3を用いた静的Webサイトのホスティングが有効といえます。また、Route 53のフェイルオーバールーティングポリシーを用いることにより、アプリケーションが停止した際に自動でS3のWebサイトにアクセスさせることができます。したがって、Cが正解です。

A. ALBの加重ターゲットグループは、設定した比率で通信を振り分ける機能です。

B. アプリケーションが停止した場合、アプリケーションサーバーのリダイレクトも機能しない可能性があります。

D. Route 53のレイテンシールーティングポリシーでは、アプリケーション停止時に自動でDNSが切り替わらないので、メッセージとメールアドレスを含むページを自動で表示させることができません。

[答] C

問3

　ある企業は、ECサイトを運営しています。ECサイト上で商品が購入されたというデータは複数の基幹システムに連携される必要があります。今回、システムをAWSへ移行する検討を開始しました。データベースとしてはRDSの採用を検討しています。連携機能を実現するために適切なソリューションはどれですか。(1つ選択してください)

A. RDSのデータベースの更新をトリガーとするLambda関数を作成し、関数の処理としてSQSキューを送信して、他システムが利用できるようにする。

B. RDSのデータベースの更新をトリガーとするLambda関数を作成し、関数の処理としてSQS FIFOキューを送信して、他システムが利用できるようにする。

C. RDSのイベント通知を購読して、SQSのキューを送信する。さらに、複数の

(選択肢は次ページに続きます。)

第 4 章　レジリエントアーキテクチャの設計

Amazon SNS トピックにファンアウトさせる。Lambda 関数を使用して他システムを更新する。

D. RDS のイベント通知を購読して、SNS のトピックを送信する。さらに、複数の SQS キューにファンアウトさせる。Lambda 関数を使用して他システムを更新する。

解説

　メッセージングアーキテクチャの一般的な使い方として、RDS のイベント通知から SNS のトピックを送信し、さらに並列非同期処理のために SQS のキューに格納するという方法があります。このアーキテクチャを採用し、データベースの更新をトリガーとして基幹系システムの連携を実現している D が正解となります。その他の選択肢は、アーキテクチャに不十分な部分があります。

A、B. Lambda は、RDS の更新をトリガーとして直接起動することはできません。Lambda がイベントを読み取ることができるのは SQS や DynamoDB、Kinesis などです。

C. SQS のキューから複数の SNS のトピックを送信させるような機能はなく、また SNS から Lambda を直接起動することもできません。

[答] D

問 4

　ソリューションアーキテクトは、AWS で稼働する画像管理のアプリケーションを設計しています。ユーザーが S3 に画像をアップロードするたびに、画像に含まれる情報を新しいアイテムとして DynamoDB テーブルに挿入する必要があります。画像から情報を取得し、アイテムを挿入するために最適な AWS サービスはどれですか。（1つ選択してください）

A. EC2

B. Amazon API Gateway

C. Lambda

118

D. Lambda@Edge

> **解説**

　ここでは、画像ファイルがS3に格納されたことをトリガーとしてアプリケーションを実行する、疎結合なソリューションを選択します。選択肢に示された各種サービスのうちLambdaは、S3にファイルが格納されたことをトリガーとして、Lambda関数で処理を実行できます。Lambda関数からDynamoDBテーブルにアイテムを挿入できるので、Cが正解です。

A. EC2インスタンス上でS3のバケットをポーリングして、画像ファイルのアップロードを検知し、処理を実行できます。しかし、同じ画像ファイルを複数回処理しないようにするために、処理状態の管理やポーリングに対するエラー処理を考慮するなど、プログラムが複雑になります。疎結合な設計にすることは可能ですが、複雑になるので最適とはいえません。

B. Amazon API Gateway経由で画像ファイルを受信して、バックエンドのEC2で処理することも可能ですが、画像のアップロードが完了した後で画像の情報を取得する必要があり、プログラムが密結合になります。

D. Lambda@Edge関数は、CloudFront内で動作する関数です。S3に画像ファイルを格納しただけでは動作しません。

[答] C

第 4 章　レジリエントアーキテクチャの設計

4.4 適切な回復力のある ストレージの選択

問 1

オンライン上で実施するグローバルイベントの主催者が、静的なコンテンツを公開したいと考えています。このページは、世界中のユーザーから数百万回参照されることが見込まれています。あなたは、静的なコンテンツを格納するための効率的かつ費用対効果の高いソリューションの設計を依頼されました。静的 HTML ファイルの格納先として S3 バケットの利用を検討しています。どのような対応を行えばよいですか。（1つ選択してください）

A. CloudFront を構築し、S3 バケットをオリジンとして使用する。
B. HTML ファイルに対して事前署名された URL を生成する。
C. Route 53 の地理的近接性ルーティングポリシーを適切に設定する。
D. すべてのリージョンへのクロスリージョンレプリケーションを使用する。

解説

本ケースの静的なコンテンツは、世界中のユーザーからの数百万回の参照が発生します。このような場合、CDN サービスである CloudFront の利用が適切です。したがって、A が正解です。

AWS では、世界中の主要都市のほとんどにエッジサーバーが存在します。CloudFront は各エッジサーバーにコンテンツを配信し、ユーザーからのアクセスには最寄りのエッジサーバーが利用されます。これにより高速なアクセスを実現できます。また、CloudFront は従量課金制であり、使用した分の料金しかかからないため、費用対効果の面でも優れています。

B. 事前署名された URL とは、HTML ファイルへのアクセスが可能な期限を設定するなど、アクセス制限を施すための設定を指します。これはグローバルアクセスの効率化とは無関係です。

120

4.4 適切な回復力のあるストレージの選択

C. Route 53 の地理的近接性ルーティングポリシーを設定することで、アクセス元の場所にもとづいてトラフィックを効率的にルーティングすることができますが、世界中のユーザーからのアクセスに対応するためには、HTML ファイルを複数のリージョンの S3 バケットに置く必要があります。よって、効率および費用対効果の面で A に劣ります。

D. S3 バケットのクロスリージョンレプリケーションとは、バックアップのために異なるリージョンのバケットへコンテンツを複製するための設定です。HTML ファイルを複製できますが、これはグローバルアクセスの効率化とは無関係です。

[答] A

問2

ある会社では、業務における重要なデータをオンプレミスから S3 に移行することを計画しています。設計要件では、データを保存するためのバージョン管理が有効になっていることが求められています。また、同社のポリシーにて、災害対策のために複数のリージョンでデータを管理すべきであると規定されています。

ソリューションアーキテクトは、S3 ソリューションをどのように設計する必要がありますか。(1つ選択してください)

A. 2つのリージョンに S3 バケットをそれぞれ作成し、クロスオリジンリソースシェアリング (CORS) を設定する。

B. 2つのリージョンに S3 バケットをそれぞれ作成し、リージョン間のレプリケーションを有効にする。

C. 2つのリージョンでバージョン管理を行う S3 バケットをそれぞれ作成し、クロスオリジンリソースシェアリング (CORS) を設定する。

D. 2つのリージョンでバージョン管理を行う S3 バケットをそれぞれ作成し、リージョン間のレプリケーションを有効にする。

解説

ここでは、複数リージョンの S3 バケット上にデータを保持し、それらのデータを

121

第 4 章　レジリエントアーキテクチャの設計

バージョン管理するためのソリューションが問われています。

　選択肢 A～D のうち D はバージョン管理が行われており、かつ、オリジナルの
データが単一のリージョンに作成され、異なるリージョンに複製されるため、リー
ジョン障害時のバックアップとして機能させることが可能です。したがって、D が
正解です。

A、B. バージョン管理が行われていません。

C. オリジナルのデータが異なるリージョンに保持されることになり、リージョ
ン障害に耐えることができません。なお、クロスオリジンリソースシェアリ
ング（CORS）は、ブラウザで実行されるアプリケーションにおいて異なるド
メインへのリクエストを許可する仕組みです。

[答] D

問 3

　あなたの企業の Web サイトでは、静的なファイルを S3 バケットに保存して公
開しています。先日、社内のエンジニアが操作を誤って S3 バケット内の静的ファ
イルを削除してしまい、Web サイトが一時停止するという事態が生じました。今
後、誤操作でファイルが削除された場合に備えて、誤って削除したデータを復旧
させるソリューションを提供する必要があります。どのように対応すればよいで
すか。（1つ選択してください）

A. クロスリージョンレプリケーションを有効にする。

B. バージョニングを有効にする。

C. バケットポリシーで削除を禁止する。

D. ライフサイクルポリシーで、古くなったデータを S3 Glacier に移動する。

解説

　人為的なミスが原因でファイルを削除してしまった場合、どのような方法で復旧
するかが問われています。S3 には過去の履歴を保持しておくバージョニング機能が
あり、この機能を有効にしておくことで古いバージョンのファイルを復元できます。

122

今回のケースのように誤って削除したファイルを元の状態に戻すことができます。したがって、B が正解です。

- **A.** クロスリージョンレプリケーションは、S3 バケットのあるリージョンとは別のリージョンにファイルをコピーします。しかし、ファイルを削除した場合、コピー先のファイルも消えてしまうため復旧させることができません。
- **C.** バケットポリシーの設定により、削除を禁止できます。しかし、この設問では誤った削除を防ぐ方法ではなく、削除後の復旧方法が問われているため不正解となります。
- **D.** 古くなったデータを S3 Glacier に移動しても、削除してしまったデータを復旧することはできません。

[答] B

問 4

ある企業は、ディザスタリカバリのために、オンプレミスで稼働しているシステムのデータを AWS にバックアップしたいと考えています。現在、システムのデータをオンプレミスのサーバーメッセージブロック（SMB）ファイル共有ストレージにバックアップするスクリプトを利用して、バックアップを作成しています。スクリプトの処理中にエラーが発生した場合は、運用チームがリカバリのためのバックアップを手動で作成します。このとき、共有ストレージの大量のファイルを高速に更新する必要があります。このバックアップスクリプトを流用しつつ AWS にファイルをバックアップするには、どのソリューションが適切ですか。（1つ選択してください）

- **A.** バックアップスクリプトのデータコピー先を SMB ファイル共有ストレージから Snowball Edge に変更する。
- **B.** バックアップスクリプトのデータコピー先を SMB ファイル共有ストレージから S3 に変更する。
- **C.** バックアップスクリプトのデータコピー先を SMB ファイル共有ストレージから Storage Gateway のファイルゲートウェイに変更する。

（選択肢は次ページに続きます。）

123

第 4 章　レジリエントアーキテクチャの設計

D. バックアップスクリプトのデータコピー先を SMB ファイル共有ストレージ
から EBS ボリュームに変更する。

解説

　オンプレミスシステムからクラウドシステムへのデータバックアップに関する問
題です。ここでは、既存のスクリプトを流用でき、かつ、データコピーおよびリカ
バリ時にファイルへの高速アクセスが可能なサービスを選択します。

　Storage Gateway のファイルゲートウェイは、オンプレミスシステムとクラウド
システムの接続に利用するサービスです。オンプレミス環境にソフトウェアアプラ
イアンスという形で VM を導入することで、Network File System（NFS）や SMB
プロトコルを使って S3 ストレージをマウントすることができます。また、オンプレ
ミス環境の VM にデータをローカルキャッシュするため、低レイテンシーでのデー
タアクセスが可能となります。したがって、C が正解です。

A. Snowball Edge は、専用のハードウェアを使って AWS へテラバイトクラス
の大規模なデータ転送を行うサービスです。継続的なデータバックアップ先
としては不適切です。

B. S3 は、オンプレミスシステムから直接、SMB ファイル共有ストレージのよう
にマウントすることができず、リカバリ時の高速なファイル更新には適して
いません。

D. EBS ボリュームは、マルチアタッチを利用することで複数の EC2 インスタン
スにアタッチできますが、XFS、EXT3、EXT4、NTFS などの標準ファイルシ
ステムはサポートされていません。そのため、EBS そのものを SMB ファイル
共有ストレージの代わりとして使用することはできません。

[答] C

問 5

　現在、あなたは顧客のクラウド型ファイル管理システムを構築中です。顧客から
は、各ドキュメントのすべての変更履歴を保存しておき、いつでも過去のバージョ
ンを参照できるように要望されています。また、ドキュメントの誤った削除を防止

124

4.4 適切な回復力のあるストレージの選択

できることと、各ドキュメントの新規アップロード、ダウンロード、上書き保存
ができることも求められています。ファイルストレージには S3 を利用することに
しました。顧客の要望を満たすために、どのような設定を行う必要がありますか。
（2つ選択してください）

A. ドキュメントの削除を禁止する IAM ポリシーを作成し、S3 バケットにア
   タッチする。
B. ACL で S3 のドキュメントの削除を禁止する。
C. ドキュメントの削除に多要素認証（MFA）を要求するバケットポリシーを設
   定する。
D. バージョニング機能を有効にする。
E. クロスリージョンレプリケーションを有効にする。

解説

　ここでは、S3 の各機能について理解し、設問の要件を満たすためにはどの機能を
利用すべきか判断する必要があります。バケットポリシーによる MFA（多要素認
証）要求は、誤った削除を防ぐために有効です。また、バージョニング機能を有効
にすることで過去のバージョンを参照することができます。したがって、C と D が
正解です。

A. IAM ポリシーは、ユーザーやロールに対してアタッチできますが、S3 にはア
   タッチできません。S3 にアタッチできるのはバケットポリシーです。
B. ACL（アクセスコントロールリスト）の設定で削除のみを禁止することはでき
   ません。ACL でドキュメントの削除を禁止するには、WRITE 権限を付与し
   ないようにします。しかし、WRITE 権限を付与しない場合、新規アップロー
   ドと上書き保存も禁止されます。
E. クロスリージョンレプリケーションを有効にしても、過去のバージョンを参
   照できず、また、ドキュメントの誤った削除を防ぐこともできません。

[答] C、D

第 4 章　レジリエントアーキテクチャの設計

問 6

　ある会社が、大規模なバッチアプリケーションを設計しました。複数の EC2 インスタンスを使用し、共有ストレージのディレクトリをルートから順番に辿っていき、高速かつ同時にファイルを読み書きできる必要があります。ソリューションアーキテクトが選択すべきストレージソリューションはどれですか。（1つ選択してください）

A. Aurora にすべてのデータを保存し、各 EC2 から参照と更新を行う。

B. S3 バケットを作成し、各 EC2 インスタンスから参照する。

C. DataSync を使用し、プロビジョンド IOPS SSD で 1つの EBS ボリュームを作成し、各 EC2 で共有ストレージとしてマウントする。

D. EFS を使用し、各 EC2 からマウントする。

解説

　複数の EC2 でファイルを共有し、そのファイルに対して同時にアクセスする方法を選択する問題です。問題文から、ストレージは階層型ディレクトリ構造を構成できる必要があります。EFS は、Network File System（NFS）ストレージとして複数の EC2 からマウントが可能で、ファイルに対して同時にアクセスできます。また、EFS は、階層型ディレクトリ構造を構成することが可能なストレージです。したがって、D が正解です。

A. Aurora は、リレーショナルデータベースです。ファイルベースでの処理には適しません。

B. S3 は、Key-Value 型のオブジェクトストレージなので、階層型ディレクトリ構造ではありません。また、高速な読み書きには適していません。

C. DataSync は、オンプレミスストレージと AWS ストレージ間や、AWS ストレージ間のデータ移動を行うデータ転送サービスです。複数の EC2 でファイル共有のために使用するものではありません。

[答] D

4.4 適切な回復力のあるストレージの選択

問7

　ある企業は、ユーザーのデータを AWS のストレージに保存することを検討しています。データの書き込みは主に営業時間中に行われますが、データが読み込まれる頻度は予測できません。毎日読み込まれるデータもあれば、数か月に一度しか使用されないデータもあります。ソリューションアーキテクトは、高可用性と高耐久性を実現でき、費用対効果の高いソリューションを提案する必要があります。これらの要件を満たすストレージソリューションはどれですか。（1つ選択してください）

- **A.** S3 Standard
- **B.** S3 Intelligent-Tiering
- **C.** S3 Glacier Deep Archive
- **D.** S3 One Zone-Infrequent Access (S3 One Zone-IA)

解説

　S3 のストレージクラスに関する問題です。アクセスパターンが一定でない場合、S3 Intelligent-Tiering が有効です。これは、アクセスパターンをモニタリングし、30 日間アクセスされていないデータを低頻度のアクセス階層に自動で移動してくれるオプションです。低頻度のアクセス層は保管料金が低価格に設定されていますが、S3 Standard と同等のレイテンシーとスループットを備えています。読み込みが発生した場合は、自動的に高頻度のアクセス階層に戻されます。これらのデータ階層の移動およびデータの取り出しには追加費用は発生しません。可用性と耐久性を S3 Standard と同等に保ちつつ、保管料金を最適化することができるため、要件を満たします。したがって、B が正解です。

- **A.** S3 Standard は、あまりアクセスしないデータの保管コストが節約されないため、費用対効果が高いとはいえません。
- **C.** S3 Glacier Deep Archive は安価ですが、データの取り出しに費用がかかるため、数年単位での長期保管向けのオプションです。今回の設問では、毎日読み込むデータがあるので適していません。
- **D.** S3 One Zone-IA は安価ですが、リージョン内の1つの AZ にのみデータが保管されるため、高可用性と高耐久性という要件を満たしません。

[答] B

127

問8

ある企業は、オンプレミスで顧客ターゲティング用の分析アプリケーションを運用しています。最近、分析対象ファイルが増加していることが課題となっています。1 ファイルあたり数ギガバイトの CSV ファイルを数か月分保持しており、さまざまなデータソースからオンプレミス上のストレージに毎日新しい CSV ファイルが追加されます。

あなたは、分析アプリケーションの AWS への移行を任されました。移行が完了するまでの当面は、AWS とオンプレミスでアプリケーションを並行稼働させるため、オンプレミスのストレージと S3 の双方にファイルを保持しておく必要があります。最小限の設定でこれらの要件を満たすソリューションはどれですか。(1つ選択してください)

- A. Storage Gateway を利用する。オンプレミスに仮想テープゲートウェイを設定する。CSV ファイルを仮想テープゲートウェイに書き込むようにデータソースを構成する。
- B. Storage Gateway を利用する。オンプレミスにボリュームゲートウェイ(キャッシュボリューム)を設定する。CSV ファイルをボリュームゲートウェイに書き込むようにデータソースを構成する。
- C. EFS を利用する。EFS エージェントをオンプレミスにデプロイし、オンプレミスのストレージと EFS の間で CSV ファイルを同期させる。
- D. DataSync を利用する。DataSync エージェントをオンプレミスにデプロイし、オンプレミスのストレージと S3 バケット間で CSV ファイルを同期させる。

解説

DataSync は、エージェント型のデータ転送マネージドサービスです。AWS のストレージサービスとして、S3 の他にも EFS や Amazon FSx for Windows をサポートしています。AWS とオンプレミス間を接続し、初期転送の後に継続的に差分を転送させることができるので、最小限の設定でファイル転送を実施して「双方にファイルを保持する」という要件を満たせます。したがって、D が正解です。

A、B. Storage Gateway は、オンプレミスのストレージを AWS に拡張するため

のサービスです。A の仮想テープゲートウェイは、S3 に仮想テープストレージを格納することができ、また、オンプレミスのファイルをアーカイブ保存することができます。テープは直接読み取ることができず、取り出しに数時間かかるため、参照頻度は低いが長期間の保存が必要なファイルの格納先としては最適です。しかし、本設問では、移行先の AWS 上のアプリケーションで常時利用する必要があることから、このソリューションは適切とはいえません。

一方、B のボリュームゲートウェイは、S3 に対して iSCSI プロトコルで接続してブロックストレージとして利用することが可能です。キャッシュボリュームと保管型ボリュームを選択でき、このうちキャッシュボリュームは、キャッシュをオンプレミスに保存しておくことで素早いアクセスを可能にします。しかし、キャッシュはオリジナルのファイルではないので、「オンプレミスのストレージと S3 の双方にファイルを保持する」という要件を満たせません。

C. EFS は、複数の EC2 間でマウント可能な NFS マウントポイントを提供します。オンプレミスから直接 EFS をマウントすることはできない（エージェントなどは存在しない）ので、DataSync などの別の仕組みにより、AWS 上でファイルを共有させる必要があります。また、EFS と S3 間にもファイルを直接受け渡す仕組みがないため、こちらも別途作り込みが必要となります。

[答] D

問9

あなたの部署では、パブリック API を提供するアプリケーションサーバーとして EC2 を運用しています。ディザスタリカバリのソリューションは、EC2 をマルチリージョンに展開することを検討しています。データベースは RDS for MySQL を採用しています。目標復旧時間（RTO）は 3 時間、目標復旧時点（RPO）は 24 時間です。最も低いコストでこれらの要件を満たすアーキテクチャはどれですか。（1つ選択してください）

A. リージョン間のフェイルオーバーには ALB を使用する。ユーザーデータス

（選択肢は次ページに続きます。）

第 4 章　レジリエントアーキテクチャの設計

クリプトを使用して新しい EC2 インスタンスを起動する。各リージョンに
個別に RDS インスタンスを起動する。

B. リージョン間のフェイルオーバーには Route 53 を使用する。ユーザーデー
タスクリプトを使用して新しい EC2 インスタンスを起動する。バックアッ
プ用のリージョンに RDS インスタンスのリードレプリカを作成する。

C. パブリック API の提供用途とリージョン間のフェイルオーバー用途に
Amazon API Gateway を使用する。ユーザーデータスクリプトを使用して
新しい EC2 インスタンスを起動する。バックアップ用のリージョンに RDS
インスタンスのリードレプリカを作成する。

D. リージョン間のフェイルオーバーに Route 53 を使用する。ユーザーデータ
スクリプトを使用して新しい EC2 インスタンスを起動する。RDS インスタ
ンスのスナップショットをバックアップとして毎日作成し、スナップショッ
トをバックアップリージョンに複製する。

解説

　ここでのポイントは、目標復旧時間（RTO）は 3 時間、また目標復旧時点（RPO）
は 24 時間であることです。この時間内に収まる見込みがあり、最も低コストで実現
できるアーキテクチャを選択することが求められています。

　日次で RDS のスナップショットを作成し、バックアップリージョンで起動できる
ようにしておけば、RPO を満たすことができます。また、この復旧作業は 3 時間未
満で実行することが十分可能であり、RTO の条件も満たします。さらに、Route 53
を使用して、リージョン間で API のエンドポイントをフェイルオーバーすることが
可能です。したがって、D が適切なアーキテクチャといえます。

　A. RTO と RPO の条件を満たすかどうか以前に、ALB を使用してリージョン間
のロードバランシングやフェイルオーバーを行うことはできないので、実現
不可能なアーキテクチャです。

　B、C. バックアップ用途で別リージョンにリードレプリカを作成して維持するこ
とで RPO の条件を満たすとともに、RTO を 3 時間以内に収めることは十分
可能ですが、コスト面で割高となります。よって、最もコストが低いアーキ
テクチャとはいえません。

[答] D

4.4 適切な回復力のあるストレージの選択

問10

あなたの会社では、大量のログデータを保存するアプリケーションを開発しています。格納されたデータには、複数のEC2インスタンスに配置された数種類のアプリケーションからの定期的な読み込みと書き込みがあります。格納されるデータは今後も増加し続ける見込みです。これらの要件を満たす、ストレージに関するソリューションはどれですか。（1つ選択してください）

A. データをEFSに保存する。すべてのEC2インスタンスに対してEFSをマウントする。

B. データを汎用SSDタイプのEBSボリュームに保存する。すべてのEC2インスタンスにてEBSボリュームをマウントする。

C. データをS3 Standard-IA（低頻度アクセス）に保存する。EC2インスタンスからのアクセスを許可するようにバケットポリシーを設定する。

D. データをS3 Glacierに保存する。EC2インスタンスからのアクセスを許可するようにボールトアクセスポリシーを設定する。

解説

本ケースでは、大量のデータに対して定期的なアクセスが発生します。また、データは複数のEC2インスタンスからアクセスされます。このような場合、複数のEC2インスタンス上でマウントすることで共有ファイルシステムとして利用できるEFSが最適です。したがって、Aが正解です。

B. 汎用SSDタイプのEBSボリュームは、複数のEC2インスタンス上で共有することができません。

C. D. S3 Standard-IA（低頻度アクセス）およびS3 Glacierは、バックアップデータなどアクセス頻度が低いデータに適したサービスです。よって、設問の要件を満たしません。

[答] A

第5章

高パフォーマンスアーキテクチャの設計

「高パフォーマンスアーキテクチャの設計」分野では、高負荷な状態や処理対象のデータ件数が増えた場合などでもパフォーマンスを低下させることなくシステムを稼働させるためのベストプラクティスが問われます。

本章では、システム全体のパフォーマンスを維持するための最適なソリューションを選択する演習を行います。

第 5 章　高パフォーマンスアーキテクチャの設計

5.1 ワークロードに対する伸縮自在でスケーラブルなコンピューティングソリューションの識別

問 1

　あなたの会社では、Web サイト利用者のクリックをトリガーにストリーミングデータを収集し、分析するシステムの開発を行っています。バッチ処理でデータをRedshift に読み込み、準リアルタイムにデータを処理したいと考えています。また、最小限の開発、運用負荷でストリーミングデータを処理することも求められています。これらの要件を満たす最適なサービスの組み合わせはどれですか。(2つ選択してください)

- **A.** EC2
- **B.** Lambda
- **C.** Kinesis Data Streams
- **D.** Kinesis Data Firehose
- **E.** Kinesis Data Analytics

解説

　本ケースにおける要件は、利用者のクリックをトリガーにストリーミングデータを準リアルタイムに分析することと、データ分析のバッチ処理を最小限の開発および運用負荷で実行することです。Lambda を利用することで、ユーザーのクリックをトリガーにバッチ処理が実行可能となります。また、準リアルタイムのストリーミングデータの解析には Kinesis Data Firehose が最適です。したがって、B と D が正解です。

- **A.** EC2 はバッチ処理を実行するためのソリューションの 1つですが、EC2 を利用するには、OS 以外のミドルウェアやアプリケーションをすべて開発する必要があります。EC2 よりもマネージドサービスである Lambda を利用するほうが開発の負荷を低減できます。

5.1　ワークロードに対する伸縮自在でスケーラブルなコンピューティングソリューションの識別

C. Kinesis Data Streams はスケーラブルで耐久性に優れたリアルタイムデータストリーミングサービスですが、D の Kinesis Data Firehose のほうが、データ処理部分がマネージドサービスとして提供されているため、最小限の運用オーバーヘッドという点でより適切です。

E. Kinesis Data Analytics は、ストリーミングデータに対して SQL ベースで分析できるサービスです。本ケースでは Redshift に取り込むまでの連携処理部分のソリューションが問われているため、要件に合致しません。

[答] B、D

問 2

あなたの部署では、財務管理アプリケーションを運用しています。アプリケーションは、ALB の背後にある EC2 インスタンスで実行され、そのインスタンスは、複数の AZ にまたがる EC2 Auto Scaling グループで起動されています。毎月、月初の夜間バッチにて前月末の財務計算処理が実行され、EC2 インスタンスの CPU 使用率が 100％に達することによりアプリケーションの速度が大幅に低下します。処理速度の低下への対策として適切な方法はどれですか。（1つ選択してください）

A. CPU 使用率にもとづいて拡張するよう EC2 Auto Scaling のスケーリングポリシーを設定する。

B. ALB の前段に CloudFront ディストリビューションを設定する。

C. ElastiCache を構築し、EC2 インスタンスの外部メモリとして利用する。

D. スケジュールにもとづいて拡張するよう EC2 Auto Scaling のスケーリングポリシーを設定する。

解説

この設問では、毎月決まったタイミングにリソースが不足して、アプリケーションの性能が低下するので、特定のタイミングで高パフォーマンスを実現できるように拡張可能なソリューションを提供する必要があります。

性能問題を起こすバッチ処理は毎月月初の夜間に実行されることがわかっている

135

ので、あらかじめ決まった日にスケーリングするようにスケジュールされている D
が正解です。

- **A.** CPU 使用率にもとづいた Auto Scaling でも問題を解決できるように思えますが、アプリケーションの性能問題が発生して CPU 使用率の上昇を検知した後で拡張されることになり、処理速度の低下は避けられません。
- **B.** CloudFront は CDN（Content Delivery Network）サービスであり、バッチ処理の性能を改善することはできません。
- **C.** ElastiCache を使うとキャッシュからのデータ参照およびデータベースの負荷分散によってアプリケーションの性能が幾分か改善しますが、バッチ処理の高負荷による性能劣化は改善しません。また、EC2 の外部メモリとして ElastiCache を使うことはできません。

[答] D

問3

　ある会社が、さまざまなスポーツの試合結果を表示する Web サービスを提供しようとしています。このサービスでは、Amazon API Gateway を通してアプリケーションが実行されます。ユーザーからのアクセスは不規則に実行され、1 秒あたりの要求回数が 0 回から突然増加して最大 200 回程度になる可能性があります。試合結果のデータをデータベースに保持する必要がありますが、拡張性を考慮し、データベースには Key-Value 型を採用しようと考えています。どの AWS サービスを組み合わせると、これらの要件を満たしますか。(2つ選択してください)

- **A.** Fargate
- **B.** Lambda
- **C.** DynamoDB
- **D.** EC2 Auto Scaling
- **E.** Aurora MySQL

5.1 ワークロードに対する伸縮自在でスケーラブルなコンピューティングソリューションの識別

解説

ここでは、突発的なスパイク処理が発生するトランザクションに対応可能なソリューションを選択します。また、データベースには Key-Value 型が要求されていることから、リレーショナルデータベースではなく NoSQL のデータベースを選択する必要があります。

選択肢の中で、スパイク負荷に最も素早く対応するには Lambda が適しており、また、NoSQL のデータベースは DynamoDB なので、B と C が正解です。

A. Fargate を使った場合でも負荷に応じた拡張が可能ですが、コンテナの起動処理に時間がかかるので、スパイク処理の対応としては Lambda よりも劣ります。

D. EC2 の Auto Scaling でのインスタンス追加は、Fargate や Lambda よりも拡張にさらに時間がかかります。このため、スパイク処理の対応には向きません。

E. Aurora MySQL はリレーショナルデータベースです。リレーショナルデータベースは、NoSQL のデータベースと比較して拡張が複雑になる傾向にあります。

[答] B、C

問4

ある会社では、顧客の注文を処理する Web アプリケーションを稼働させています。この Web アプリケーションは、Web 層、アプリケーション層、データベース層の3層から成り、Web 層は、ALB の背後にある2台の EC2 インスタンスで構成されています。アプリケーション層は、SQS と4台の EC2 インスタンスで構成されています。データベース層には DynamoDB が存在します。注文のピーク時にアプリケーションの処理性能が劣化し、顧客は注文完了まで長時間待たされます。この問題を解決して処理時間を短縮するために、ソリューションアーキテクトは何をすべきですか。(1つ選択してください)

A. Auto Scaling グループを用いて、SQS のキューの長さに応じてアプリケー

(選択肢は次ページに続きます。)

137

第 5 章　高パフォーマンスアーキテクチャの設計

ション層の EC2 インスタンスをスケーリングする。

B. DynamoDB を RDS に置き換える。

C. SQS を Kinesis Data Firehose に置き換える。

D. CloudFront ディストリビューションを作成し、Web 層の応答をキャッシュする。

解説

ピーク時におけるアプリケーション層の処理がボトルネックとなっているので、負荷に応じて EC2 インスタンスをスケーリングさせます。リソースが十分かどうかは SQS キューの長さを見て判断し、SQS 内のメッセージを遅延なく処理できるように、EC2 をスケーリングさせます。したがって、A が正解です。

B. DynamoDB は非常に高速かつ自動でスケーリングするため、データベース層の処理はボトルネックではないと判断できます。よって、DynamoDB を RDS に置き換えても処理時間は大きく変化しないと考えられます。

C. Kinesis Data Firehose はリアルタイムのストリーミングを行いますが、この設問で利用するサービスとしては不適切です。

D. CloudFront でコンテンツの一部をキャッシュしても、アプリケーション処理性能の改善とはなりません。

[答] A

問 5

ある企業は、新しいアプリケーションを設計しています。このアプリケーションでは複数の EC2 インスタンス間で多数のファイルアクセスと大量のデータ転送が発生するため、なるべく低レイテンシーかつ高スループットのネットワークが必要と考えています。これを実現するために、どの設定を行うべきですか。（1つ選択してください）

A. すべての EC2 インスタンスのプライマリ IP を連番で指定する。

B. すべての EC2 インスタンスを同一の Auto Scaling グループから起動する。

C. すべての EC2 インスタンスで同一のクラスタープレイスメントグループを指定する。
D. すべての EC2 インスタンスで同一のパーティションプレイスメントグループを指定する。

解説

同一のクラスタープレイスメントグループを指定して起動した EC2 インスタンス同士は、低ネットワークレイテンシーと高ネットワークスループットを実現できます。したがって、C が正解です。

A. プライマリ IP を連番で指定してもパフォーマンスに影響しません。
B. 同一の Auto Scaling グループから起動しても EC2 インスタンス間のネットワークパフォーマンスは向上しません。
D. パーティションプレイスメントグループはハードウェア障害の軽減のために設定するものです。ネットワークのパフォーマンスには影響しません。

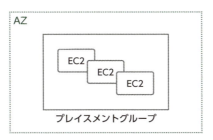

図 5.1-1　クラスタープレイスメントグループ

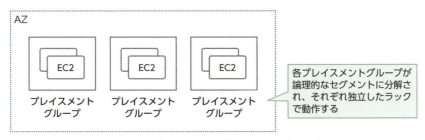

図 5.1-2　パーティションプレイスメントグループ

[答] C

第5章　高パフォーマンスアーキテクチャの設計

問6

あるベンチャー会社では、多数の人が参加するオンラインイベントのアプリケーションを開発しています。クライアントとサーバー間の通信には UDP を使用し、複数の EC2 インスタンスを Auto Scaling グループとして構成しています。休日や夜間には需要の急増が予想されるため、プラットフォームはそれに適応する必要があります。データベースには、非構造化データを扱えることと、停止することなくスケールできることが求められています。あなたはソリューションアーキテクトとして、どのソリューションを推奨しますか。（1つ選択してください）

A. トラフィックの分散に NLB を使用し、データストレージには DynamoDB をオンデマンドで使用する。

B. トラフィックの分散に NLB を使用し、データストレージには Aurora グローバルデータベースを使用する。

C. トラフィックの分散に ALB を使用し、データストレージには DynamoDB グローバルテーブルを使用する。

D. トラフィックの分散に Route 53 を使用し、データストレージには Aurora Serverless を使用する。

解説

クライアントとサーバー間の通信に UDP を利用しているので、トラフィックの分散には NLB を使用します。NLB は、UDP を扱うことができるロードバランサーです。また、非構造化データを格納できて、データベースを停止することなくスケール可能なのは、DynamoDB です。したがって、A が正解です。

B. Aurora は RDBMS なので、非構造化データを扱うのは不向きです。

C. ALB で扱える通信プロトコルは HTTP もしくは HTTPS です。UDP を扱うことはできません。

D. Auto Scaling によるトラフィックの分散は、ロードバランサーのサービスで構成します。Route 53 では Auto Scaling を扱うことができません。

［答］A

140

問7

あなたが運用する Web サイトでは、複数のリージョンで ALB を使用しています。最近、トラフィックが増加しているため、より拡張性の高いソリューションを検討する必要が出てきました。また、ネットワーク要件として、ALB への通信をオンプレミス上のファイアウォールの設定で許可する必要があります。これらの要件を満たす最も費用対効果の高いソリューションはどれですか。（1つ選択してください）

A. AWS Global Accelerator を利用する。Global Accelerator に異なるリージョン上の ALB を登録する。Global Accelerator に関連付けられた静的な IP アドレスを許可するようオンプレミスのファイアウォール設定を更新する。

B. 複数リージョン上のすべての ALB を NLB に移行する。オンプレミスのファイアウォール設定を更新して、すべての NLB の Elastic IP アドレスを許可する。

C. ある1つのリージョンで NLB を起動する。残りのリージョンのすべての ALB のプライベート IP アドレスにルーティングするよう NLB に登録する。オンプレミスファイアウォールの設定を更新して、NLB の Elastic IP アドレスを許可する。

D. Lambda 関数を作成する。その処理の中で複数リージョン上のすべての ALB の IP アドレスを取得する。オンプレミスファイアウォールの設定を更新して、すべての ALB の IP アドレスを許可する。

解説

Global Accelerator は、複数のリージョンにまたがった ALB や NLB に対してトラフィックを振り分けることが可能な AWS のマネージドサービスです。静的な IP アドレスを提供するため、本ケースのようなファイアウォールの許可設定を行いたい場合に有効です。したがって、A が正解です。

第 5 章 高パフォーマンスアーキテクチャの設計

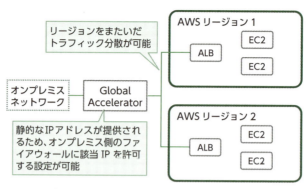

図 5.1-3 Global Accelerator を利用した構成

B. NLB は静的な IP アドレスとして Elastic IP を関連付けることが可能ですが、すべての ALB を NLB に移行し、すべての IP アドレスをファイアウォール設定に登録するのは費用対効果が高いとはいえず、今後の拡張の際にもメンテナンスが必要となってしまいます。
C. ALB のプライベート IP アドレスを固定することはできないので、NLB から ALB へのルーティングに IP アドレスを用いることは不可能です。
D. ALB の静的な IP アドレスを取得することは不可能であり、また、Lambda 関数の実装にコストがかかるので「費用対効果の高いソリューション」という要件を満たしません。

[答] A

問 8

あなたが運用しているサプライチェーンマネジメントのアプリケーションは、最近利用量が増加したことによる応答の遅延が課題となっています。このアプリケーションは 3 層アーキテクチャ構成 (プレゼンテーション層、アプリケーション層、データ層) から成り、アプリケーション層がボトルネックになっていると分析されています。あなたは、アプリケーションの応答速度を改善するために、素早く、可能な限りダウンタイムなしでスケールアウトできるようなアーキテクチャへの刷新を求められています。要件を満たす費用対効果の高いソリューションはどれですか。(1つ選択してください)

5.1 ワークロードに対する伸縮自在でスケーラブルなコンピューティングソリューションの識別

A. CloudWatch で、アプリケーションサーバーとして起動している EC2 インスタンスの CPU 使用率を監視する。CloudWatch アラームをトリガーに Lambda 関数を呼び出して、より大きな EC2 インスタンスサイズに変更する。

B. プレゼンテーション層とアプリケーション層にそれぞれ別の Auto Scaling グループを構成する。2 台の ALB を起動し、それぞれの Auto Scaling グループを紐付けて、プレゼンテーション層とアプリケーション層を分離する。

C. RDS のリードレプリカを有効にする。参照系の処理はリードレプリカを利用するようにアプリケーションを改修し、EC2 にデプロイする。

D. AWS に Oracle RAC の持ち込みを申請する。EC2 の Auto Scaling グループに Oracle RAC を適用する。

解説

　この設問のポイントは、アプリケーション層のボトルネックの改善のために EC2 をスケールアウトさせることです。

　B で述べられている Auto Scaling と ALB の構成は、自動でスケールアウトが可能なアーキテクチャとして標準的に採用されています。構築・運用コストを削減できるため、費用対効果が高いといえます。したがって、B が正解です。

A. EC2 インスタンスサイズを変更するには、インスタンスを一度停止させる必要があり、ダウンタイムが発生してしまいます。また、設問では、スケールアウトできるアーキテクチャに刷新することが要件となっており、1 台の EC2 のスケールアップは求められていません。

C. RDS の設定変更はデータ層の改善であり、アプリケーション層のスケールアウトとは無関係です。

D. AMI から Oracle RAC 構成の EC2 を起動することはできますが、Oracle RAC を持ち込むとライセンス費用がかかり、導入コストが増加します。また、Oracle RAC 構成を実現しても、データベース層は拡張されますが、アプリケーション層のスケールアウトにはなりません。

[答] B

第 5 章　高パフォーマンスアーキテクチャの設計

5.2 ワークロードに対するパフォーマンスとスケーラブルなストレージソリューションの選択

問 1

　あなたの部署が新たに開発するシステムでは、データベースを EC2 上で構築することを検討しています。要件として、複数の EC2 を利用してデータ消失に備えること、および 1 秒あたり数万規模のトランザクションをサポートするための低レイテンシーとスループットを備えたブロックストレージであることが求められています。あなたは、どのストレージソリューションを提案しますか。(1つ選択してください)

A. S3
B. EFS
C. EBS
D. EC2 インスタンスストア

解説

　各ストレージサービスの特性を理解することがポイントです。データ消失がなく、低レイテンシーと高スループットを備えたブロックストレージを選択する必要があります。この要件を満たすストレージサービスは EBS です。したがって、C が正解です。

A. S3 はオブジェクトストレージであり、高スループットの要件を満たしません。
B. EFS は、ブロックストレージではなくファイルストレージです。設問の要件を満たすスループットは出ません。
D. EC2 インスタンスストアは、頻繁に変更される情報(バッファキャッシュ、セッションデータ、その他の一時コンテンツなど)を一時的に格納する用途に最適なソリューションです。本ケースでは、データ消失に備えてデータベースのデータを恒久的に保存する必要がありますが、インスタンスストアは

144

5.2　ワークロードに対するパフォーマンスとスケーラブルなストレージソリューションの選択

EC2 インスタンスを停止するとデータが消去されてしまうので適していません。

[答] C

問2

ある企業の EC サイトがオンプレミスで稼働しています。この EC サイトは AWS に移行する予定になっています。EC サイトには商品画像が大量にあり、静的コンテンツを全世界に高パフォーマンスかつ低コストで配信する必要があります。どのようにシステムを構成すればよいでしょうか。（1つ選択してください）

A. 静的コンテンツを S3 バケットに保存し、パブリックアクセスを許可するよう設定する。

B. 静的コンテンツを S3 バケットに保存し、CloudFront のオリジンに設定する。

C. 静的コンテンツを S3 バケットに保存し、定期的に、各リージョンの EC2 インスタンスにアタッチした EBS にコピーする。

D. Aurora MySQL を利用し、静的コンテンツをデータベースに格納する。各リージョンに EC2 インスタンスを配置して、SQL を利用して静的コンテンツを取得し、配信する。

解説

ここでは、静的コンテンツを高パフォーマンスかつ低コストで配信する方法が問われています。なお、静的コンテンツは全世界に配信する必要があります。

選択肢 A〜D のうち B は、CDN サービスの CloudFront を利用しており、全世界で高パフォーマンスのコンテンツ配信を行うことができます。したがって、B が正解です。

A. S3 バケットを利用することで安価にコンテンツ配信を行うことができますが、S3 はリージョンに紐付いたサービスなので、静的コンテンツを配置したバケットのリージョンから離れた位置のユーザーに対してはパフォーマンス

第5章 高パフォーマンスアーキテクチャの設計

が低下します。

C. 各リージョンに静的コンテンツを配置しているため全世界で高パフォーマンスのコンテンツ配信を行うことができますが、全リージョンに配置したEBS上にデータをコピーした場合、S3やCloudFrontと比べて利用料金が高くなります。

D. Auroraデータベースに静的コンテンツを格納していますが、Auroraデータベースは静的コンテンツを全世界に配信するのには向いていません。

[答] B

問3

あなたのチームでは、高解像度のRAWファイルを取り扱うシステムを開発中です。RAWファイルには複数のインスタンスからアクセスできる必要があります。ファイル処理にはハイパフォーマンスなストレージによる高速な処理が求められます。この場合、RAWファイルの保存に最も適したストレージはどれですか。（1つ選択してください）

A. EFS
B. FSx for Lustre
C. S3
D. EC2 インスタンスストア

解説

この設問で求められているストレージは、複数のインスタンスからアクセス可能で、かつ、高解像度のRAWファイル[1]を取り扱うために大容量のデータに対して高速処理を実現できるものになります。

FSx for Lustreは、スケーラブルかつ複数インスタンスからアクセス可能な高速ストレージを提供するフルマネージド型サービスです。したがって、Bが正解です。

---

[1] RAWファイルは無加工の画像データです。圧縮処理などを行っていないためファイルサイズが大きい傾向があります。

5.2 ワークロードに対するパフォーマンスとスケーラブルなストレージソリューションの選択

A. EFS はスケーラブルなストレージであり、複数のインスタンスからアクセス可能ですが、処理速度は FSx for Lustre ほどではありません。

C. S3 は複数のインスタンスからアクセス可能で、大容量のデータを保存するのには適していますが、高速な処理には不向きです。

D. EC2 インスタンスストアは、複数のインスタンスからのアクセスはできません。

[答] B

問4

ある会社は、EC2 インスタンスでアプリケーションをホストしています。このアプリケーションは主にバッチ処理を担当しており、夜のピーク時以外は負荷が低い状態です。アプリケーションは最大で 400GB のストレージを必要とし、ディスク I/O のピークは 1,000 IOPS です。同社の CTO はコストを懸念しており、ソリューションアーキテクトに、パフォーマンスを犠牲にせず、最も費用対効果の高いストレージを推奨するよう依頼しました。ソリューションアーキテクトは、どのソリューションを推奨する必要がありますか。(1つ選択してください)

A. EBS コールド HDD (sc1)

B. EBS スループット最適化 HDD (st1)

C. EBS 汎用 SSD (gp2)

D. EBS プロビジョンド IOPS SSD (io1)

解説

ピーク時のディスク I/O が 1,000 IOPS のパフォーマンスを満たし、かつ、最も低コストなストレージを選択します。EBS 汎用 SSD (gp2) は、ボリュームサイズによってベースラインの IOPS が決まります。400GB の gp2 ボリュームの場合、パフォーマンスは 1,200 IOPS となります。プロビジョンド IOPS よりも安価で、必要十分な性能を持っています。したがって、C が正解です。

A、B. HDD タイプのストレージは、SSD よりもコストを抑えることができます

147

第 5 章　高パフォーマンスアーキテクチャの設計

が、1,000 IOPS のパフォーマンスを実現できません。

D. プロビジョンド IOPS SSD は、汎用 SSD の最大 IOPS（16,000 IOPS）以上の IOPS を必要とする場合に選択します。今回はピークが 1,000 IOPS なので、逆にオーバースペックになってしまいコストが高くなります。

[答] C

問 5

　現在、オンプレミス上で稼働している複数のアプリケーションがあり、これらを AWS に移行することを検討しています。移行後は、オンプレミスと同様にアプリケーションは、複数のホスト上から同じファイルに同時にアクセスすることにより大容量のファイルを処理します。処理で扱うファイルは最大 100GB であり、どのアプリケーションからも高速に低レイテンシーでファイルを読み取る必要があります。ソリューションアーキテクトは、移行コストを抑えつつ高パフォーマンスを実現する効率の高いアーキテクチャを構築する必要があります。どのアーキテクチャを推奨しますか。（1つ選択してください）

A. アプリケーションを実行するために複数の Lambda 関数で実装する。データを SQS へキューイングし、各アプリケーションからリクエストする。

B. アプリケーションを実行するために複数の Lambda 関数で実装する。データを保存するために、プロビジョンド IOPS SSD を使用して EBS ボリュームを作成し、EC2 インスタンスにアタッチする。

C. すべてのアプリケーションを同じインスタンスで同時に実行するように、1つのメモリ最適化 EC2 インスタンスを設定する。データを保存するために、プロビジョンド IOPS SSD を使用して EBS ボリュームを作成し、EC2 インスタンスにアタッチする。

D. それぞれのアプリケーションを実行するように、複数の EC2 インスタンスを設定する。データを保存するために、標準ストレージとプロビジョンドスループットモードで EFS を構成する。

5.2　ワークロードに対するパフォーマンスとスケーラブルなストレージソリューションの選択

解説

　要件に合うストレージを選択する問題です。大容量のファイルに対し、低レイテンシーで高速かつ同時に複数の EC2 インスタンスからアクセス可能なアーキテクチャで、移行コストを抑制でき、パフォーマンス効率の高いものを推奨する必要があります。

　EFS は分散型のストレージで、複数の EC2 から同時にアクセスすることにより、全体のスループットを高めることができます。もともとオンプレミス上では、複数のアプリケーションから同じファイルにアクセスする設計になっており、これと同じ設計のまま AWS へ移行することが可能です。また、EFS は低レイテンシーを実現するサービスです。したがって、D が正解です。

A. SQS はメッセージキューイングサービスであり、大容量のファイル処理には向いていません。

B. Lambda 関数のデータの保存先がプロビジョンド IOPS SSD の EBS ボリュームとなっていますが、Lambda 関数から直接 EC2 にアタッチした EBS へデータを保存することはできません。また、アプリケーションを Lambda 関数で実装すると移行コストが高くなります。なお、プロビジョンド IOPS のストレージで性能は十分に出るので、低レイテンシーという要件は満たしますが、複数の EC2 インスタンスからアクセスができず、単一の EC2 にアタッチして利用します。

C. 複数のホストで稼働していたアプリケーションを 1 つの EC2 インスタンスに載せ替えており、アプリケーションの移行にコストがかかります。また、1 つの EC2 にアタッチされたプロビジョンド IOPS SSD の EBS ボリュームよりも、複数の EC2 インスタンスから並列アクセスを行う EFS のほうがスループットはスケールします。

[答] D

第 5 章　高パフォーマンスアーキテクチャの設計

問 6

　ある会社では、オンプレミス上にあるデータベースシステムを AWS に移行したいと考えています。管理者によると、データベースは EC2 上に構築します。データベースで利用するストレージのスループットは 32,000 IOPS 必要です。また、日次でストレージのバックアップを取得する必要があります。管理者は、単一のストレージを使用してデータベースインスタンスをホストしたいと考えています。要件を満たす最適なソリューションはどれですか。（1つ選択してください）

A. EFS ボリュームをデータベースインスタンスにマウントし、そのボリュームを使用してデータベースに必要な IOPS を実現する S3 を、データベースインスタンスのストレージとして使用する。

B. 2つの EBS プロビジョンド IOPS SSD ボリュームをプロビジョニングし、それぞれに 16,000 IOPS を割り当てる。2つの EBS ボリュームを、同一の EC2 インスタンスにマウントする。

C. EC2 インスタンスストアを使用して IOPS 要件を達成する。

D. EBS プロビジョンド IOPS SSD ボリュームが接続された EC2 インスタンスを起動する。32,000 IOPS になるようにボリュームを構成する。

解説

　この設問では、単一の EC2 インスタンス上にデータベースを構築します。そして、32,000 IOPS の性能が出てバックアップを取得できるストレージをアタッチします。
　EBS のうちプロビジョンド IOPS は、32,000 IOPS の性能が出てバックアップの取得が可能なストレージです。よって、単一の EBS で EC2 インスタンスを使用する D が正解です。

A. S3 はオブジェクトストレージであるため、データベースインスタンスのストレージとしては不適切です。

B. 32,000 IOPS の性能を出すために複数のストレージ構成にしていますが、設問では単一のストレージが求められているので不適切です。そもそもプロビジョンド IOPS は単一で 32,000 IOPS の性能を出せるので、複数のストレージ構成にする必要はありません。

C. インスタンスストアは 32,000 IOPS の性能を出せますが、揮発性のストレー

150

5.2　ワークロードに対するパフォーマンスとスケーラブルなストレージソリューションの選択

ジなので、ストレージのバックアップ取得ができません。

[答] D

問7

　ある調査会社は、世界の各都市の交通量のデータを収集しています。各都市のサイトごとに毎日収集されるデータの平均量は 500GB であり、それぞれのサイトには高速インターネット回線が接続されています。同社の交通量予報アプリケーションは各都市に展開され、データを毎日リージョンごとに S3 上に収集して分析しています。すべての都市のサイトのデータを高速に 1 か所に集約するのに適した方法はどれですか。（1つ選択してください）

A. S3 Transfer Acceleration を有効にしたバケットを利用する。マルチパートアップロードを使用して、サイトデータを宛先のバケットに直接アップロードする。

B. Snowball ジョブを日時実行するようにスケジューリングし、最も近いリージョンにデータを転送する。S3 クロスリージョンレプリケーションを使用して、オブジェクトを宛先のバケットにコピーする。

C. S3 クロスリージョンレプリケーションを使用して、オブジェクトを宛先のバケットにコピーする。

D. 最も近いリージョンの EC2 インスタンスにデータをコピーし、データをEBS ボリュームに保存する。1 日に 1 回、EBS スナップショットを取って特定のリージョンにコピーし、スナップショットを集約したリージョンで EBS ボリュームを復元し、データの分析を毎日実行する。

解説

　S3 のクロスリージョンレプリケーションは、AWS 内のグローバルネットワークを利用するため、高速にデータをコピーするのに適しています。したがって、C が正解です。

　A. S3 Transfer Acceleration を利用することで、クライアントと S3 バケットの

151

第 5 章　高パフォーマンスアーキテクチャの設計

間で長距離にわたるファイル転送を高速化することが可能です。しかし、本設問では、クライアントからではなく収集済みの各リージョンからのデータ集約を行っており、すでに各リージョン内の S3 ストレージにはデータが蓄積されています。AWS の内部ネットワークを利用したクロスリージョンレプリケーションと比べると速度は劣ります。

B. Snowball は、物理的な機器を使ってデータをオンプレミスから AWS に転送するサービスです。データ転送のために機器を搬送する必要があり、数日かかります。

D. EBS ボリュームのスナップショット取得、転送、復元を行うので、処理時間がかかります。

[答] C

問 8

あるベンチャー企業には、EC2 インスタンスで実行されているカスタムアプリケーションがあります。カスタムアプリケーションでは、大量のデータを S3 から読み取って、複数のステップによる分析処理を実行後、DynamoDB へ処理結果を書き込んでいます。アプリケーションは、分析処理を実行中、サイズの大きなテンポラリファイルを大量に作成し、ストレージに一時保存します。分析処理のパフォーマンスは、ストレージのパフォーマンスによって異なります。テンポラリファイルを保持するのに最もよいストレージオプションはどれですか。(1つ選択してください)

A. 複数の S3 バケット
B. EBS 最適化されたプロビジョンド IOPS による複数の EBS
C. Network File System バージョン 4.1 を利用した複数の EFS
D. ソフトウェア RAID 0 による複数のインスタンスストアボリューム

解説

テンポラリファイルを高速に保存できるストレージを選択します。インスタンスストアは、テンポラリファイルなど一時的なファイルの保存場所として利用でき、RAID 0 により複数のディスクへの書き込みが可能なのでパフォーマンスも向上し

5.2　ワークロードに対するパフォーマンスとスケーラブルなストレージソリューションの選択

ます。したがって、D が正解です。

A. S3 バケットはデータ分析に使用されるストレージではなく、大容量のファイルの書き込みに適していません。

B. EBS は、高スループットを求められるアプリケーションには適していますが、大量データの書き込み処理には向いていません。

C. EFS は EBS よりもパフォーマンスが劣り、EC2 のストレージ性能としても悪くなるため適切なソリューションではありません。

[答] D

問 9

あなたは、アプリケーションを Fargate 上の ECS で動作させるためのストレージソリューションを検討しています。出力されるデータ容量は 1 タスクあたり約 10MB 前後であり、並行して数百のタスクが実行される可能性があります。それらのデータをすべて保存するためには、高い読み込み性能と書き込み性能が必要です。なお、一定期間経過した古いデータは削除することが可能です。ECS のデータを保存するストレージとして、これらの要件を満たす適切なソリューションはどれですか。（1つ選択してください）

A. すべての ECS クラスターインスタンスからアクセスできる DynamoDB のテーブル

B. すべての ECS クラスターインスタンスからアクセスできる S3 のバケット

C. プロビジョンドスループットモードを選択した EFS

D. ECS クラスターインスタンスにマウントされた EBS ボリューム

解説

EFS は、複数のコンテナに同時にアタッチ可能なファイルストレージサービスです。プロビジョンドスループットを有効化することで、高い IOPS を保証することが可能になります。したがって、C が正解です。

153

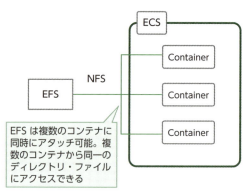

図 5.2-1　EFS と ECS を利用した構成

- **A.** DynamoDB は Key-Value 型の NoSQL のデータベースです。1つの項目のサイズの上限が 400kB となっており、一時的なフラグや状態の管理などには向いていますが、10MB のデータを保存するという今回の要件は満たせません。
- **B.** S3 は可用性の高いオブジェクトストレージサービスですが、更新が即時に反映されるわけではないため、頻繁にデータを書き込むような用途には適しません。このため、今回求められている「高い読み込み性能と書き込み性能」の要件を満たしません。
- **D.** EBS は EC2 にマウントして使用するブロックストレージですが、Fargate は EC2 ではないため、タスクストレージとして EBS を選択することができません。

[答] C

問 10

あなたの会社は Web システムを運用しており、S3 を静的ファイルの格納場所として利用しています。Web サイトに表示される静的コンテンツは圧縮したものを利用するため、S3 にファイルが格納された後に圧縮処理を行う必要があります。格納されるファイルの大きさはさまざまであり、また、ファイルは 24 時間いつでも格納される可能性があります。これらの要件を満たす最も費用対効果の高いアーキテクチャはどれですか。（1つ選択してください）

5.2 ワークロードに対するパフォーマンスとスケーラブルなストレージソリューションの選択

A. CloudWatch のカスタムメトリクスを作成し、S3 API の呼び出しを監視する。CloudWatch アラームで AWS AppSync を呼び出して圧縮処理を行う。

B. Kinesis Data Streams を設定し、オブジェクトを S3 に格納すると同時に、Lambda 関数を呼び出して圧縮処理を行う。

C. S3 バケットにオブジェクトが格納されると Amazon SNS トピックが作成されるように設定する。SNS トピックから Lambda 関数を呼び出して圧縮処理を行う。

D. S3 バケットにオブジェクトが格納されるとイベント通知を発報するように設定して、Lambda 関数を呼び出して圧縮処理を行う。

解説

この設問のケースでは、S3 バケットのイベント通知を実装します。S3 バケットのイベント通知を利用できるサービスは、SQS、SNS、および Lambda です。よって、正解候補は C、D に絞られます。C と D では SNS トピックを利用するか否かの違いがあります。SNS トピックを経由して Lambda 関数を呼び出す必要はなく、C よりも D のほうが構築・運用の費用対効果が高いことから、D が正解となります。

A. CloudWatch のアラームで呼び出せるのは、EC2、Auto Scaling、および SNS トピックです。AppSync を直接呼び出すことはできません。また、AppSync は GraphQL のハブサービスなので、ファイルの圧縮処理を行うためには、さらに AppSync から Lambda などを呼び出す必要があります。

B. Kinesis Data Streams は、ストリーミングデータをリアルタイムに処理できるサービスです。このサービスの用途として、S3 の圧縮処理には適していません。また、Lambda 関数を呼び出して圧縮処理を行っているため、Kinesis の運用コストが余計にかかってしまい、費用対効果の面でも不適切です。

[答] D

第 5 章　高パフォーマンスアーキテクチャの設計

5.3 ワークロードに対するパフォーマンスが高いネットワーキングソリューションの選択

問 1

　ある会社が、自社で運営している Web サービスを AWS に移行したいと考えています。このアプリケーションは、動的なコンテンツを含み、世界のさまざまな地域からユーザーがアクセスします。ユーザーは、最大で 1GB のサイズのデータをダウンロードします。開発チームは、ダウンロードの待ち時間を最小限に抑え、パフォーマンスを最大化するための費用対効果の高いソリューションを求めています。ソリューションアーキテクトであるあなたは、どのようなソリューションを提案すべきですか。(1つ選択してください)

A. S3 Transfer Acceleration を使用して、アプリケーションをホストする。

B. S3 とオブジェクトに対する Cache-Control ヘッダーを使用して、アプリケーションをホストする。

C. CloudFront と Auto Scaling グループにまとめた EC2 を使用して、アプリケーションをホストする。

D. ElastiCache と Auto Scaling グループにまとめた EC2 を使用して、アプリケーションをホストする。

解説

　動的なコンテンツを含むスケーラブルな Web アプリケーションをホストしたい、という要件を満たすには、Auto Scaling を利用します。さらに、世界中のユーザーが GB サイズのデータを利用することから CloudFront が適切です。したがって、C が正解です。

A. S3 Transfer Acceleration は、CloudFront が提供する世界中のエッジロケーションを利用することで、クライアントと S3 バケット間のファイル転送を高速、簡単、かつ安全に行えるようにするサービスですが、S3 は動的なコンテ

156

5.3 ワークロードに対するパフォーマンスが高いネットワーキングソリューションの選択

ンツを含むアプリケーションをホストするのには適していません。

B. S3 に格納されるオブジェクトに Cache-Control ヘッダーを付与することで、キャッシュの TTL を指定することができます。これは画像などの静的なコンテンツでは有効ですが、本ケースでは動的なコンテンツを扱うため不適切です。

D. ElastiCache はインメモリデータストアであり、データベースのクエリキャッシュに利用するサービスです。本ケースはファイルのダウンロードが対象なので、クエリキャッシュは不要です。

[答] C

問 2

あるタクシー配車会社では、利用可能なタクシーの位置を追跡するためのシステムを開発しています。位置情報は BI ツールで分析でき、データは REST API としてアクセスできる必要があります。ソリューションアーキテクトは、位置情報のリアルタイムでの格納と取得にそれぞれどのサービスを利用するよう提案すればよいですか。（1つ選択してください）

A. 位置情報の格納に Kinesis Data Analytics を利用し、格納された位置情報の取得に Amazon API Gateway を利用する。

B. 位置情報の格納に S3 を利用し、格納された位置情報の取得に Redshift を利用する。

C. 位置情報の格納に Lambda を利用し、格納された位置情報の取得に Amazon SNS を利用する。

D. 位置情報の格納に Snowball を利用し、格納された位置情報の取得に Amazon Elasticsearch Service を利用する。

解説

データの格納先とデータ取得用インターフェイス、それぞれのサービスの特徴を問う問題です。データの格納先は BI ツールで利用可能であり、データ取得用インターフェイスは REST API であることが要件となっています。Kinesis Data

第 5 章　高パフォーマンスアーキテクチャの設計

Analytics は BI ツールで分析可能で、また、Amazon API Gateway は REST API と
して利用可能なため、A が正解です。

B. Redshift は、REST API ではなく SQL でデータを取得します。

C. Lambda ではデータを保存できないため、分析用途には使えません。また、
SNS を REST API として利用するのは不可能です。

D. Snowball は大容量データを物理デバイスに保存して AWS に送り、S3 に保存
するサービスなので、リアルタイムでの位置情報の保存には適していません。
なお、Amazon Elasticsearch Service は REST API によるデータ取得が可能
です。

[答] A

問 3

あるゲーム会社は、世界中からアクセス可能なゲームアプリケーションを開発
し、世界中に展開しました。ゲームアプリケーションは人気になったため、各国
のユーザーがより低遅延でストレスなくゲームを楽しめるよう、ユーザーが地理
的に近いシステムと通信できるようにしたいと考えています。アプリケーション
は ALB を通して ECS クラスターで稼働しており、ユーザーは地理的に一番近いシ
ステムに自動的にアクセスする必要があります。ソリューションアーキテクトは、
どの方法を推奨しますか。(1つ選択してください)

A. Route 53 のシンプルルーティングポリシーを使用する。

B. Route 53 のフェイルオーバールーティングポリシーを使用する。

C. Route 53 の位置情報ルーティングポリシーを使用する。

D. Route 53 の加重ルーティングポリシーを使用する。

解説

Route 53 の適切なルーティング方法を選択する問題です。ここでは、ユーザーの
位置情報にもとづいてトラフィックをルーティングする「位置情報ルーティングポ
リシー」を使用する C が正解です。他の選択肢 (A、B、D) は、位置情報にもとづい

5.3　ワークロードに対するパフォーマンスが高いネットワーキングソリューションの選択

て自動的にルーティングを行うことはできません。

- **A.** シンプルルーティングポリシーは、ドメインに対して1つのルーティング先を指定します。
- **B.** フェイルオーバールーティングポリシーは、複数のルーティング先を設定し、リソースの異常を検知した際にフェイルオーバーを行います。
- **D.** 加重ルーティングポリシーは、複数のリソースに対してそれぞれ重み付けを行い、トラフィック量をコントロールします。

[答] C

問4

　ある会社は、AWS の複数リージョンにおいて EC2 上でアプリケーションを実行しており、静的パブリック IP アドレスを公開しています。現在、ユーザーがインターネット経由でアプリケーションにアクセスする際の待ち時間が長いという問題に直面しています。ソリューションアーキテクトは、どのようにしてこの問題を解消しますか。（1つ選択してください）

- **A.** 複数のリージョンに Direct Connect を作成する。
- **B.** CloudFront を使用する。
- **C.** Route 53 のヘルスチェックを使用する。
- **D.** AWS Global Accelerator を使用する。

解説

　Global Accelerator を使用すると、パブリックなネットワークを複数経由する代わりに、AWS 内の安定したネットワークを経由して最適なリージョンのリソースに到達できるので、アプリケーションのレイテンシーが低減されます。したがって、D が正解です。

- **A.** Direct Connect は、ユーザーの拠点と AWS 間を専用線で接続して閉域網のネットワークを確立するサービスであり、インターネット経由のアプリケー

159

ションの待ち時間を短縮することはできません。

B. CloudFront を使用することにより、コンテンツ配信で待ち時間の短縮が望めますが、静的パブリック IP アドレスを公開することができません。
C. Route 53 のヘルスチェックを実行しても、待ち時間が短縮されるわけではありません。

[答] D

問 5

あなたは、オンプレミスと AWS の間の安全な接続設定を求められています。本番環境を一刻も早く利用できるよう求められているため、すぐに設定を終えなければなりません。また、オンプレミスと AWS 間でやりとりされるデータは一部のデータに限られるため、広帯域幅を確保する必要はありません。最も費用対効果の高いソリューションはどれですか。（1つ選択してください）

A. クライアント VPN の実装
B. AWS Site-to-Site VPN（サイト間 VPN）接続の実装
C. Direct Connect の構築
D. 踏み台サーバーとして EC2 インスタンスの構築

解説

この設問では、オンプレミスと AWS 間の接続で「すぐに設定を終える」ことと「最も費用対効果が高い」ことが求められています。

AWS サイト間 VPN は、IPsec トンネル経由でオンプレミスと VPC のエンドポイントを接続するソリューションとして利用できます。広帯域幅が不要という要件と合わせて考えると、B が最適なソリューションとなります。

A. クライアント VPN は、エンドユーザーが使用する PC などのクライアント PC から AWS に安全に接続するために用いられます。オンプレミスで接続が必要となる全 PC にセットアップしなければならないので、「すぐに設定を終える」という要件に合いません。

5.3 ワークロードに対するパフォーマンスが高いネットワーキングソリューションの選択

C. Direct Connect を利用してもオンプレミスと AWS 間の接続は可能ですが、構築するのに時間と専用線の設置費用がかかるため不適切です。

D. 踏み台サーバーの構築は、クライアント PC から接続する手段としては有用ですが、通信がないときも EC2 の利用料がかかるので、費用対効果の高いソリューションとはいえません。

[答] B

第 5 章　高パフォーマンスアーキテクチャの設計

5.4 ワークロードに対するパフォーマンスが高いデータベースソリューションの選択

問 1

　あなたの部署が運用しているデータ分析アプリケーションは、データベースとしてマルチ AZ に配置した Aurora を使用しています。分析を実行している部署から、最近処理が遅くなっていると相談がありました。調査の結果、データの読み込み時に高い I/O を引き起こしているため、書き込み要求に遅延が生じていることが判明しました。最小限の改修でこの問題を解決するために、データベース層のアーキテクチャをどのように改善すればよいですか。（1つ選択してください）

A. 新規に 2つ目の Aurora を作成し、リードレプリカとしてプライマリデータベースにリンクする。

B. Aurora の代わりに DynamoDB を導入し、スループットを調整する。

C. マルチ AZ のスタンバイインスタンスから読み取るようにアプリケーションを改修する。

D. リードレプリカを作成し、適切なエンドポイントを使用するようにアプリケーションを改修する。

解説

　読み込み処理が書き込み処理に影響を与えているので、読み込み処理と書き込み処理を分離して影響を排除できるようなソリューションを提案することがポイントです。リードレプリカを用意し、読み込み処理をリードレプリカで実行することにより、この問題を解決できます。したがって、D が正解です。

A. プライマリデータベースにリンクするため、2 番目の Aurora からプライマリデータベースへの読み込み処理が発生し、パフォーマンスの問題が解消しません。

B. DynamoDB は、Key-Value 型の非リレーショナルデータベースサービスです。

162

5.4　ワークロードに対するパフォーマンスが高いデータベースソリューションの選択

非構造化データを扱うには最適ですが、Aurora の代わりに利用する場合は、既存の分析アプリケーションの大幅な改修が必要になり、最小限の改修という要件を満たしません。

C. マルチ AZ のスタンバイインスタンスは可用性を上げるためのインスタンスであり、読み込み処理性能を改善するための適切な構成とはなりません。

[答] D

問2

あるスタートアップ企業が料理のデリバリーサービスを開発中です。このサービスでは、ユーザーが配達員の位置情報をリアルタイムで確認することができます。事前にプロトタイプを作成しましたが、プロトタイプでは期待されるほどのパフォーマンスが出ませんでした。パフォーマンス向上のために、現在利用しているリレーショナルデータベースをインメモリデータベースに置き換えることを検討しています。また、データベースは高可用性のためにレプリケーションが可能である必要があります。どのデータベースを利用すればよいですか。（1つ選択してください）

A. ElastiCache for Redis

B. ElastiCache for Memcached

C. Aurora PostgreSQL

D. Redshift

解説

ここでは、高可用性と性能改善を実現するために、レプリケーションが可能なインメモリデータベースを選定します。選択肢に掲げられたデータベースのうち ElastiCache for Redis がこの要件を満たすので、A が正解です。

B. ElastiCache for Memcached もインメモリデータベースですが、レプリケーションができません。

C. Aurora はリレーショナルデータベースサービスです。

163

第 5 章　高パフォーマンスアーキテクチャの設計

D. Redshift はデータウェアハウス向けのデータベースサービスです。

[答] A

問 3

　あなたは、スポーツイベントの世界大会の情報を配信するスタートアップ企業のソリューションアーキテクトです。配信には Web サイトを利用しており、アメリカとヨーロッパのリージョンでシステムを構築しています。データベースは us-east-1 の EC2 上に MySQL をインストールして利用しており、Web サーバーは us-east-1 と eu-west-2 にそれぞれ展開されています。ユーザーからのアクセスは、Route 53 の地理的近接性ルーティングポリシーによって、最も近いリージョンにリクエストが転送されます。調査したところ、ヨーロッパのユーザーからのアクセスがアメリカに比べて低速であることが判明しました。また、その原因は Web サーバーとデータベース間のトラフィック速度にあることがわかりました。パフォーマンス向上のためにどのような変更を行えばよいですか。（1つ選択してください）

A. データベースを EC2 上の MySQL から RDS に移行し、マルチ AZ を構成する。

B. eu-west-2 リージョンに EC2 を追加し、MySQL をインストールして利用する。

C. データベースを EC2 上の MySQL から Aurora MySQL に変更し、eu-west-2 リージョンにリードレプリカを作成する。

D. データベースサーバーの EC2 に DynamoDB Local をインストールする。キャッシュ戦略を Write Through として利用してデータをキャッシュする。

解説

　問題文からシステムの構成をイメージすることが重要です。今回のケースを図示すると、図 5.4-1 のようになります。

5.4　ワークロードに対するパフォーマンスが高いデータベースソリューションの選択

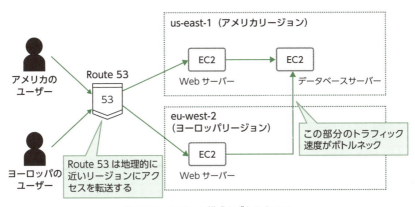

図 5.4-1　システム構成とボトルネック

　問題文から、パフォーマンスのボトルネックがヨーロッパ側 Web サーバーとアメリカ側のデータベースサーバー間のトラフィックにあることがわかります。地理的に離れているサーバー間ではトラフィック伝送の経由ポイントが多くなるため、パフォーマンスが低下します。この解決策としては、可能な限りサーバー間の物理的な距離を短くすることが有効です。

　選択肢 A〜D のうち C は、EC2 で利用していたデータベースをマネージドサービスに移行し、リードレプリカを追加しています。リードレプリカはソース DB インスタンスとは別の AZ、リージョンに配置できます。アメリカとヨーロッパのそれぞれのリージョンで同じデータを参照できるようになるので、ボトルネックが解消され、パフォーマンスが向上します。したがって、C が正解です。

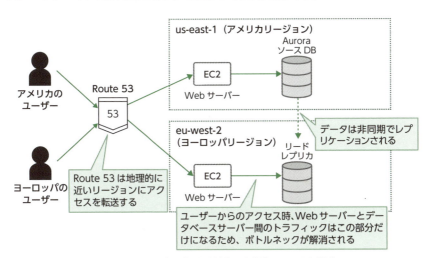

図 5.4-2　リードレプリカを追加した場合のシステム構成

A. マルチAZ構成に変更した場合、図5.4-3のような構成になります。この方法では、追加されたスタンバイインスタンスにエンドポイントがなく、Webサーバーから接続することはできません。

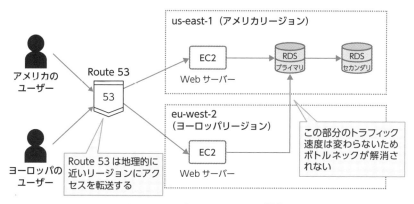

図5.4-3　マルチAZのシステム構成

B. ヨーロッパ側のリージョンにデータベースを構成するためパフォーマンスは改善されますが、アメリカ側とデータを同期することができず、システムとして成り立ちません。

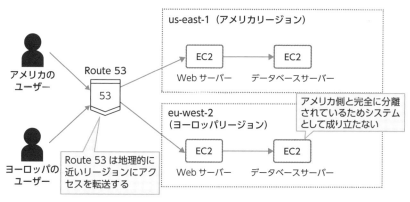

図5.4-4　データベースサーバーを追加した場合のシステム構成

D. データのキャッシュを行っていますが、キャッシュデータはアメリカ側に存在するため、ボトルネックの解消にはなりません。

[答] C

問4

あるeコマースの会社が、AWSを使って多層アーキテクチャのアプリケーションを実行しています。フロントエンド層とバックエンド層はどちらもEC2で実行され、データベースはRDS for MySQLで実行されています。アプリケーションの特性上、データベースから同一のデータを頻繁に呼び出しており、このことが原因でデータベースの応答が遅延し、アプリケーションのパフォーマンスが低下しています。アプリケーションのパフォーマンスを向上させるには、どの対応を行えばよいですか。（1つ選択してください）

- A. 頻繁に実行されるクエリを保存するためにAmazon SNSを実装する。
- B. 同一のレスポンスデータをキャッシュするためにMySQLリードレプリカのRDSを実装する。
- C. ElastiCacheを実装して、頻繁に呼び出されるデータをキャッシュする。
- D. Kinesis Data Firehoseを実装して、クエリをストリーミングする。

解説

同一のデータが頻繁にデータベースから呼び出されるケースでは、パフォーマンス向上のために、Key-Valueストア等にデータをキャッシュすることを検討します。ElastiCacheを使って呼び出しの多いデータをキャッシュすることで、低レイテンシーでのデータ取得が可能になると同時に、データベースへのアクセスを削減し負荷を減らすことができます。したがって、Cが正解です。

- A. Amazon SNSは、ユーザーやサービスにメッセージを配信するサービスであり、クエリを保存するものではありません。
- B. リードレプリカを追加することでデータベースの負荷を分散することは可能ですが、リードレプリカは同一のレスポンスデータをキャッシュするためのものではありません。また、同一のデータが頻繁に呼び出される場合は、Key-Valueストアのほうが適しています。
- D. Kinesis Data Firehoseは、ストリーミングデータを他のサービスへ中継するサービスです。このサービスを利用しても、データベースの負荷が低減するわけではありません。

［答］C

第 5 章　高パフォーマンスアーキテクチャの設計

問 5

　大規模なユーザー基盤を持つ Web 企業が、ユーザーの行動をリアルタイムで収集、分析できるシステムを設計しています。BI ツールを導入し、BI ツールからはデータベースに対し標準の SQL クエリを発行して、情報の集約と分析を行います。使用するデータベースには高可用性と、大容量のデータを扱えるパフォーマンス、そしてデータ量の増大に対応可能なスケーラビリティが求められています。データベースを選定するにあたり、同企業はソリューションアーキテクトに助言を求めました。ソリューションアーキテクトは、迅速にデータベースを構築するために、どのデータベースソリューションを推奨しますか。（1つ選択してください）

A. マルチ AZ 設計で Neptune を使用する。

B. マルチ AZ 設計で Aurora PostgreSQL を使用する。

C. EBS プロビジョンド IOPS SSD を使用する EC2 インスタンスに MySQL をデプロイする。

D. DynamoDB Accelerator を使用する。

解説

　データ分析基盤に利用する適切なデータベースを選定します。標準の SQL を使用できること、高可用性であること、データ量の増大に耐えうるスケーラビリティを備えていることが要件として示されています。マルチ AZ で Aurora PostgreSQL を構成すると、SQL による処理で高可用性を実現できます。また、スケールアップも行えるので、B が正解です。

A. Neptune は、フルマネージド型のグラフデータベースです。グラフデータベースは、たとえばソーシャルネットワーキングサービスにおけるユーザー間の関係のように、データ同士の関係を明確にして管理するためのデータベースです。

C. EC2 上に MySQL をデプロイしてもデータベースシステムを構築できますが、高可用性を実現するためのマスター・スレーブの構成を自身で構築する必要があります。一方、Aurora は、フルマネージドで高可用性の構成を簡単に構築することができます。

5.4　ワークロードに対するパフォーマンスが高いデータベースソリューションの選択

D. DynamoDB は、Key-Value 型の NoSQL データベースであり、標準の SQL クエリを使用することができません。

[答] B

問 6

　ある会社は、数十万人の顧客が利用するアプリケーションを運営しています。社内のレポート担当者は、アプリケーションのデータベースに対して月次で大規模なレポート作成を実行する必要があります。レポート作成の際は複雑な読み込み専用クエリが発行され、データベースの RDS インスタンスの応答が著しく遅くなり、アプリケーションのパフォーマンスが低下することが判明しています。アプリケーションのパフォーマンス低下を回避しつつレポートを作成するには、どのような対応が必要ですか。（1つ選択してください）

A. RDS インスタンスのストレージを拡張する。

B. RDS インスタンスのマルチ AZ 配置を有効にする。

C. リードレプリカを追加し、そのリードレプリカを使ってレポート作成を実施する。

D. リードレプリカを追加し、そのリードレプリカにアプリケーションを接続する。

解説

　読み込み専用のリードレプリカインスタンスを追加し、それを使ってレポートを作成することで負荷を分散させ、アプリケーションのパフォーマンス低下を避けることができます。したがって、C が正解です。

A. ストレージ容量を拡張してもピーク時の読み込み速度には影響しません。

B. マルチ AZ 配置ではスタンバイインスタンスが追加されますが、アクティブなのはプライマリインスタンスのみです。スタンバイインスタンスにクエリを投げることはできないので、パフォーマンスは変化しません。

D. リードレプリカにアプリケーションを接続した場合、アプリケーションによる DB への書き込みができません。

[答] C

問 7

あなたの部署では、オンプレミスで分析アプリケーションを運用しています。データベースには MySQL を採用しています。あなたは、アプリケーションを AWS に移行する計画を立てています。移行にかけられるコストと移行後の運用コストが限られているため、データベースの保守運用工数を下げること、および将来のユーザー数の増加を見越して特定のインスタンスクラスを選択せずに構築できることが要件となっています。これらの要件を満たす AWS サービスはどれですか。(1つ選択してください)

A. DynamoDB
B. RDS for MySQL
C. Aurora MySQL
D. Aurora Serverless for MySQL

解説

この設問のポイントは、将来のユーザー数増加に備えて柔軟にスケールするサービスを選択すること、および事前にインスタンスクラスを指定せずにインスタンスを起動できることです。

D の Aurora Serverless は、処理負荷に応じて自動的にインスタンスクラスをスケールアップまたはスケールダウンしてくれるサービスです。管理工数を下げることができ、事前にインスタンスクラスを選択せずに構築できます。したがって、D が正解です。

A. DynamoDB はリレーショナルデータベースではないため、オンプレミスの MySQL の移行先として適切ではありません。アプリケーションを改修すればデータモデルとしては可能になるかもしれませんが、「移行にかけられるコ

5.4 ワークロードに対するパフォーマンスが高いデータベースソリューションの選択

ストが限られている」という要件に合いません。

B、C. RDS と Aurora は MySQL（互換）のデータベースですが、事前にインスタンスクラスを設定する必要があるので要件に合いません。

［答］D

第 **6** 章

セキュアな
アプリケーションと
アーキテクチャの設計

　「セキュアなアプリケーションとアーキテクチャの設計」分野では、AWS リソースへのセキュアなアクセスの設計、セキュアなアプリケーション階層の設計、適切なデータセキュリティオプションの選択について、ベストプラクティスが問われます。

　本章では、AWS が提供するセキュリティ機能とツールを十分に理解し、AWS 上でセキュアなアプリケーションおよびアーキテクチャを設計する際のソリューションを選択する演習を行います。

第6章　セキュアなアプリケーションとアーキテクチャの設計

6.1 AWSリソースへの セキュアなアクセスの設計

問1

あなたは、AWS アカウントを新規作成しました。作成後、ルートユーザーに対して実施すべき正しい保護設定はどれですか。（1つ選択してください）

- **A.** ルートユーザーに多要素認証（MFA）を設定する。ルートユーザーのアクセスキーとシークレットキーを作成する。
- **B.** ルートユーザーに多要素認証（MFA）を設定する。ルートユーザーのアクセスキーとシークレットキーが存在する場合は削除する。必要な権限に絞ったIAM ユーザーを作成する。
- **C.** ルートユーザーのアクセスキーとシークレットキーを作成する。適切なパスワードポリシーを設定する。
- **D.** ルートユーザーを削除してログインを無効にする。必要な権限に絞った IAM ユーザーを作成する。

解説

ルートユーザーは、デフォルトではメールアドレスとパスワードのみで認証されます。セキュリティを強化するために多要素認証（MFA）で認証情報を追加できるようになっていますが、ルートユーザーのアクセスキーとシークレットキーの使用は、特別な理由がない限りセキュリティ上推奨されていません。最小権限の原則にもとづく IAM の使用が適切とされているため、B が正解です。

- **A.** ルートユーザーのキーを使用しているので不適切です。
- **C.** A と同様、ルートユーザーのキーを使用しているので不適切です。ルートユーザーのパスワードポリシーを変更することはできません。なお、IAM のパスワードポリシーについては文字数、要求文字列、有効期限等を設定できます。
- **D.** ルートユーザーを削除することはできません。

6.1 AWS リソースへのセキュアなアクセスの設計

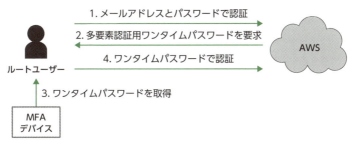

図 6.1-1　ルートユーザーの多要素認証

[答] B

問 2

あなたの会社では、VPC 内の EC2 から、S3 上の databucket に格納されたデータにインターネット経由でアクセスしています。通信経路のセキュリティを高めるために実施する方法として、正しいものはどれですか。（1 つ選択してください）

- **A.** S3 上のデータを暗号化する。
- **B.** Direct Connect 経由で S3 にアクセスする。
- **C.** VPC エンドポイント経由で S3 にアクセスする。
- **D.** databucket にアクセス可能なユーザーを限定する。

解説

ゲートウェイ VPC エンドポイントを作成し、接続先のサービスに S3 を選択することで、VPC 内の EC2 から AWS 内のネットワークを経由して S3 にアクセスすることが可能になります。その際、アクセスすることができるのは、ゲートウェイ VPC エンドポイントと同じリージョンにある S3 に限られます。したがって、C が正解です。

ゲートウェイ VPC エンドポイントでは、接続先のサービスに S3 と DynamoDB を選択することができます。

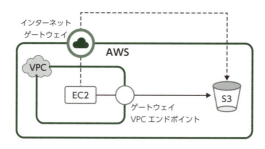

図 6.1-2　EC2 から S3 へのアクセス経路

- A、D. 通信経路のセキュリティを高める方法とはいえません。A はデータの内容を保護する方法であり、D はデータに対するアクセス制御の方法です。
- B. Direct Connect は拠点と AWS との間を専用ネットワークで接続する方法であり、EC2 と S3 間の通信のセキュリティを高めることはできません。

[答] C

問 3

あなたの会社は、セミナーの開催を検討しています。セミナーの資料を期間限定で参加者に配布しようと考えています。AWS ユーザーではない参加者が S3 上の資料をダウンロードできるようにするには、どうすればよいですか。(1つ選択してください)

- A. S3 上に配置したファイルに一時的に public-read を付与し、リンクを共有する。一定期間後、オブジェクトの ACL を private に戻す。
- B. S3 にアクセスするための IAM ユーザーを作成し、資料をダウンロードしてもらう。
- C. S3 上に配置したファイルの署名付き URL を生成して参加者に知らせる。
- D. バケットポリシーの Principal エレメントでユーザーを限定してアクセスを許可する。

6.1 AWS リソースへのセキュアなアクセスの設計

解説

　署名付き URL を作成し、オブジェクトにアクセスするための許可を期限付きで相手に付与することができます。署名付き URL を受け取った参加者は、期限内であればプライベートなオブジェクトにアクセスできるようになります。したがって、C が正解です。

A. オブジェクトに対して public-read を付与している間、すべてのユーザーがアクセス可能な状態となってしまいます。

B. セミナー参加者が一時的に S3 にアクセスする目的で IAM ユーザーを作成・削除する方法は、管理上の観点から適切な運用ではありません。

D. Principal エレメントで指定できるのは AWS の IAM ユーザー、アカウント、サービスです。参加者は AWS ユーザーではないので、この方法は不適切です。

[答] C

問 4

　あなたは、バケット内のすべてのオブジェクトに対して、他のアカウントの IAM ユーザーから読み書きできるようにしたいと考えています。どの設定を利用すればよいですか。（1つ選択してください）

A. バケット ACL

B. バケットポリシー

C. オブジェクト ACL

D. IAM ユーザーポリシー

解説

　他アカウントの IAM ユーザーを指定してアクセス許可を与えることができる設定は、バケットポリシーのみです。よって、B が正解です。

A、C. バケット ACL やオブジェクト ACL では、アクセス許可を与える対象者と

177

第 6 章　セキュアなアプリケーションとアーキテクチャの設計

して、AWS アカウント、もしくは事前定義済みの S3 グループのいずれかを選択できます。IAM ユーザーを指定することはできません。

D. 他アカウントの IAM ユーザーポリシーを自アカウント内で設定することはできません。

S3 へのアクセス制御方式の比較を表 6.1-1 に示します。

表 6.1-1　S3 へのアクセス制御方式の比較

アクセス制御方式 比較項目	IAM ユーザーポリシー	バケットポリシー	アクセスコントロールリスト（ACL）
制御対象リソース	・バケット ・オブジェクト	・バケット ・オブジェクト	・バケット（バケット ACL） ・オブジェクト（オブジェクト ACL）
権限付与先	・IAM ユーザー・ロール・グループ	・AWS アカウント ・IAM ユーザー・ロール ・AWS サービス ・匿名	・AWS アカウント ・事前定義済み S3 グループ ・匿名
制御方法	許可および拒否	許可および拒否	許可のみ

［答］B

問 5

チームリーダーは、S3 上に team-data-bucket を作成し、チームのメンバーが読み取り可能なように設定しようとしています。メンバーの IAM ユーザーとチーム用のグループを作成し、以下のバケットポリシーを設定しました。

```
{
    "Version":"2012-10-17",
    "Statement":{
        "Sid":"TeamBucketReadAccess",
        "Effect":"Allow",
        "Principal": {"AWS": "arn:aws:iam::AccountA-ID:user/Dave"},
        "Action":["s3:GetObject", "s3:GetObjectVersion"],
        "Resource":{"arn:aws:s3:::team-data-bucket/"},
    }
}
```

6.1 AWS リソースへのセキュアなアクセスの設計

追加で実施する必要があるものはどれですか。（複数選択してください）

A. Principal: 読み取り許可がユーザーDave のみのため、"＊" に修正する。

B. Principal: 読み取り許可がユーザーDave のみのため、チームメンバーの IAM ユーザーを追記する。ユーザーポリシーでのアクセス許可設定は不要である。

C. Principal: バケットポリシーから削除する。代わりにチームメンバーのグループに team-data-bucket へのアクセスを許可するポリシーを設定する。

D. Resource: "arn:aws:s3:::team-data-bucket/*" にポリシーを修正し、オブジェクトにもアクセスできるようにする。

E. アクセスコントロールリストの設定を行う。

解説

バケットポリシーでは、Principal を指定せずに、ユーザーポリシーに team-data-bucket へのアクセス許可をアタッチする制御も可能です。したがって、C が正解です。また、バケットポリシーで Resource にバケットのみが指定されていると、バケット内のオブジェクトへはアタセスできません。＜バケット名＞/* とすることで、オブジェクトへのアクセスを許可することができます。よって、D も正解です。

ここで設問のコードについて補足して説明します。s3:GetObject、s3:GetObjectVersion は、直接 URL を指定してオブジェクトにアクセスすることを許可する設定です。マネジメントコンソールを操作してオブジェクトにアクセスするためには、追加でバケットに対する s3:ListAllMyBuckets、s3:GetBucketLocation、および s3:ListBucket の許可が必要です。

A. バケットポリシーで Principal を "＊" とすると、匿名アクセスを許可してしまいます。

B. チームメンバー全員に対して読み取り可能とするためには、バケットポリシーだけではなく、ユーザーポリシーでも team-data-bucket にアクセス可能な設定がされている必要があります。

E. アクセスコントロールリストでは、IAM ユーザーを指定してアクセスを許可することができません。

［答］C、D

第6章　セキュアなアプリケーションとアーキテクチャの設計

| 問6 |

　VPC 上の Web サーバーに、インターネット上の Windows10 クライアントか
らのリクエストがあります。セキュリティグループおよびカスタムネットワーク
ACL に以下の設定を追加しましたが、アクセスしても Web サーバーからの応答
がありません。どのような設定を追加する必要がありますか。(1つ選択してくだ
さい)

【セキュリティグループ】
インバウンドルール

プロトコルのタイプ	ポート番号	送信元 IP
TCP	80 (HTTP)	0.0.0.0/0

【ネットワーク ACL】
インバウンドルール

番号	タイプ	プロトコル	ポート範囲	送信元	許可 / 拒否
100	HTTP	TCP	80	0.0.0.0/0	許可

　A. セキュリティグループのアウトバウンドルールに、すべてのポート番号の送
　　　信先 0.0.0.0/0 の通信を許可するルールを追加する。
　B. セキュリティグループのアウトバウンドルールに、ポート番号 49152〜
　　　65535 の送信先 0.0.0.0/0 の通信を許可するルールを追加する。
　C. ネットワーク ACL のアウトバウンドルールで、ルール番号がアスタリスク
　　　のデフォルトの拒否ルールを削除する。
　D. ネットワーク ACL のアウトバウンドルールで、ポート番号 49152〜
　　　65535、送信先 0.0.0.0/0 の通信を許可するルールを、ルール番号がアス
　　　タリスクのデフォルトの拒否ルールの上に追加する。

| 解説 |

　セキュリティグループおよびネットワーク ACL ともに、インターネットから
Web サーバーに対するインバウンドトラフィックは許可されています。ここでは
Web サーバーから Windows クライアントへの応答について、アウトバウンドルー
ルを設定する必要があります。具体的には、Windows 10 クライアントへの応答に利
用されるエフェメラルポートの範囲を指定して、アウトバウンドの許可ルールを追

180

6.1 AWS リソースへのセキュアなアクセスの設計

加します。ネットワーク ACL はステートレスであり、アウトバウンドトラフィック
を許可する設定が必要です。したがって、D が正解です。

A、B. セキュリティグループはステートフルであり、許可されたインバウンドト
ラフィックに対する応答についてアウトバウンドルールを設定する必要はあ
りません。
C. 前述のように、ネットワーク ACL はステートレスであり、アウトバウンドト
ラフィックを許可する設定が必要です。ただし、ルール番号がアスタリスク
のデフォルトルールを変更・削除することはできません。

[答] D

問 7

あなたの会社は VPC 内で複数の EC2 インスタンスを稼働させており、同じ用
途の EC2 インスタンス群に同一のセキュリティグループを設定しています。これ
らの EC2 インスタンスに対する接続要件を見直したところ、不要なアクセス許可
が付与されていることが判明し、セキュリティグループのインバウンドルールの
1 つを変更することになりました。セキュリティグループの変更内容が EC2 イン
スタンスに反映されるタイミングとして正しいのはどれですか。(1 つ選択してく
ださい)

A. ルール変更後、EC2 インスタンスを再起動したタイミングで反映される。
B. ルール変更後、関連付けるセキュリティグループの再設定を行ったタイミン
グで、対象の EC2 に反映される。
C. ルールを変更したタイミングで、セキュリティグループが関連付けられてい
るすべての EC2 に反映される。
D. ルール変更後、新しく作成しセキュリティグループを関連付けられた
EC2 にのみ反映される。

解説

セキュリティグループのルールを変更すると、セキュリティグループが関連付け

第 6 章　セキュアなアプリケーションとアーキテクチャの設計

られている EC2 インスタンスに変更内容が直ちに反映されます。したがって、C が
正解です。

　セキュリティグループのルール変更を行った後、インスタンスへの再設定やイン
スタンスの再起動、再作成は不要です。

[答] C

問 8

　あなたは、S3 へのアクセス権限を設定するための IAM ポリシーを作成していま
す。あなたの所属する会社のガイドラインに従い、以下のようにポリシーを作成
しました。このポリシーに関する説明として正しい内容はどれですか。（2 つ選択
してください）

```
{
  "Version": "2012-10-17",
  "Statement": [
    {
      "Sid": "VisualEditor0",
      "Effect": "Allow",
      "Action": "s3:ListAllMyBuckets",
      "Resource": "*",
      "Condition": {
        "ForAnyValue:IpAddress": {
          "aws:SourceIp": [
            "135.101.0.0/16"
          ]
        }
      }
    },
    {
      "Sid": "VisualEditor1",
      "Effect": "Allow",
      "Action": "s3:*",
      "Resource": [
        "arn:aws:s3:::saa-exam",
```

182

6.1 AWS リソースへのセキュアなアクセスの設計

```
        "arn:aws:s3:::saa-exam/*",
      ],
      "Condition": {
        "ForAnyValue:IpAddress": {
          "aws:SourceIp": [
            "135.101.0.0/16"
          ]
        }
      }
    },
    {
        "Sid": "VisualEditor2",
        "Effect": "Deny",
        "Action": "s3:Delete*",
        "Resource": "*"
    }
  ]
}
```

- **A.** ユーザーの端末のプライベート IP アドレスが 135.101.0.0/16 の範囲内であれば、すべての S3 バケットをリストすることができる。
- **B.** ユーザーの端末のグローバル IP アドレスが 135.101.0.0/16 の範囲内であれば、すべての S3 バケットをリストすることができる。
- **C.** ユーザーの端末のプライベート IP アドレスが 135.101.0.0/16 の範囲内であれば、saa-exam バケットにオブジェクトを保存することができる。
- **D.** ユーザーの端末のグローバル IP アドレスが 135.101.0.0/16 の範囲内であれば、saa-exam バケットにオブジェクトを保存することができる。
- **E.** ユーザーの端末のグローバル IP アドレスが 135.101.0.0/16 の範囲内であれば、saa-exam バケットに対してすべての操作が可能である。

解説

　このポリシーは、アクセス元のグローバル IP アドレスが 135.101.0.0/16 であるユーザーのみに、アカウント内のすべての S3 バケットのリスト操作を可能にします。また、saa-exam バケットに対して、削除以外の権限を割り当てているので、バケットにオブジェクトを保存することができます。

　IAM ポリシーは、記載順序に関係なく Deny ステートメントの評価が優先されま

す。IAMのポリシー評価の順序は図6.1-3のとおりです。まず初めに、すべてのポリシーを評価し、明示的なDenyステートメントの記載がある場合には拒否が優先されます。実行しようとしている操作に対するDenyステートメントの記載がない場合は、続いてAllowステートメントがあるか否かが評価され、ある場合には許可が決定します。そのため、設問のIAMポリシーでは、Deleteから始まるアクションに関して実行権限が割り当てられません。したがって、BとDが正解です。

- **A、C.** アクセス元のIPアドレスは、プライベートIPアドレスではなくグローバルIPアドレスで評価されるため不適切です。
- **E.** すべての操作が可能というわけではなく、削除に関する権限は割り当てられていません。

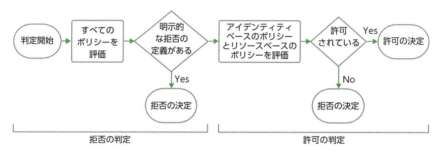

図6.1-3　ポリシーの評価論理

[答] B、D

問9

あなたの組織ではオンプレミスでActive Directory（AD）を使用しており、組織のメンバーがAWSマネジメントコンソールへアクセスする際にADの認証の仕組みを利用してログインしたいと考えています。

IDフェデレーションでの認証とロールベースのアクセス制御を行う場合、どのような組み合わせにより、メンバーはAWSコンソールにアクセスできますか。（2つ選択してください）

- **A.** AWS Managed Microsoft AD
- **B.** IAMアクセスキーとシークレットキー

C. IAM グループ

D. IAM ロール

E. Active Directory Connector

解説

　AWS では、オンプレミスの Active Directory を利用するためのサービスとして Active Directory Connector が用意されています。ID フェデレーション（外部サービスによる承認）を介して IAM ユーザーにアクセス権限を付与するためには、Active Directory Connector の他にオンプレミスの Active Directory と IAM ロールを利用します。IAM ロールを使用して、フェデレーションされたユーザーのアクセス許可を設定できます。したがって、D と E が正解です。

A. AWS Managed Microsoft AD は、AWS 上に AD を作成するサービスです。

B, C. IAM アクセスキーとシークレットキーや IAM グループは、フェデレーションされたユーザーへのアクセス許可には使用できません。

[答] D、E

問 10

　IAM ユーザーにアタッチできる管理ポリシーの制限について述べた記述のうち、正しいものはどれですか。（1つ選択してください）

A. すべての IAM ユーザーに対して、アタッチできる管理ポリシーについて制限はない。

B. ルートアカウントへアタッチできる管理ポリシーについて制限はない。

C. すべての IAM ユーザーに対して制限がある。

D. デフォルトではすべての IAM ユーザーに対して制限があるが、申請することにより制限なく管理ポリシーをアタッチできるようになる。

第 6 章　セキュアなアプリケーションとアーキテクチャの設計

解説

　AWS リソースにはそれぞれ制限事項があり、ユーザーガイドに説明が記載されています。

　IAM に関しても制限事項があり、AWS アカウントに登録できる IAM ユーザー数やユーザー名の文字数、IAM ユーザーがメンバーになれるグループ等について制限があります（リソースによっては、申請することでデフォルトの上限を引き上げることができます）。また、IAM ユーザーにアタッチできる管理ポリシーについても制限があり、本書執筆時点で最大 10 個とされています。なお、申請により、制限を最大 20 個までに引き上げることが可能です。したがって、C が正解です。

[答] C

問 11

　Lambda へは、IAM ロールを利用することで、他の AWS リソースへのアクセス権限を割り当てることができます。これは AWS のどの仕組みを利用していますか。（1 つ選択してください）

A. Amazon Cognito

B. AWS Directory Service

C. AWS Security Token Service

D. AWS Certificate Manager

解説

　AWS Security Token Service（AWS STS）を利用すれば、IAM ユーザーやリソース（この設問では Lambda）に対し、AWS リソースへのアクセスを一時的に許可することができます。したがって、C が正解です。この仕組みは、IAM ロールの他に、スイッチロールや ID フェデレーション、クロスアカウントアクセスなどでも使用されています。

　A. Amazon Cognito は、エンドユーザーによるサインインを実装するためのサービスです。

186

6.1 AWS リソースへのセキュアなアクセスの設計

B. AWS Directory Service により、ディレクトリ対応型ワークロードおよび AWS リソースが AWS 内のマネージド型 Active Directory（AD）を使用することができます。

D. AWS Certificate Manager は、Secure Sockets Layer/Transport Layer Security（SSL/TLS）証明書のプロビジョニング、管理、デプロイに用いられます。

[答] C

問 12

あなたは、新しくプロジェクトに参画したメンバーに対して AWS のアクセス権限を付与することになりました。メンバーはあなたの IAM ユーザーと同じ権限が必要です。AWS で推奨されている方法での設定として適切なものはどれですか。（1つ選択してください）

A. 同じ権限が必要なので、IAM ユーザー数を最小限に抑えるために IAM ユーザーを共有する。

B. 同じ権限が必要なので、あなたの IAM ユーザーで IAM アクセスキーとシークレットキーを発行し共有する。

C. 新しく IAM ユーザーを作成する。インラインポリシーを利用して、あなたと同じ権限をメンバーの IAM ユーザーに割り当てる。

D. 新しく IAM ユーザーを作成する。カスタマー管理ポリシーを利用して、あなたと同じ権限をメンバーの IAM ユーザーに割り当てる。

解説

AWS では、IAM でのセキュリティのベストプラクティスとして、次ページに示す事項に従うことが推奨されています。IAM のベストプラクティスを参考にアクセス権限を付与するためには、最小権限を設定した IAM ユーザーを作成し、メンバーへ提供します。また、設定されているすべての管理ポリシーを 1 か所で確認できるようにするために、インラインポリシーではなく、カスタマー管理ポリシーの使用が推奨されています。したがって、D が正解です。

第6章　セキュアなアプリケーションとアーキテクチャの設計

● IAM でのセキュリティのベストプラクティス[1]

- AWS アカウントのルートユーザーアクセスキーをロックする。
- 個々の IAM ユーザーを作成する。
- IAM ユーザーにアクセス許可を割り当てるためには、ユーザーグループを使用する。
- 最小限の特権を認める。
- AWS 管理ポリシーを使用したアクセス許可の使用開始。
- インラインポリシーではなくカスタマー管理ポリシーを使用する。
- アクセスレベルを使用して、IAM アクセス許可を確認する。
- ユーザーのために強度の高いパスワードポリシーを設定する。
- MFA の有効化。
- EC2 インスタンスで実行するアプリケーションに対し、ロールを使用する。
- ロールを使用してアクセス許可を委任する。
- アクセスキーを共有しない。
- 認証情報を定期的にローテーションする。
- 不要な認証情報の削除。
- 追加セキュリティに対するポリシー条件を使用する。
- AWS アカウントのアクティビティの監視。

A. IAM ユーザーの共有は推奨されていません。

B. アクセスキーの共有は推奨されていません。

C. インラインポリシーではなく、カスタマー管理ポリシーの利用が推奨されています。

[答] D

※ 1　https://docs.aws.amazon.com/ja_jp/IAM/latest/UserGuide/best-practices.html

6.1　AWS リソースへのセキュアなアクセスの設計

問 13

　EC2 インスタンスを起動しようとすると、下記のように、「この操作を実行する権限がありません」というエラーメッセージが表示されます。エラー原因を調査しようとしていますが、詳細情報はエンコードされていて、そのままでは読むことができません。エラー原因をデコードするためには何をする必要がありますか。(1つ選択してください)

```
Launch Failed - You are not authorized to perform this operation. Encoded
authorization failure message: 4qAjHEgLDzRhXBA5-abcdefg123456-abcdefg123456-
abcdefg123456
```

A. IAM ユーザーにデコード権限を付与し、再度同じエラーを発生させることでエンコードされていないメッセージを確認する。

B. AWS CLI の decode-authorization-message コマンドを利用してメッセージをデコードする。

C. IAM アクセスアドバイザーを使用して確認する。

D. AWS Trusted Advisor を使用して確認する。

解説

　ユーザーが AWS マネジメントコンソール上で権限のないリソースの作成や変更を行おうとした場合、コンソール上には、エンコードされたエラー原因に関するメッセージが表示されます。これをデコードするためには、AWS CLI の decode-authorization-message コマンドを利用します。したがって、B が正解です。なお、このコマンドの実行には、sts:DecodeAuthorizationMessage 権限が必要になります。

A. 画面上で直接デコードされたメッセージが表示されることはありません。

C. IAM アクセスアドバイザーは、IAM のリソース (IAM ユーザー、IAM ロール、IAM グループ) が各サービスを最後に利用した日時の情報を提供します。この機能は、権限ポリシーを適切に調整するために用いられます。

D. AWS Trusted Advisor は、AWS 内のインフラストラクチャをモニタリングし、リソース最適化のためのガイドを提供するオンラインツールです。

[答] B

第 6 章　セキュアなアプリケーションとアーキテクチャの設計

問 14

　ある会社は、事業の急速な拡大に備えて、AWS に複数のアカウントを作成しました。各アカウントは、アカウントごとにルートアクセス権を持つシステム管理者によって管理されます。企業のセキュリティポリシーとして、すべてのアカウントに対して許可されたサービス以外は利用できないようにする必要があります。

　これらの要件を最小限の複雑さで実装する適切なソリューションはどれですか。（1 つ選択してください）

- **A.** IAM ユーザー管理用の AWS アカウントを作成し、IAM ユーザーを同アカウントで集中的に管理する。同アカウントで利用可能な操作を定義した IAM ポリシーを作成し、IAM ロールにアタッチする。IAM ユーザーは IAM ロールにスイッチし、操作を行う。
- **B.** AWS Organizations に Organization Unit(OU) を作成し、すべての AWS アカウントを OU に所属させる。許可されないサービスを明示的に利用不可にするサービスコントロールポリシーを作成し、OU に適用する。
- **C.** AWS Organizations に Organization Unit(OU) を作成し、すべての AWS アカウントを OU に所属させる。許可されたサービスを明示的に許可するサービスコントロールポリシーを作成し、OU に適用する。
- **D.** AWS Organizations に Organization Unit(OU) を作成し、すべての AWS アカウントを OU に所属させる。IAM ポリシーを作成し、必要な許可を各 AWS アカウントに設定する。

解説

　SCP（サービスコントロールポリシー）により、アカウントレベルでサービスの利用の可否を制御できます。SCP には、許可されたサービスのみを利用可能にするホワイトリスト形式、許可されたサービス以外を利用不可にするブラックリスト形式のいずれも設定が可能です。

　この設問では、許可されたサービス以外は利用できないようにするという要件があります。ブラックリスト形式では、新規に AWS サービスを追加する際に登録漏れが生じ、許可されていないサービスが利用できてしまう可能性があるため、最小限の複雑さで実装するにはホワイトリスト形式のほうが適しています。したがって、C が正解です。

190

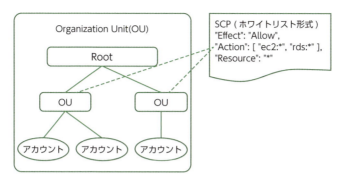

図 6.1-4 　OU と SCP の構成例

A. IAM ロールごとにサービス単位で利用制御を行うことができますが、「最小限の複雑さで実装する」という要件に照らすと、SCP に劣ります。

B. SCP を用いたブラックリスト形式の方法です。前述のように、この方法はホワイトリスト形式による方法に劣ります。

D. AWS アカウントに IAM ポリシーを設定することはできません。

[答] C

第6章　セキュアなアプリケーションとアーキテクチャの設計

6.2 セキュアなアプリケーション階層の設計

問1

あなたは、ALB と EC2 で構成した Web サービスを展開しています。現在、AWS WAF が有効です。Web サービスへのアクセスを最も簡単に日本国内のみに制限する方法はどれですか。（1つ選択してください）

A. セキュリティグループで日本国内の GeoIP を許可する。

B. ネットワーク ACL で日本国外の GeoIP をすべて拒否する。

C. AWS WAF の Web ACL で日本国外の GeoIP をすべて拒否する。

D. CloudFront の地理的ディストリビューション機能を有効にしてホワイトリストに日本を追加する。

解説

AWS WAF の Web ACL 機能により、国単位のアクセス制限を行うことができます。具体的には、リクエスト元の GeoIP でアクセス元の地域（国）を特定して、その地域（国）からのアクセスを許可または拒否するフィルタリングルールを作成できます。したがって、C が正解です。

A、B. セキュリティグループとネットワーク ACL には、国単位のアクセス制限機能はありません。

D. CloudFront の地理的ディストリビューション機能を有効にするためには、ALB の前段に CloudFront を配置する必要があります。よって、「最も簡単に」という要件に合いません。

[答] C

192

6.2 セキュアなアプリケーション階層の設計

問 2

あなたは、外部に公開する Web サービスを構築する予定です。SQL インジェクションやクロスサイトスクリプティング等のセキュリティ脅威から Web サービスを保護するために AWS WAF の利用を検討しています。AWS WAF に対応している AWS サービスはどれですか。（2つ選択してください）

A. Amazon API Gateway

B. Transit Gateway

C. Lambda

D. EKS

E. CloudFront

F. Security Group

解説

AWS WAF は、本書執筆時点において下記サービスに対応しています。

- CloudFront
- Amazon API Gateway
- ALB
- AppSync GraphQL API

したがって、選択肢のうち、A（Amazon API Gateway）と E（CloudFront）が正解です。

Amazon API Gateway は、API の公開から保守運用までを一貫的に行うことができるフルマネージド型のサービスです。AWS WAF により、公開した API を脅威から保護することができます。

CloudFront は、画像、動画、アプリケーション等のデータを高速に配信するコンテンツデリバリーネットワーク（CDN）を使用したサービスです。AWS WAF により、配信しているコンテンツを脅威から保護することができます。

[答] A、E

193

第6章　セキュアなアプリケーションとアーキテクチャの設計

問3

あなたは、LAMP で構成した Web アプリケーションを公開しています。ロードバランサーは ALB を使用しています。最近、セキュリティ監査部門からセキュリティ強化の依頼があり、Web アプリケーションの脆弱性を突く攻撃や SQL インジェクションの脅威から保護する方法を検討しています。構成を変えずに最も簡単に実装できる方法はどれですか。(1つ選択してください)

A. AWS Shield Advanced を有効にする。

B. AWS Managed Rules for AWS WAF を有効にする。

C. Amazon Inspector を有効にする。

D. AWS Security Hub を有効にする。

解説

AWS Managed Rules for AWS WAF は、事前定義されたルールを使用して脅威から保護することができるサービスです。構成上、ALB を使用しているため、AWS WAF の利用をすぐに開始できます。

設問の LAMP 環境に対応したマネージドルールを選択することで、Linux 固有の脆弱性を突く攻撃や、SQL インジェクション等の SQL に関連する脅威から、アプリケーションを保護することができます。したがって、B が正解です。

A. AWS Shield Advanced は、高度な DDoS 保護とサポートを提供するサービスです。Web アプリケーションの脆弱性を突く攻撃や SQL インジェクションの脅威からの保護については未対応です。

C. Amazon Inspector は、EC2 内の脆弱性チェックを行うサービスです。

D. AWS Security Hub は、AWS サービスのセキュリティアラートを一元管理するサービスです。

[答] B

6.2　セキュアなアプリケーション階層の設計

問4

　あなたは、ELB、EC2、RDS から成る Web システムを設計しています。インターネットからアクセスされる ELB をパブリックサブネット、EC2 と RDS をプライベートサブネットに配置しようとしています。

　システム管理者は、インターネットから EC2 にログインし、管理しようとしています。また、EC2 上のソフトウェアアップデートのためにインターネットに接続する必要があります。対応策として不適切なものはどれですか。（1つ選択してください）

A. パブリックサブネットに NAT ゲートウェイを作成し、EC2 は NAT 経由でインターネットにアクセスしてソフトウェアアップデートを行う。

B. EC2 をパブリックネットワークに移動する。セキュリティグループを設定することで EC2 を保護する。

C. Client VPN エンドポイントを作成し、プライベートサブネットと関連付ける。Client VPN 経由で EC2 インスタンスに接続し管理を行う。

D. 管理者は AWS Systems Manager Session Manager 経由で EC2 にログインする。

解説

　パブリックサブネットには必要なものだけを配置すべきです。プライベートサブネットに配置すべきインスタンスをシステム管理者のアクセスを目的としてパブリックサブネットに移動することは不適切な対応です。したがって、B が正解です。

A. NAT インスタンスを作成することで、プライベートサブネット上の EC2 インスタンスが必要に応じてインターネットにアクセスできるようになります。よって、適切な対応です。

C. Client VPN 経由で接続することで、システム管理者はインターネットからプライベートサブネット内の EC2 に接続できます。よって、適切な対応です。

D. Session Manager を使用すると、パブリックサブネットのインバウンドポートを開いたり、踏み台サーバーを作成したりすることなく、EC2 インスタンスを管理することができます。よって、適切な対応です。

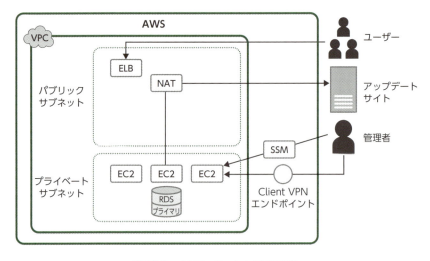

図 6.2-1　インターネットとの接続要件

[答] B

問 5

あなたは 3 層アーキテクチャのシステムを設計しており、サーバーには EC2、データベースには Amazon RDS for PostgreSQL の利用を予定しています。EC2 から RDS へアクセスしますが、セキュリティ面を考慮して EC2 がデータベースの認証情報を持つことは避けたいと考えています。あなたは、ソリューションアーキテクトとしてどのような方法で実装しますか。（1つ選択してください）

A. DB パラメータグループに、アクセスを許可する EC2 インスタンスを設定する。
B. IAM データベース認証を有効にし、データベース認証トークンを使用するデータベースユーザーアカウントを作成する。
C. RDS へのアクセス権限を付与した IAM ロールを EC2 へアタッチする。
D. KMS を利用して RDS の認証情報を動的に取得する。

6.2 セキュアなアプリケーション階層の設計

解説

　IAM データベース認証では、IAM ロール認証情報と認証トークンを使用して RDS のデータベースインスタンスに接続できます。データベースのユーザー認証情報を保存する必要がないため、ネイティブ認証方法よりも安全に接続することが可能です。したがって、B が正解です。

A. DB パラメータグループを利用してデータベースエンジンのパラメータを設定できます。DB パラメータグループは、データベースエンジン固有の設定を行うためのものであり、認証には用いられません。

C. IAM ロールは、RDS のリソース操作のための権限を与えることができますが、データベース内のデータにアクセスするための認証情報を設定できません。

D. AWS Key Management Service（KMS）は、暗号鍵を保管し、データの暗号化や復号を行うための API を提供します。

[答] B

問 6

　あなたは、モバイルアプリケーションの設計を行うことになりました。ユーザー情報の管理には DynamoDB を利用する予定です。モバイルアプリケーションのユーザー数の増加に耐えられるよう、DynamoDB とは DynamoDB SDK を利用してサーバーを介さず直接通信するように設計します。モバイルアプリケーションに、DynamoDB へのアクセス権限を最もコスト効率よく安全に与えられる方法はどれですか。（1つ選択してください）

A. モバイルアプリケーション用に 1 つの IAM ユーザーを作成し、IAM アクセスキーとシークレットキーを埋め込む。

B. DynamoDB にアクセスできる IAM ロールを作成し、モバイルアプリケーションに付与する。

C. アプリケーションから Google、Amazon、Facebook などの ID プロバイダーを使用してサインインし、一時的な認証トークンを取得する。認証トー

（選択肢は次ページに続きます。）

197

第 6 章　セキュアなアプリケーションとアーキテクチャの設計

クンを、DynamoDB へのアクセス権限を持つ IAM ロールとマッピングする。

D. Cognito での認証後にアクセス可能な API を、Lambda で公開する。モバイルからのすべての呼び出しを EC2 インスタンス経由でルーティングする。

解説

　ベストプラクティスでは、モバイルアプリケーションに AWS リソースへのアクセス権限を与える方法として、Web ID フェデレーションを用いて取得した一時的な認証トークンを使用することが推奨されます。Web ID フェデレーションには、サードパーティの ID プロバイダー（Login with Amazon、Facebook、Google、OpenID Connect（OIDC）2.0 互換の任意のプロバイダーなど）を使用することができます。IAM ユーザーを作成して、アクセスキー ID とシークレットアクセスキーをアプリケーションに埋め込む方法は推奨されません。したがって、C が正解です。

A. セキュリティ認証情報をハードコーディングする必要がある IAM ユーザーの使用は推奨されていません。

B. モバイルアプリケーションにロールを直接付与することはできません。

D. Lambda を使用して不要な呼び出しをリダイレクトすることになります。

[答] C

問 7

　ある企業では、Lambda を利用したサーバーレスのシステムを構築しています。このシステムは、サードパーティ API をインターネット経由でアクセスする必要があります。サードパーティのシステムはクラウド上に構築されており、IP アドレスが変更される可能性があるため、DNS でドメイン名から IP アドレスを取得する必要があります。また、セキュリティ要件として、Lambda はインターネットからのアクセスを受信してはならず、インターネット向けの通信は、許可されたドメイン以外をブロックする必要があります。

　これらの要件を満たす最適なソリューションはどれですか。（1 つ選択してください）

A. Lambda を VPC のパブリックサブネットに配置する。セキュリティグループに、サードパーティの IP アドレスへのアウトバウンド通信を許可するルールを追加する。セキュリティグループをインターネットゲートウェイにアタッチする。

B. Lambda を VPC のプライベートサブネットに配置する。パブリックサブネットに NAT ゲートウェイを配置する。セキュリティグループにサードパーティの IP アドレスへのアウトバウンド通信を許可するルールを追加し、NAT ゲートウェイにアタッチする。

C. Lambda を VPC のプライベートサブネットに配置する。パブリックサブネットに NAT ゲートウェイを配置する。VPC にネットワークファイアウォールを作成し、許可されたドメインのみ通信可能にするファイアウォールポリシーを作成する。ネットワークファイアウォールサブネットを配置し、インターネット向け通信はネットワークファイアウォールサブネットを経由させるようにルートテーブルを構成する。

D. Lambda を VPC のプライベートサブネットに配置する。パブリックサブネットに NAT ゲートウェイを配置する。パブリックサブネットのネットワーク ACL に、サードパーティの IP アドレスへのアウトバウンド通信を許可するルールを追加する。

解説

この設問では、許可されたドメイン以外の通信をブロックする方法が問われています。VPC のネットワークファイアウォールを利用し、許可されたドメイン以外の通信をブロックすることが可能です。セキュリティグループやネットワーク ACL は IP アドレスでの通信制御は可能ですが、ドメインでの通信制御はできません。したがって、ネットワークファイアウォールを利用する C が正解です。

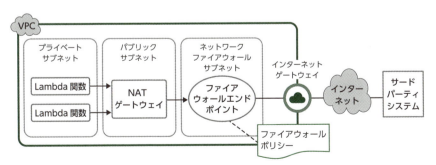

図 6.2-2　ネットワークファイアウォールを利用した通信制御構成

第6章　セキュアなアプリケーションとアーキテクチャの設計

A. Lambda がパブリックサブネットに配置されており、また、セキュリティグループではドメインでの通信制御ができないため、不適切です。

B. セキュリティグループではドメインでの通信制御ができないため不適切です。

D. ネットワーク ACL ではドメインでの通信制御ができないため不適切です。

[答] C

問8

　ある企業は、顧客にレストランの割引情報を提供する Web サイトを運営しています。Web サイトは EC2 上で稼働し、S3 バケットに写真やメニューなどの画像データを保存します。同社のソリューションアーキテクトは、EC2 から S3 への通信セキュリティを向上させるために VPC エンドポイントを利用することを決定しました。セキュリティルールに準拠するには、新しい VPC エンドポイントからの通信は、特定の S3 バケットとの通信のみに限定する必要があります。また、S3 バケットでは、この VPC エンドポイントからの読み取り／書き込み操作のみを許可する必要があります。

　セキュリティ要件を満たすオプションはどれですか。（2つ選択してください）

A. VPC エンドポイントポリシーを利用し、特定の S3 バケットへの通信のみを許可する。

B. EC2 のセキュリティグループを変更し、EC2 からの外部通信先を VPC エンドポイントに制限する。

C. S3 バケットポリシーを利用し、EC2 の IP アドレスの場合のみ操作を許可する。

D. S3 バケットポリシーを利用し、アクセス元が VPC エンドポイントの場合のみ操作を許可する。

E. S3 バケットポリシーを利用し、EC2 がデプロイされた VPC がアクセス元の場合のみ操作を許可する。

6.2 セキュアなアプリケーション階層の設計

解説

VPC エンドポイントからのアクセス先を制限するためには、VPC エンドポイントポリシーを利用します。この設問では、VPC エンドポイントポリシーを利用して特定の S3 バケットへの通信を許可している A が正解です。

もう 1 つのオプションとして、S3 のバケットポリシーを利用してアクセス元を制限することができます。すなわちバケットポリシーを利用して特定の VPC、もしくは VPC エンドポイントからのアクセスに制限することができるので、D も正解です。

B. セキュリティグループでは、S3 の VPC エンドポイントへの通信を制御することはできますが、S3 の特定バケットへの通信のみを許可することはできません。

C. アクセス元を VPC エンドポイントに限定していないため不適切です。

E. 特定の VPC がアクセス元の場合のみ許可していますが、アクセス元を VPC エンドポイントに限定していないため不適切です。

[答] A、D

問 9

大手 SaaS プロバイダーは、オンプレミス製品の 1 つを AWS に移行し、顧客の AWS 上のシステムから利用可能にすることを検討中です。

この製品の重要な要件の 1 つは、製品と顧客のシステム間の通信がプライベートであることです。同社の運用チームはすでに VPC を構成しています。製品の移行を継続するための最良の解決策はどれですか。(1 つ選択してください)

A. カスタマーゲートウェイを構築し、顧客の VPC との通信をプライベートにする。

B. VPC エンドポイントサービス (AWS Private Link) を構築する。顧客の VPC にインターフェイス VPC エンドポイントを作成し、VPC 間の通信をプライベートにする。

C. NAT ゲートウェイを設置し、通信を NAT ゲートウェイ経由にすることでプライベートな通信を行う。

(選択肢は次ページに続きます。)

201

D. 顧客のVPCとVPCピアリングで接続し、VPC間の通信をプライベートにする。

解説

ここでは、異なるアカウントのVPC間の通信をプライベートに構成することが問われています。この設問のユースケースでは、インターフェイス型のVPCエンドポイントサービス（AWS Private Link）を構成するのが一般的であるため、Bが正解です。

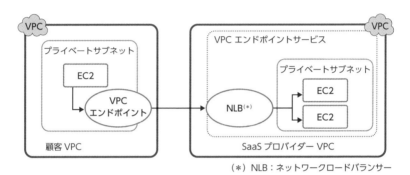

図6.2-3　VPCエンドポイントを利用したアカウント間通信の構成

A. カスタマーゲートウェイはVPN接続を構成するために用いられますが、VPC間接続では用いられません。
C. NATゲートウェイは、一般的にVPCから外部（インターネット）向けの通信の構成に利用されます。
D. VPCピアリングでもプライベートな通信を構成できますが、ピアリング数に上限があり、大手SaaSプロバイダーの選択肢としては不適切です。

[答] B

6.2 セキュアなアプリケーション階層の設計

問 10

CloudFront のオリジンに S3 バケットを指定しています。S3 バケットへのアクセスを CloudFront 経由のみに制限する方法はどれですか。（1つ選択してください）

A. オリジンアクセスアイデンティティ（OAI）を作成してディストリビューションに関連付ける。S3 バケットポリシーでオブジェクトへのアクセス許可をOAI に付与する。

B. セキュリティグループを作成してディストリビューションに関連付ける。セキュリティグループでオブジェクトへのアクセス許可を付与する。

C. CloudFront 署名付き URL を作成する。ユーザーは、CloudFront 署名付きURL 経由でオブジェクトにアクセスする。

D. S3 署名付き URL を作成する。ユーザーは、S3 署名付き URL 経由でオブジェクトにアクセスする。

解説

S3 バケットへのアクセスを CloudFront 経由のみに制限するには、オリジンアクセスアイデンティティ（OAI）機能を使用します。ディストリビューション設定時に、S3 オブジェクトに対する OAI アクセス権限を S3 オリジンのバケットポリシーに設定することで、S3 バケットへのオリジンアクセスを制限できます。したがって、Aが正解です。

B. セキュリティグループで S3 へのオリジンアクセスを制限することはできません。

C, D. 署名付き URL は、特定のプライベートコンテンツアクセスを提供する方法です。S3 へのオリジンアクセスを制限する方法ではありません。

[答] A

第 6 章　セキュアなアプリケーションとアーキテクチャの設計

6.3 適切なデータセキュリティオプションの選択

問 1

あなたの会社は、アカウント内で暗号化されていないアタッチ済みの EBS がある場合、それを簡単に把握する仕組みの実装を検討しています。最も簡単かつ短時間で実装できる方法はどれですか。（1つ選択してください）

A. CloudTrail のログを調査する。

B. AWS Config ルールのマネージドルールを使用して調査する。

C. 暗号化されていない EBS を調査する仕組みを Lambda で作成する。

D. KMS のマネジメントコンソールから調査する。

解説

AWS Config ルールを使用すると、AWS が定義したマネージドルールまたはユーザーが独自に定義するカスタムルールをもとに、リソースの設定内容を評価することができます。また、AWS が定義したマネージドルールを使用することで、ユーザーは少ない労力でリソースの設定評価を開始できます。さらに、encrypted-volumes というルールを用いて、アタッチ済み EBS の暗号化の有無を把握することができます。したがって、B が正解です。

A. CloudTrail の API 操作ログから EBS 暗号化の有無を調査することは可能ですが、調査方法の検討が必要になるため、最も簡単かつ短時間で実装できる方法とはいえません。

C. Lambda も調査のロジックを作成する必要があるので、A と同様、最も簡単かつ短時間で実装できる方法とはいえません。

D. KMS には EBS 暗号化の有無を調査する機能はありません。

［答］B

6.3 適切なデータセキュリティオプションの選択

問 2

　あなたは、RDS を使用したアプリケーションを設計しています。企業のデータ保護要件にデータベースの暗号化が定められています。データ保護要件を満たす設定として正しいものはどれですか。（1つ選択してください）

A. RDS インスタンスを作成する。DB インスタンスの起動後に「暗号化を有効化」オプションを選択して DB インスタンスを再起動する。

B. RDS インスタンス作成時に「暗号化を有効化」オプションを選択して DB インスタンスを作成する。

C. RDS インスタンスを作成する。DB インスタンスの起動後に DB インスタンスを停止する。「暗号化を有効化」オプションを選択して DB インスタンスを起動する。

D. RDS インスタンスを暗号化することはできない。EBS を暗号化した EC2 インスタンスにデータベースをインストールする。

解説

　RDS インスタンスの暗号化機能を有効化することで、DB インスタンスのディスク、ログ、バックアップ、スナップショットを暗号化することができます。「暗号化を有効化」オプションは、DB インスタンス作成時にのみ選択可能です。したがって、B が正解です。

A、C. DB インスタンス作成後に「暗号化を有効化」オプションを選択することはできません。

D. RDS インスタンスを暗号化することは可能です。EC2 インスタンスを使用する必要はありません。

[答] B

205

第 6 章　セキュアなアプリケーションとアーキテクチャの設計

問 3

　ある企業は、セキュリティ監査対応のため、CloudFront ディストリビューションへのアクセス情報の保存を求められています。監査の要件として、日時、アクセス元 IP、リクエスト URL 等を含んだすべてのリクエスト情報を最低 1 年以上保存する必要があります。目的を達成する方法として適切なサービスまたは機能はどれですか。（1 つ選択してください）

- **A.** CloudWatch メトリクス
- **B.** CloudTrail
- **C.** CloudFront アクセスログ
- **D.** CloudFront コンソールレポート

解説

　CloudFront ディストリビューションのリクエストを含む詳細情報をアクセスログとして、S3 バケットに保存することが可能です。その際、日時、アクセス元 IP、リクエスト URL 等のログ形式を指定することができます。また、S3 バケットの設定でログの保存期間を指定できるようになっており、1 年以上の保存も可能です。したがって、C が正解です。

- **A、B.** CloudWatch メトリクスや CloudTrail では、監査要件の情報を保存することはできません。
- **D.** CloudFront コンソールレポートは、アクセスログをもとにリクエストレポートを作成する機能です。この機能では、作成済みのレポートから個別のアクセスの詳細を確認することはできないので、監査の要件を満たしません。

［答］C

206

6.3 適切なデータセキュリティオプションの選択

問 4

あなたは現在、アプリケーションを開発しています。そのアプリケーションは、メール送信機能のためにサードパーティのサービスを利用しています。そのサービスではメール送信実行のために API キーを要求されます。あなたは、この API キーをアプリケーションに埋め込まず、AWS のベストプラクティスに沿って安全に管理したいと考えています。どのサービスを利用するのが適切ですか。(1つ選択してください)

A. AWS KMS

B. AWS Secrets Manager

C. AWS Security Hub

D. AWS Global Accelerator

解説

AWS Secrets Manager は、アプリケーション、サービス、および IT リソースへのアクセスに必要なシークレット情報の保持に用いられます。このサービスを利用することで、開発者はソースコードやコンフィグファイルにシークレット情報を直接埋め込むのではなく、Secrets Manager API を呼び出してシークレット情報を取得できるようになります。これは、ソースコードを閲覧できる人がシークレット情報を取得し悪用することを防ぐのに役立ちます。したがって、B が正解です。

A. AWS Key Management Service (KMS) は、暗号鍵を保管し、データの暗号化や復号を行うための API を提供するサービスです。

C. AWS Security Hub は、セキュリティアラートおよびセキュリティ状況を確認するためのサービスです。

D. AWS Global Accelerator は、ELB や EC2 などのエンドポイントの前段に配置することで、エンドポイントへのレイテンシーを低く抑えるためのサービスです。

[答] B

207

問 5

ある企業が機密情報を含むデータを S3 に保存することを計画しています。データは保存時、伝送時ともに暗号化されている必要があり、暗号鍵は定期的にローテーションする必要があります。暗号化対象のデータサイズは平均 40KB です。これらの要件を満たす最適なソリューションはどれですか。（1つ選択してください）

- A. S3 が管理するデータキーでデータを暗号化し、S3 へ送信する。
- B. KMS に保存されているカスタマーマスターキー（CMK）からデータキーを取得し、そのデータキーでデータを暗号化し、S3 へ送信する。
- C. KMS に保存されている CMK でデータを暗号化し、S3 へ送信する。
- D. アプリケーションで管理するデータキーでデータを暗号化し、送信する。

解説

ここでは、「伝送時に暗号化されている」という要件があるので、データを暗号化してから伝送する必要があります。この設問のユースケースでは、KMS で管理される CMK からデータキーを生成し、そのデータキーで暗号化することが一般的なので、B が正解です。

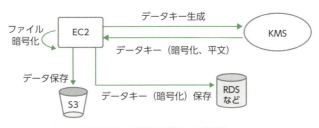

図 6.3-1　CMK を利用した暗号化

- A. AWS が管理する S3 暗号鍵は、データ保存時の暗号化に利用できますが、この鍵を用いて任意のデータを暗号化することはできません。
- C. API や SDK を利用し、KMS に保存された CMK で暗号化を行うことも可能ですが、暗号化が可能なデータサイズの上限が 4KB なので設問の要件を満たしません。

6.3　適切なデータセキュリティオプションの選択

D. アプリケーションでデータを暗号化することで、伝送・保存時の暗号化要件は満たせます。しかし、鍵の自動ローテーション機能がサポートされているKMS を利用する手法のほうが、より最適なソリューションです。

[答] B

問6

　ある企業では、暗号鍵をオンプレミスで作成しており、カスタマーマスターキー（CMK）として KMS にインポートして利用しています。企業のセキュリティ基準では、すべての暗号鍵を毎年ローテーションする必要があります。この基準を実装するための最適な対応はどれですか。（1つ選択してください）

A. 新しい CMK を作成し、そこに新しい暗号鍵をインポートして、キーエイリアスが新しい CMK を指すようにする。

B. 新しい暗号鍵を既存の CMK にインポートし、CMK を手動でローテーションする。

C. Lambda 関数を作成し、新しく CMK を作成し、既存の CMK を削除することで、毎年ローテーションを行う。

D. CMK の自動キーローテーションを毎年有効にする。

解説

　KMS にインポートされた CMK は、KMS の暗号鍵自動ローテーション機能を利用できません。そのため、新しい CMK を作成して、そこにキーをインポートします。そして、キーエイリアスが参照するキーID を変更して、新しい CMK を指すようにすることでローテーションを実現します。したがって、A が正解です。

B. 既存の CMK に新しいキーをインポートすることはできません。

C. Lambda 関数を構成し、CMK を新規作成／削除することでローテーション自体は可能ですが、アプリケーションで CMK のキーID を直接参照している場合には、アプリケーションの変更が必要になります。よって、A のキーエイリアスを用いた方法と比較して最適とはいえません。

209

第6章　セキュアなアプリケーションとアーキテクチャの設計

D. KMS にインポートされた CMK は、KMS の暗号鍵自動ローテーション機能を利用できません。

[答] A

第 **7** 章

コスト最適化
アーキテクチャの設計

　「コスト最適化アーキテクチャの設計」分野では、AWS で利用するさまざまなサービスについて、コスト効率に優れたアーキテクチャの設計や料金モデルの選択、適切なコスト管理の方法などのベストプラクティスが問われます。

　本章では、ストレージやデータベース、ネットワークなどのアーキテクチャ設計の観点から、ビジネスの費用対効果を最大化するための最適なソリューション・設計手法に関する演習を行います。

第 7 章　コスト最適化アーキテクチャの設計

7.1 コスト効率が高いストレージソリューションの識別

問 1

あなたのチームでは、夜間ファイル処理のためのバッチを実行しようとしています。ファイルのサイズと数は毎日変わり、7 日間保存してその後は削除されます。この 7 日間はすぐログにアクセスできる必要があります。最もコスト効率が高いソリューションはどれですか。（1つ選択してください）

A. S3 Glacier

B. S3 Standard

C. S3 Intelligent-Tiering

D. S3 One Zone-Infrequent Access (S3 One Zone-IA)

解説

表 7.1-1 に示すように、S3 にはさまざまなストレージクラスがあり、利用用途や料金が各クラスで異なっています（表 7.1-1 の内容は、2021 年 5 月 10 日現在の情報にもとづいています）。

表 7.1-1　S3 のストレージクラス

ストレージクラス	説明	可用性SLA(%)	取り出し時間	取り出し料金	最小ストレージ期間[1]	ストレージ保管料金
Standard	デフォルトのストレージクラス	99.9%	ミリ秒	なし	なし	0.023 USD/GB[2]
Standard-IA (低頻度アクセス)	アクセス頻度は低いが、すぐにアクセスする必要があるオブジェクトに適している	99%	ミリ秒	あり	30 日	0.0125 USD/GB

※ 1　S3 Standard 以外のストレージクラスでは、料金に関する最小ストレージ期間が設定されています。たとえば、S3 Standard-IA、S3 One Zone-IA、S3 Intelligent-Tiering の場合は、最小ストレージ期間である「30 日」が経過する前にオブジェクトが削除されても、その 30 日の残りのストレージ料金が日割りで請求されます。

212

7.1 コスト効率が高いストレージソリューションの識別

ストレージクラス	説明	可用性SLA(%)	取り出し時間	取り出し料金	最小ストレージ期間[※1]	ストレージ保管料金
One Zone-IA (1 ゾーン低頻度アクセス)	1つのAZにのみオブジェクトを保管するクラス。Standard-IAの要件に加えて、重要性が低いオブジェクトに適している	99%	ミリ秒	あり	30 日	0.01 USD/GB
Intelligent-Tiering	オブジェクトのアクセス頻度を自動的に判断して、最適なクラスに配置するクラス。通常料金に加えてモニタリング料金がかかる	99%	ミリ秒	なし	30 日	設定されるストレージクラスの料金となる
Glacier	アクセス頻度が低く、長期的なアーカイブやバックアップに適しているクラス。アクセスに時間が必要	99.9%	迅速：1〜5 分 標準：3〜5 時間 大容量：5〜12 時間	あり	90 日	0.004 USD/GB
Glacier Deep Archive	Glacierよりもアクセス頻度が低いオブジェクトに適したクラス。料金が一番安いが、アクセスに最大2日かかる場合がある	99.9%	標準：12 時間以内 大容量：48 時間以内	あり	180 日	0.00099 USD/GB

　一見、取り出し時間が短く、ストレージクラスによって料金が柔軟に適用される「C．S3 Intelligent-Tiering」が正解のように思えますが、最小ストレージ期間に注目してください。この最小ストレージ期間が30日となっているので、保管期間が30日未満のファイルに対しても30日間の料金が請求されてしまいます。今回はファイルを7日間保存した後、そのファイルを削除するので、最小ストレージ期間がないS3 Standardが最適であり、Bが正解となります。

A. 7日間はログファイルにすぐにアクセスする必要があるので、ファイルアクセスに時間がかかるS3 Glacierは適していません。

※2　S3は利用量によって料金が異なる場合があり、この表のS3 Standardについては、最初の50TB/月の料金です。

第 7 章　コスト最適化アーキテクチャの設計

C, D. 今回は 7 日経てばファイルを削除するので、最小ストレージ期間が 30 日
である S3 Intelligent-Tiering や S3 One Zone-Infrequent Access はコストが
高くなってしまいます。

[答] B

問 2

　あなたの会社は、データ管理の運用負担とコストを軽減するために、ワークロー
ドのバックアップをテープ管理からクラウドに移行しようとしています。ワーク
ロードの 1 日のデータ量は 30TB で、バックアップにほとんどアクセスすること
はなく、アクセスが必要なときは 3 日前に通知されます。テープ管理からクラウ
ドに移行する方法で、最もコスト効率が高いソリューションはどれですか。(1 つ
選択してください)

A. バックアップデータを S3 にコピーし、30 日後に S3 Glacier に移動するラ
イフサイクルポリシーを作成する。

B. Snowball Edge を使用して、物理デバイスからバックアップデータを直接
S3 Glacier Deep Archive に入れる。

C. Storage Gateway を使用して、S3 Glacier Deep Archive にバックアッ
プデータを配置する。

D. Storage Gateway を使用して、S3 にバックアップデータを配置し、30 日
後に S3 Glacier へ移動するライフサイクルポリシーを作成する。

解説

　Storage Gateway は、オンプレミスのバックアップ環境と AWS のストレージサー
ビスを低レイテンシーでつなぎ、バックアップデータを AWS 上に置くことができ
るハイブリッドストレージサービスです。現状のオンプレミス環境を残しつつ、管
理の容易性、高い堅牢性、格納容量無制限など、クラウド環境のメリットが得られ
ます。さらに、Storage Gateway はファイルゲートウェイ、ボリュームゲートウェ
イ、テープゲートウェイといった 3 つのタイプに分かれていて、オンプレミスでの
バックアップの形態に柔軟に対応しています。

7.1　コスト効率が高いストレージソリューションの識別

　また、S3 Glacier Deep Archive は、長期保管用のデータアーカイブを目的とした S3 のストレージクラスです。ファイルの取り出しに最大 48 時間かかりますが、S3 のストレージクラスの中で最もコストが安いです。設問には、アクセスが必要なときは 3 日前に通知すると書かれており、ファイルの取り出しに 48 時間かかっても問題ないので、コスト効率の観点から S3 Glacier Deep Archive が適切です。したがって、C が正解です。

A. S3 にオンプレミスファイルを直接置くためには、Storage Gateway や Snowball などのサービスを利用する必要があります。

B. Snowball Edge もオンプレミスのデータを AWS 上に置くことができるサービスの 1 つです。しかし、物理デバイスからデータを AWS のデータセンターまで配送させて当該データを S3 にアップロードする方式であるため、オンプレミスで生成される日々のデータを継続的に AWS にバックアップする必要がある今回の要件に合いません。

D. Storage Gateway に保存するのは正しいですが、設問のケースではバックアップデータにほとんどアクセスしないため、S3 や S3 Glacier にバックアップデータを配置するよりも S3 Glacier Deep Archive に配置するほうが、コスト効率は高いです。

[答] C

問3

　ある会社が、データ分析のための高性能の分散データベースシステムを AWS 上に開発しようとしています。このシステムは 1 秒間に数百万件の処理ができる必要があり、データが保存されるデータベースには強い整合性が求められます。すべてのインスタンスにデータを複製するので、一部のインスタンスが壊れてもデータの損失はありません。最もコスト効率が高い AWS サービスはどれですか。(1つ選択してください)

A. S3

B. EBS

(選択肢は次ページに続きます。)

215

第 7 章　コスト最適化アーキテクチャの設計

C. CloudWatch
D. EC2 インスタンスストア

解説

　EC2 インスタンスストアは、ブロックレベルの一時ストレージです。インスタンスに物理的につながっているディスク上にあるので、揮発性ではありますが、読み書きのパフォーマンスは非常に高いです。利用料金は、インスタンスの利用料金に含まれます。また、利用可否や容量はインスタンスタイプによって異なります。

　この設問の場合、「1 秒間に数百万件の処理が必要」、「データが保存されるデータベースには強い整合性が必要」となっており、高い性能のストレージが求められています。選択肢の中で EC2 インスタンスストアは、性能面およびコスト面（別途利用料金がかからないため）で適切なサービスといえます。なお、インスタンスを停止または終了するとデータも消えますが、データは複製されたものなので問題ありません。したがって、D が正解です。

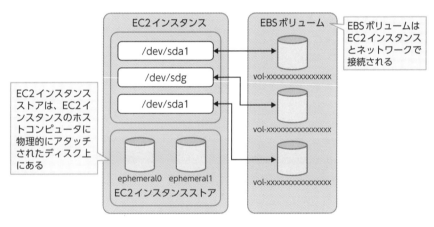

図 7.1-1　EC2 インスタンスストアと EBS の違い

A. S3 はオブジェクトストレージサービスであり、データベースのデータの保管先として適切ではありません。
B. EBS の場合、EC2 インスタンスとはネットワークを経由して接続されるため、読み書き性能は EC2 インスタンスストアに比べて劣ります。また、別途ストレージの料金を支払う必要があります。

C. CloudWatch は、AWS リソースとアプリケーションのモニタリングサービスです。

[答] D

問 4

あなたは、EC2 インスタンスのログを保管する場所を検討しています。コンプライアンス上の理由からログは無期限に保存する必要があり、データサイエンスチームは SageMaker を利用して定期的にログを分析しています。最もコスト効率が高いデータストレージサービスはどれですか。（1つ選択してください）

A. EFS
B. EBS
C. FSx
D. S3

解説

この設問では、「ログを無期限に保存する」、「SageMaker を利用してログを分析している」がシステムの要件になっています。選択肢の中では、S3 が容量制限なしにデータを保存することができ、また、SageMaker のデータ保存先として利用できるので、今回の要件に適しているといえます。したがって、D が正解です。

D 以外の選択肢のサービスもファイルを保存できるストレージ関連サービスですが、S3 と比べて運用コストが高い、容量に制限がある（最初に容量を指定する必要がある）、SageMaker のデータ保存先として利用できない、という点で適切な選択肢とはいえません。

A. C. EFS および FSx は容量に対する料金が S3 よりも高いため、コスト面で不利です。

B. EBS は容量に対する料金が S3 よりも高く、作成時に容量を指定し、制限に達したときは拡張作業が必要になるので、適切なソリューションとはいえません。

[答] D

第 7 章　コスト最適化アーキテクチャの設計

問 5

　あなたの会社は、セキュリティが確保された場所に設置されている監視カメラの映像を S3 に保存しています。この映像は、保存後 14 日間はすぐアクセスできる必要がありますが、その後はインシデントがあった場合のみアクセスされます。インシデント時は 8 時間以内に映像を確認できる必要があります。

　これらの要件を満たす最もコスト効率が高いデータストレージソリューションはどれですか。（1つ選択してください）

A. 14 日後にオブジェクトを S3 Intelligent-Tiering に移行するライフサイクルルールを設定する。

B. 14 日後にオブジェクトを S3 Glacier に移行するライフサイクルルールを設定する。

C. 14 日後にオブジェクトを S3 Glacier Deep Archive に移行するライフサイクルルールを設定する。

D. 14 日後にオブジェクトを削除するライフサイクルルールを設定する。

解説

　ライフサイクルルールは、S3 のバケットに保存しているオブジェクトを一定期間後に別のストレージクラスに移行または削除することで、コスト効率を高めることができる機能です。この設問では「14 日間はすぐアクセスできる」ことと、「14 日以降は 8 時間以内にアクセスできる」ことがシステムの要件になっています。S3 Glacier は、他のストレージクラスに比べて安い料金で利用でき、標準オプションで 3〜5 時間以内にファイルにアクセスできるので、14 日後の移行先として適しています。したがって、B が正解です。

A. システムの要件で映像へのアクセスパターンが明確になっているので、追加のモニタリング料金が必要な S3 Intelligent-Tiering はコスト効率が高いとはいえません。

C. S3 Glacier Deep Archive へ保管したオブジェクトへのアクセスは、最も早いオプション（標準）でも 12 時間以内となっているため、「8 時間以内」という設問の要件を満たせません。

D. 14 日経過した後もインシデント時には映像にアクセスできる必要があります。

218

7.1 コスト効率が高いストレージソリューションの識別

よって、削除では要件を満たせません。

[答] B

問6

あなたの会社は、オンプレミスの社内 Linux ファイル共有サーバーを AWS 上に移行しようとしています。今は小規模のシステムですが、会社の成長にともなって社員の人数が増え、規模も大きくなることが予想されます。また、社内システムが稼働している複数の EC2 インスタンスからファイルサーバー内のファイルに対して読み書きしますが、高い性能は求めていません。ファイルサーバーの管理にあまり手間をかける必要がなく、かつコスト効率が高いソリューションはどれですか。（1つ選択してください）

A. FSx for Windows File Server

B. EFS

C. EBS

D. S3

解説

AWS のファイルストレージサービスには、表 7.1-2 のようなものがあります。

表 7.1-2 AWS のファイルストレージサービス

サービス	説明
Elastic File System (EFS)	フルマネージド型のスケーリングやコストの面で優れた NFS(Network File System) ファイルストレージサービス。複数の EC2 からアクセスできる共有ファイルシステムを簡単に構築できる。NFS は Unix/Linux 環境でファイルを共有するためのプロトコルであり、Windows の EC2 インスタンスはサポートしていない。
FSx for Windows File Server	Windows Server 上に構築されるフルマネージド型の Windows 用のファイルストレージサービス。
FSx for Lustre	高性能分散ファイルシステムである Lustre を搭載したフルマネージド型サービス。数ミリ秒未満の低レイテンシーや数百万の IOPS の性能を持ち、機械学習やビッグデータ分析、高性能コンピューティングシステムでの利用に向いている。

219

第 7 章　コスト最適化アーキテクチャの設計

「Linux のファイル共有サーバー」、「複数の EC2 から読み書きする」、「高い性能は不要」という設問の要件を踏まえて最も適切なサービスを選択肢から選ぶと、B が正解になります。

A. FSx for Windows File Server は Windows ネイティブなファイルサーバーサービスなので、Linux 環境では利用できません。

C. EBS の場合、1 つの EC2 インスタンスにのみ接続するので設問の要件を満たせません[3]。

D. S3 はオブジェクトストレージサービスであり、今回のケースではファイルストレージのほうが要件に適しています。

[答] B

問 7

ある会社が、EC2 インスタンス上で社内システムを運用しています。このシステムはログ保管の用途で利用されるため、利用頻度は低く、ディスクの I/O パフォーマンスも高い水準を要しません。現在、システムには EBS 汎用 SSD (gp2) を利用していますが、新しくボリュームを追加する必要があり、最高財務責任者 (CFO) はコスト効率が高いストレージオプションを推奨するようにソリューションアーキテクトに依頼しました。

ソリューションアーキテクトは、どのオプションを推奨する必要がありますか。(1つ選択してください)

A. EBS コールド HDD (sc1)

B. EBS 汎用 SSD (gp2)

C. EBS スループット最適化 HDD (st1)

D. EBS プロビジョンド IOPS SSD (io1)

※ 3　2020 年 2 月に EBS Multi-Attach が発表され、EBS を複数インスタンスにアタッチできるようになりました。しかし、本書執筆時点において EBS Multi-Attach を利用できるのは、プロビジョンド IOPS SSD (io1、io2) や一部のリージョンに限られているので、しばらくの間は「1 つのインスタンスに 1 つの EBS」と捉えておけばよいでしょう。今後、新たなアップデートや試験内容の改定にともない、EBS Multi-Attach の内容が試験で問われたり選択肢として扱われる可能性があるので、覚えておくとよいと思います。

220

7.1 コスト効率が高いストレージソリューションの識別

> **解説**

　EBS は、SSD ベースと HDD ベースのタイプに大きく分けることができ、それぞれ表 7.1-3、表 7.1-4 に掲げたようなタイプおよび特徴があります（これらの表の内容は、2021 年 5 月 10 日現在の情報にもとづいています）。

表 7.1-3　EBS（SSD ベース）のタイプおよび特徴

	SSD ベース			
タイプ	汎用 SSD （General Purpose SSD）		プロビジョンド IOPS SSD[4] （Provisioned IOPS SSD）	
	gp2	gp3[5]	io1	io2[5]
説明	デフォルトボリュームタイプ。料金とパフォーマンスのバランスが取れた汎用ボリューム	料金とパフォーマンスのバランスが取れた最小コストの汎用ボリューム	高い IOPS 性能を要求するワークロードに最適化されているタイプ	高い IOPS 性能と耐久性を要求するワークロードに最適化されているタイプ
耐久性	99.8%〜99.9%		99.8%〜99.9%	99.999%
ボリュームサイズ	1GiB - 16TiB		4GiB - 16TiB	
最大 IOPS/ボリューム	16,000		64,000	
料金（1 か月）	0.10 USD/GB	0.08 USD/GB IOPS 性能によって追加料金あり	0.125 USD/GB IOPS 性能によって追加料金あり	
ユースケース	・開発・検証環境 ・小・中規模のデータベース ・仮想デスクトップ		・大規模なデータベース ・汎用 SSD よりも高い I/O 性能が必要なワークロード	

---

[4]　プロビジョンド IOPS SSD のタイプには、2020 年 12 月に発表された io2 Block Express もあります。io2 Block Express は、新しい EBS Block Express アーキテクチャを採用し、io2 タイプと比べて性能が大幅に向上しています。現在プレビュー中のタイプであるため、利用には申込みが必要です。また、本書執筆時点において試験の範囲には含まれていません。

[5]　io2 と gp3 は、それぞれ 2020 年 8 月、2020 年 12 月に発表された新しいタイプであり、本書執筆時点において試験の範囲には含まれていません。

第 7 章　コスト最適化アーキテクチャの設計

表 7.1-4　EBS（HDD ベース）のタイプおよび特徴

HDD ベース[6]		
タイプ	スループット最適化 HDD（Throughput Optimized HDD(st1)）	コールド HDD（Cold HDD(sc1)）
説明	アクセス頻度が高く、シーケンシャルアクセスに最適化されているタイプ	1 日のアクセス頻度が低いワークロード向けの、料金が最も安いタイプ
耐久性	99.8%〜99.9%	
ボリュームサイズ	125GiB - 16TiB	
最大 IOPS/ ボリューム	500	250
料金（1 か月）	0.045 USD/GB	0.015 USD/GB
ユースケース	・ビッグデータ ・データウェアハウス ・ログの分析	・ログの保管 ・アーカイブ

　表 7.1-3 と表 7.1-4 から、最大 IOPS/ ボリュームが高い順では io1、gp2、st1、sc1 であり、1 か月の料金が安い順では逆に sc1、st1、gp2、io1 になることがわかります。

　設問のシステムはログの保管を目的としており、高い性能は求められていません。したがって、各種タイプの中で最も料金が安い EBS コールド HDD（sc1）が最適であり、A が正解です。

[答] A

問 8

　あなたは、ある大手会社のソリューションアーキテクトで、レガシーワークロードを AWS 上に移行するプロジェクトに参加しています。ワークロードファイルは EC2 を通して頻繁にアクセスされますが、アクセスの頻度は段々低くなります。このワークロードファイルの保管について最もコスト効率に優れたソリューションはどれですか。（1つ選択してください）

A. Storage Gateway のボリュームゲートウェイを使用してデータを保存し、低頻度のデータを S3 に移行する。

B. EFS を使用してデータを保存し、ライフサイクル管理を有効にする。

---

[6]　HDD ベースの EBS は起動ボリュームとして利用できません。

7.1 コスト効率が高いストレージソリューションの識別

C. EBS を使用してデータを保存する。

D. S3 を使用してデータを保存し、低頻度のデータを S3 Standard-Infrequent Access（S3 Standard-IA）に移動できるようにライフサイクルルールを設定する。

解説

S3 にはデータのアクセス頻度のパターンによってさまざまなクラスがあり、適切なクラスを選択することで、高いコスト効率でファイルオブジェクトを保管することができます（P.212 の表 7.1-1 参照）。今回の設問では、ファイルへのアクセス頻度は段々低くなるので、D が正解です。

A. Storage Gateway は、オンプレミス環境のバックアップデータを AWS 上に置くことができるサービスです。今回はワークロードも AWS 上に移す予定なので、Storage Gateway の利用は不要です。

B. EFS は、共有ファイルサーバーサービスです。D と比べると、長期間のファイル保管時のコスト効率が高いとはいえません。

C. EBS は、EC2 とともに利用するブロックストレージサービスです。D と比べると、長期間のファイル保管時のコスト効率が高いとはいえません。

[答] D

第7章 コスト最適化アーキテクチャの設計

7.2 コスト効率が高いコンピューティングおよびデータベースサービスの識別

問1

あなたは、EC2上でビッグデータ分析のワークロードを実行しています。ワークロードの処理時間は変動的ですが、毎晩実行され、翌日の営業開始までに必ず完了する必要があります。あなたは、ソリューションアーキテクトとしてコスト効率の高い設計を求められています。どのインスタンスを利用するのが最適ですか。(1つ選択してください)

A. スポットフリート
B. スポットインスタンス
C. リザーブドインスタンス
D. オンデマンドインスタンス

解説

夜間にしか実行されていないワークロードなので、EC2の購入オプションのうちスポットインスタンスが、コスト効率が高くなります（P.83の表3.4-1参照）。

スポットインスタンスは、スポット価格が高騰したり、AWSクラウド内のインスタンスが枯渇すると、強制的にターミネートされます。スポットブロックやスポットフリートとの組み合わせにより、このようなインスタンス中断に備えることができます。

● スポットブロック
スポットインスタンスのリクエスト時に、1～6時間の範囲で使用予定期間を指定することができます。指定した時間内はスポット価格が高騰してもターミネートされず、料金は落札時のスポットブロック価格が維持されます。

● スポットフリート (EC2フリート)
フリート全体でターゲット容量（インスタンス数またはCPU数）を満たすよう

224

7.2 コスト効率が高いコンピューティングおよびデータベースサービスの識別

なスポットインスタンスを起動します。「ターゲット容量の維持」を有効にすることで、スポットインスタンスが中断されても、ターゲット容量のスポットインスタンス数を維持するようにインスタンスを自動的に補充します。フリートには、オンデマンドインスタンスを含めることも可能です。

表 7.2-1　スポットインスタンスのオプション

オプション	リクエスト単位	容量変更	スポット価格高騰時の挙動
スポットインスタンス	インスタンス	不可	ターミネートされる
スポットブロック	インスタンス	不可	リクエスト時に指定した期間中はターミネートされない
スポットフリート	インスタンスまたは vCPU	可	「ターゲット容量の維持」を有効にすると、インスタンス数が維持されるように自動的にインスタンスが補充される

　問題文に書かれている要件から、分析を「翌日の営業開始までに必ず完了する」必要があるため、処理の完了に最低限必要な EC2 の起動数を維持しながらコスト最適化を実現できる「スポットフリート」が最も適切なオプションです。したがって、A が正解です。

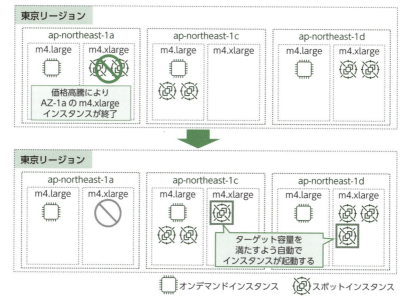

図 7.2-1　スポットフリートの挙動

第7章　コスト最適化アーキテクチャの設計

B. シンプルなスポットインスタンスの場合、スポット価格の高騰などの影響を受けて、ビッグデータ分析に必要な最低限のインスタンスを確保できず、翌日の営業開始までに処理が完了しないおそれがあります。

C. リザーブドインスタンスは、常時稼働するようなワークロードに最適な購入オプションです。今回の設問の場合、分析処理は夜間にしか実行されないため、日中には不要なリソースの分まで利用料が発生してしまいます。

D. オンデマンドインスタンスは、通常料金での購入オプションなので、コスト効率化の観点から最適な選択肢とはいえません。

[答] A

問2

あなたの会社では毎月、月末にレポートを作成するため、バージニアリージョンに20インスタンスを起動しています。レポートを作成するための処理は5日間かかり、途中で中断することはできません。あなたは、このレポート作成に必要なインスタンスにかかる費用を削減するようにいわれています。どの料金モデルを選択しますか。（1つ選択してください）

A. スポットブロックインスタンス
B. リザーブドインスタンス
C. スケジュールされたリザーブドインスタンス
D. オンデマンドインスタンス

解説

スケジュールされたリザーブドインスタンスは、1年間にわたり毎日、毎週、または毎月の指定された開始時刻および期間で繰り返し起動するようなワークロード向けのオプションです。通常のリザーブドインスタンスでは、1年間または3年間、24時間365日利用することを前提に利用料の大幅な割引（最大72%割引）があります。一方、スケジュールされたリザーブドインスタンスでは、一定のスケジュールで繰り返し利用することを前提に5～10%の割引を受けられます。バージニア、オレゴン、アイルランドのリージョンで利用可能です。したがって、Cが正解です。

226

7.2 コスト効率が高いコンピューティングおよびデータベースサービスの識別

A. この設問の要件として、処理には5日間かかり、途中で中断することができません。しかし、スポットブロックで保証される起動時間は最大6時間なので、処理の中断が発生する可能性があります。

B. シンプルなリザーブドインスタンスの場合、月末のレポート作成期間以外についても利用料が発生してしまいます。

D. オンデマンドインスタンスは、通常料金での購入オプションです。よって、コスト効率化の観点から最適な選択肢とはいえません。

[答] C

問3

EC2上で、Eコマースのアプリケーションが稼働しています。アプリケーションは静的コンテンツを含み、最低10インスタンス、ピーク時は250インスタンスが起動します。リソースの使用状況を確認したところ、9割の時間帯で50インスタンス以上が起動していました。可用性を保ちながらコストを最小にするには、どうすればよいですか。（1つ選択してください）

A. リザーブドインスタンスを50インスタンス購入し、残りをスポットインスタンスで稼働させる。

B. オンデマンドインスタンスを50インスタンス起動し、残りをスポットインスタンスで稼働させる。

C. 常時スポットインスタンスでアプリケーションを稼働させる。

D. リザーブドインスタンスを250インスタンス購入する。

解説

キャパシティ予測のしやすいワークロードにおいては、RI（リザーブドインスタンス）による大幅な割引価格でEC2を利用できます。RIではキャパシティも予約されているので、インスタンスを確実に利用できます。一方、スポットインスタンスの場合、RIよりもさらに低いコストで利用することができますが、スポット価格が高騰して入札価格を上回ったり、AWSクラウド内のスポットインスタンスが枯渇すると、強制的にインスタンスが停止される、あるいはインスタンスの起動に失敗する

227

可能性があります。

これらの特徴を踏まえると、通常時のトラフィックに必要な50インスタンスにはRI、一時的なトラフィックに必要な残りのインスタンスにはスポットインスタンスを使うことで、可用性を保ちながらコストを削減することが可能です。したがって、Aが正解です。

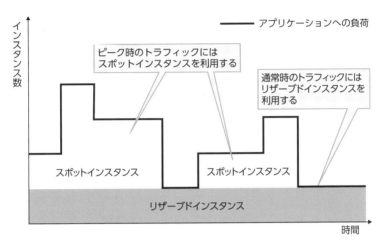

図7.2-2　購入オプションの組み合わせ

B. 9割の時間帯で50インスタンス以上が起動しているので、50インスタンス分は、オンデマンドインスタンスではなくリザーブドインスタンスを活用することでコスト削減が可能です。

C. スポットインスタンスのみでアプリケーションを稼働させると、スポット価格の高騰などによりインスタンスが停止するおそれがあり、アプリケーションの可用性が低下します。

D. ピーク時のトラフィックに合わせてリザーブドインスタンスを購入すると、通常時には不要なリソースの分まで利用料が発生してしまいます。

[答] A

7.2 コスト効率が高いコンピューティングおよびデータベースサービスの識別

問4

ソリューションアーキテクトのあなたは、Amazon API Gateway 経由でリクエストを受け付ける新しい API を設計しています。API へのリクエスト数はかなり変動的で、1 回もリクエストがない時間が数時間続くこともあります。データの処理は非同期で行います。最も低コストで要件を満たすには、API をどの AWS サービスで実装すべきですか。（1つ選択してください）

A. Glue job

B. EKS on Amazon EC2

C. Lambda function

D. ECS on Amazon EC2

解説

Amazon API Gateway 配下で稼働させるコンピューティングサービスについて、Lambda とコンテナのどちらが適しているかを選択する問題です。コンテナについては、オーケストレーションサービスとして ECS と EKS が提供されており、その稼働環境（EC2 あるいは Fargate）によって特徴が異なります。

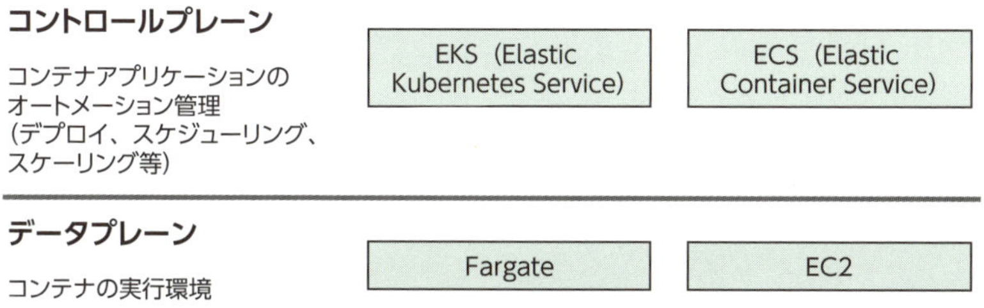

コントロールプレーン

コンテナアプリケーションのオートメーション管理（デプロイ、スケジューリング、スケーリング等）

EKS（Elastic Kubernetes Service）	ECS（Elastic Container Service）

データプレーン

コンテナの実行環境

Fargate	EC2

図 7.2-3　AWS のコンテナ関連サービス

229

第 7 章　コスト最適化アーキテクチャの設計

表 7.2-2　コンテナ (on EC2/on Fargate) および Lambda の特徴

稼働環境	特徴
ECS/EKS on EC2	・EC2 上で稼働するコンテナオーケストレーション環境 ・トラフィックが予測できるワークロード向け ・EC2 の利用料にもとづく課金 ・常時起動のためコールドスタートを考慮しなくてよい ・GPU、Windows コンテナも活用できるなど柔軟性が高い
ECS/EKS on Fargate	・マネージドなコンテナオーケストレーション環境 ・vCPU とメモリリソースにもとづく課金 ・Lambda の制約であるタイムアウト値の上限 15 分よりも長い処理に対処できる ・Lambda の制約であるメモリ容量の上限 10GB よりも多くのメモリを必要とする処理に対処できる
Lambda	・サーバーレスアーキテクチャ ・イベント駆動、軽量なステートレスアプリケーション向け ・リクエスト数と実行時間にもとづく課金 ・最大稼働時間は 15 分 ・メモリ容量は 128MB〜10GB

　データ分析は非同期で行うため、稼働時間を短く抑えることができます。また、API へのリクエスト数はかなり変動的なので、リクエストが発生していない時間帯には利用料が発生せず、逆にリクエストが多い時間帯にはスケールして対応できるサービスが適しています。したがって、C が正解です。

A. Glue は、データの抽出、変換、ロードといった ETL 処理を行うサービスです。Glue job は、ETL ワークフローをオーケストレーションするための機能なので、データの処理には向いていますが、API を実装するためのサービスではありません。

B. 設問の事例はトラフィックが予測しにくいワークロードであり、EC2 上のコンテナで API を実装すると、リクエストが発生していない時間帯にも利用料が発生してしまいます。また、データ処理も非同期で行うため稼働時間が短いことが想定されます。よって、リソースを柔軟にスケールできる Lambda と比較すると、本設問の構成において EC2 はコスト最適化に適したサービスとはいえません。

D. B と同様の理由で、コスト最適化に適したサービスとはいえません。

[答] C

問5

あるアプリケーションが、ALB の背後に配置された EC2 インスタンス上で稼働しています。2つの AZ にまたがる Auto Scaling グループが設定されており、SLA を満たすには、最低4つのインスタンスが起動している必要があります。コストを抑えたまま、1つの AZ で障害が起きても SLA を遵守できるのはどの構成ですか。(1つ選択してください)

A. Auto Scaling グループの起動設定で小さなインスタンスサイズを指定する。
B. Auto Scaling グループを 2つの AZ で構成し、合計で 4つのサーバーを起動する。
C. Auto Scaling グループを 2つの AZ で構成し、合計で 8つのサーバーを起動する。
D. Auto Scaling グループを 3つの AZ で構成し、合計で 6つのサーバーを起動する。

解説

図 7.2-4 のように、1つの AZ で障害が発生した場合でも最低4つのインスタンスを起動させるためには、3つの AZ で合計6つのサーバーを起動する必要があります。したがって、D が正解です。

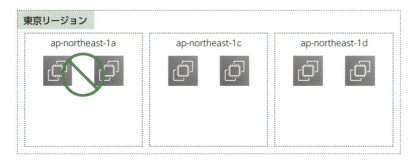

図 7.2-4　AZ 障害発生時のインスタンス稼働数

A. インスタンスサイズを下げることで、コストは削減できるかもしれませんが、SLA を遵守できるかについて言及されていないため、最適な選択肢ではありません。

第 7 章　コスト最適化アーキテクチャの設計

B. 2 つの AZ で 4 つのサーバーを起動している場合、1 つの AZ で障害が発生すると、起動しているサーバーが 2 つに減少します。SLA を満たすためには最低 4 つのインスタンスを起動する必要があるので、SLA を遵守できません。

C. 2 つの AZ で 8 つのサーバーを起動している場合、1 つの AZ で障害が発生しても 4 つのインスタンスを維持することができます。しかし、D に比べると平常時に起動しているインスタンスが 2 つ多くなり、その分コストが発生するので最適な選択肢ではありません。

[答] D

問 6

ある会社では、ALB の背後に配置された EC2 上で社内向けアプリケーションが稼働しています。複数の AZ にまたがる Auto Scaling グループが設定されており、日中は最大 10 インスタンスまで拡張されますが、夜間は 2 インスタンスに縮小します。業務開始後まもない時間帯に、アプリケーションの応答が遅いと従業員から連絡がありました。コストを最小限に抑えたまま、性能問題を改善する方法はどれですか。（1 つ選択してください）

A. ターゲット追跡スケーリングポリシーで、CPU 使用率のしきい値を下げ、インスタンスを増やす。

B. スケジュールにもとづくスケーリングポリシーで、desired キャパシティを設定し、業務開始前にインスタンスを増やす。

C. ステップスケーリングポリシーで、CPU 使用率のしきい値を下げ、インスタンスを増やす。

D. 手動スケーリングにより、業務開始に間に合わせてインスタンスを増やす。

解説

EC2 における Auto Scaling で EC2 インスタンス数を変更する方法は、大きく分けて手動スケーリング、スケジュールにもとづくスケーリング、動的スケーリングがあります（P.84 の表 3.4-2 参照）。

インスタンス数を増やすべき時間帯は業務時間帯であり、業務時間帯であればスケーリングのタイミングを予測できるので、スケジュールにもとづくスケーリング

7.2 コスト効率が高いコンピューティングおよびデータベースサービスの識別

ポリシーが適しています。業務開始時刻の直前にインスタンスを希望の数（desired キャパシティ）にスケールしておくことで、業務開始直後の時間帯における性能問題を改善することができます。したがって、B が正解です。

A. ターゲット追跡スケーリングポリシーで CPU 使用率のしきい値を下げると、アプリケーションの利用状況が少ない時間帯もインスタンスが増加するので、コストを最小限に抑えるという要件を満たしません。

C. ステップスケーリングポリシーで CPU 使用率のしきい値を下げると、A と同様に、アプリケーションの利用状況が少ない時間帯もインスタンスが増加するので、コストを最小限に抑えるという要件を満たしません。

D. 手動スケーリングでも性能問題は改善できますが、スケジュールにもとづくスケーリングポリシーを活用することで人手を介さず自動で対応できるので、B のほうがよりコストを小さくできます。

[答] B

問 7

S3 にアップロードされた画像ファイルを分析するアプリケーションが EC2 上で稼働しています。ファイルがアップロードされると、SQS を経由して非同期で分析処理が実行されます。アップロードされるファイル数が多い時間帯において、アップロードから分析完了までに時間がかかるため、顧客はこれを改善したいと思っています。最もコスト効率が高いアーキテクチャはどれですか。（1つ選択してください）

A. スケジュールにもとづくスケーリングポリシーで、定期的にインスタンス数を増やす。

B. アップロードされるファイルの最大数を見積もり、事前にインスタンスを起動しておく。

C. ファイルの分析時間を監視し、アラートを検知したら手動でインスタンスを追加する。

D. ターゲット追跡スケーリングポリシーで、SQS のキューの長さに応じてインスタンスを増やす。

第 7 章　コスト最適化アーキテクチャの設計

> **解説**

　ターゲット追跡スケーリングポリシーでは、指定したメトリクスを一定に保つように インスタンス数を増減することができます。設問では、ファイルのアップロード数が増えると、SQS キュー内のメッセージ数が増える仕様になっています。そのため、SQS キューの長さに応じてインスタンス数をスケールさせることにより、アップロードされるファイル数が増えたときにインスタンスを増やし、分析処理にかかる時間を短縮することができます。したがって、D が正解です。

A. ファイルのアップロード数が多い時間帯は特定されていないので、スケジュールにもとづくスケーリングポリシーでは、アップロード数に応じてインスタンス数を増減することは困難です。

B. アップロードされるファイルの最大数に合わせてインスタンスを起動しておくと、ファイルがアップロードされない時間帯でも、ピーク時に合わせたインスタンスの利用料が発生することになります。よって、コスト効率が高いとはいえません。

C. ファイルの分析時間がしきい値を超えた際に手動でインスタンスを追加する方法は、人手を介する分、対策までの時間がかかり効率がよくありません。D のほうが、よりコスト効率が高いアーキテクチャです。

[答] D

> **問 8**

　複数の EC2 インスタンス上で、ユーザーからデータを収集するアプリケーションを実行しています。データは、処理されると S3 に転送されて長期間保管されます。アプリケーションの構成レビューを行ったところ、長時間使われていない EC2 インスタンスがあることがわかりました。あなたはソリューションアーキテクトとして、稼働率を上げ、コストを削減するアーキテクチャを再設計する必要があります。これらの要件を満たす最適なソリューションはどれですか。（1 つ選択してください）

A. オンデマンドインスタンスで Auto Scaling グループを構成する。

B. オンデマンドインスタンスで Lightsail を使ってアプリケーションをビルド

7.2 コスト効率が高いコンピューティングおよびデータベースサービスの識別

する。
C. CloudWatch Events の cron ジョブを作成して、定期的に EC2 インスタンスを停止する。
D. SQS と Lambda を組み合わせてアプリケーションを再設計する。

解説

　EC2 を中心とした IaaS で構成されたアーキテクチャでは、開発者自身が設計・運用しなければならない責任範囲が広く、結果的にオンプレミスと比較してコスト効率が高まらないことがあります。一方、クラウドネイティブなアーキテクチャにすれば、マネージドサービスを活用して運用を任せるなど自動化できる範囲が広まり、システム全体でのコスト削減が可能になります。データ処理におけるクラウドネイティブなアーキテクチャパターンとしては、S3 にデータがアップロードされたイベントを検知して、SQS と Lambda を組み合わせてデータ加工を行う構成が代表的です。したがって、D が正解です。

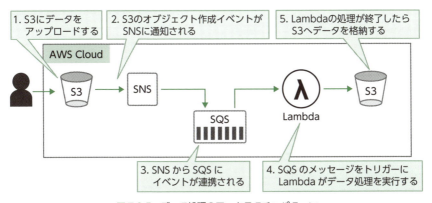

図 7.2-5　データ処理のアーキテクチャパターン

A. Auto Scaling グループを構成することで、ユーザーからのデータ量に合わせてインスタンス数を調整でき、コスト削減が可能です。しかし、D のアーキテクチャに比べると、データがアップロードされるまでの待ち時間でも最低数の EC2 を起動しておく必要があり、その分が無駄になります。
B. Lightsail は、事前に設定された OS のイメージを用いて、よく使われる Web アプリケーションが稼働する仮想マシンを簡単に作成できるサービスです。LAMP、Nginx、WordPress など多数のアプリケーションを選択することがで

第 7 章　コスト最適化アーキテクチャの設計

きます。Lightsail は、稼働率の向上やコスト削減のためのサービスではありません。

C. ユーザーの利用が少ない夜間などに定期的に EC2 を停止することで、コストの削減が可能です。しかし、D のアーキテクチャに比べると、データがアップロードされるまでの待ち時間に起動している EC2 のリソースが無駄になります。

[答] D

問 9

　あなたの会社では、EC2 上でアプリケーションを稼働しています。アプリケーションはユーザーと L4 プロトコルで通信する必要があり、現在は単一の AZ で構成されています。あなたはソリューションアーキテクトとして、最小限のコストでアプリケーションの可用性を高める設計をする必要があります。これを実現するために、何を行いますか。（2つ選択してください）

A. EC2 インスタンスを増やす。

B. EC2 インスタンスを減らす。

C. EC2 インスタンスの手前に NLB を設定する。

D. EC2 インスタンスの手前に ALB を設定する。

E. 複数の AZ にインスタンスを追加または削除するように Auto Scaling グループを構成する。

解説

　まず、可用性を高めるために、単一の AZ ではなく複数の AZ でアプリケーションを稼働させます。また、コストを最適化するため、アプリケーションへのトラフィックに応じて EC2 インスタンス数を調整できるよう Auto Scaling グループを構成します。ユーザーからのリクエストはロードバランサーを介して EC2 上のアプリケーションに分散します。なお、L4 プロトコルを利用できるのは NLB です。したがって、C と E が正解です。

7.2 コスト効率が高いコンピューティングおよびデータベースサービスの識別

A. EC2 インスタンスを増やしても、単一の AZ のままでは可用性は向上しません。

B. EC2 インスタンスを減らすとコストは下がりますが、可用性も低下します。

D. ALB は、OSI 参照モデルの 7 つのレイヤーのうち L7（アプリケーションレイヤー）で機能するロードバランサーです。L4 プロトコルで通信することはできません。

[答] C、E

第 7 章　コスト最適化アーキテクチャの設計

7.3　コスト最適化ネットワークアーキテクチャの設計

問 1

　あなたの会社では、S3 上に Web サイトの静的コンテンツを配置し、外部に公開しています。最近、トラフィックが増加し、インターネットに対するアウトバウンドが毎月数ペタバイト発生しています。コストを削減するためのソリューションとして適切なものはどれですか。（1つ選択してください）

　A. EC2 上に Web サイトを構築し、EBS に Web サイトのコンテンツを移行する。
　B. Web サイトを Amazon API Gateway と Lambda で再構築する。
　C. 既存の S3 をオリジンとした CloudFront を構成する。
　D. S3 Transfer Acceleration を利用して Web サイトの静的コンテンツを配信する。

解説

　Web サイトを構成する HTML や画像・動画など、クライアント（Web ブラウザ等）からのリクエストに対して常に同じファイルや中身を配信するコンテンツのことを、静的コンテンツといいます。

　S3 では、静的コンテンツを S3 上に配置し、Web サイトとして公開する機能が標準で提供されています。しかしながら、大量・大容量のリクエストがある Web サイト、たとえば動画配信サイトなどの場合は、S3 上からコンテンツを配信すると、一般的にコストが割高になります。

　このようなユースケースの場合は、S3 と CloudFront を組み合わせて静的コンテンツを配信します。CloudFront は、コンテンツを配信する CDN（Content Delivery Network）サービスであり、大容量のファイルをキャッシュしながら比較的低コストで利用できます。したがって、C が正解です。

　S3 上の静的コンテンツを CloudFront 経由で配信する場合の構成例を、図 7.3-1 に示します。

7.3 コスト最適化ネットワークアーキテクチャの設計

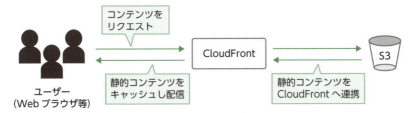

図7.3-1 CloudFrontとS3を組み合わせて静的コンテンツを配信するイメージ

A、B. EC2やEBSなどのコンピューティング・ストレージサービスやAmazon API Gateway、Lambda等を組み合わせてWebサイトを構築する場合、サービス自体の費用だけでなくアウトバウンド費用も変わらないため、一般的にS3よりも割高となります。

D. S3 Transfer Accelerationは、S3を利用するクライアントとS3間の通信を高速化するサービスです。S3からインターネットに対するWebコンテンツ配信には利用できません。

[答] C

問2

あなたの会社では、EC2を利用したWebアプリケーションを運用しています。EC2はプライベートサブネット内に配置されており、配信するコンテンツはS3に格納されています。現状では、EC2とS3間の通信は、AWSで管理しているNATゲートウェイを経由してインターネット越しでデータが送受信されています。アーキテクチャを大幅に変更せずにネットワーク通信コストを削減するためのソリューションとして適切なものはどれですか。（1つ選択してください）

A. NATゲートウェイをもう1つ追加する。
B. 既存のEC2をパブリックサブネットに移動する。
C. NATゲートウェイの機能を、新たなEC2上に再構築する。
D. VPCエンドポイントを設定し、S3への通信がインターネット経由からエンドポイント経由になるようにルーティング設定を変更する。

第 7 章　コスト最適化アーキテクチャの設計

解説

　S3 などのグローバルサービスに対して、VPC 内に配置された EC2 からアクセスする場合は通常、インターネットを経由してアクセスするので、ネットワーク通信コストがかかってしまいます。この対策として VPC エンドポイントを利用する方法があり、これにより、VPC などのプライベートネットワークからインターネットを経由せずに直接、S3 などの AWS 各種サービスへアクセスが可能になります。この場合は、NAT ゲートウェイやインターネットに対するアウトバウンドの通信費用がかからず、一般的にコストを節約することができます。したがって、D が正解です。

　なお、VPC エンドポイントには、ゲートウェイ型とインターフェイス型の 2 種類があります。

表 7.3-1　VPC エンドポイントの種類

VPC エンドポイントの種類	説明
ゲートウェイ型	VPC のルートテーブルにルーティング設定を追加することで、S3 や DynamoDB 等のサービスへ、インターネットを経由せずに直接プライベート接続することができる。
インターフェイス型	CloudWatch や SQS に対して API 呼び出しを行う場合に、インターネットを経由せずに直接プライベート接続することができる。AWS PrivateLink とも呼ばれている。

A、B、C. いずれも、インターネットを経由するアウトバウンド費用がかかるため、ネットワーク通信コスト削減の観点から適切ではありません。

[答] D

問 3

　ある会社では、データセンターに設置しているオンプレミスのネットワークと AWS を Direct Connect で接続しています。今後、複数の AWS アカウントと接続する要件があり、できるだけ現状のネットワーク品質を落とさず、手間をかけずに、コストを最小限に抑えられる構成にすることを検討しています。適切なソリューションはどれですか。(1つ選択してください)

A. オンプレミスから Direct Connect Gateway と Transit Gateway を介して複数の AWS アカウントと接続できるように構成する。

B. 新しく追加する複数の AWS アカウントごとに Direct Connect を新規追加する。
C. 新しく追加する複数の AWS アカウントごとに VPN コネクションを新規追加する。
D. オンプレミス上にあるシステムを AWS へ移行する。

解説

Direct Connect は、データセンター等のオンプレミス環境と AWS の間を専用線で接続するサービスであり、高速かつ高品質な通信を行うことができます。ネットワーク品質を落とさないためには Direct Connect を利用する必要がありますが、複数の AWS アカウント内の VPC と接続するたびに Direct Connect を追加すると高コストになります。

この場合、Direct Connect Gateway を経由して Transit Gateway を利用し、複数の AWS アカウント内の VPC をハブ的に接続することで、1つの Direct Connect で複数の AWS アカウントと接続することができます。したがって、A が正解です。

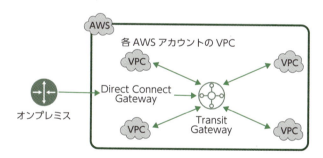

図 7.3-2　オンプレミス環境から Direct Connect Gateway と Transit Gateway を介して、複数の AWS アカウント内の VPC と接続するイメージ

B. Direct Connect の費用が新たにかかるだけでなく、設計変更や構築の負荷も生じるため不適切です。
C. インターネット経由の VPN コネクションは、Direct Connect と比較してネットワーク品質が劣ります。
D. 移行にともない設計変更や構築費用等が生じるため不適切です。

[答] A

第7章 コスト最適化アーキテクチャの設計

問4

あなたの会社では、あるテキスト形式のファイルを動的に生成するWebアプリケーションをALBとEC2で運用しており、それらの動的コンテンツをCloudFrontから配信しています。最近、ユーザーからのアクセスが急増し、それにともなってデータ転送コストが増加しています。データ転送コストを削減するのに適切なソリューションはどれですか。(1つ選択してください)

- A. Lambda@Edgeを設定し、動的コンテンツを圧縮して配信する。
- B. EC2にリザーブドインスタンスを適用する。
- C. S3 Transfer Accelerationを有効化し、転送速度を向上させる。
- D. CloudFrontで動的コンテンツのキャッシュを有効化する。

解説

P.238の問1で、S3とCloudFrontを組み合わせた静的コンテンツ配信について説明しました。CloudFrontは、静的コンテンツだけでなく動的コンテンツも配信できます。配信の際、CloudFront上で設定された時間間隔のみキャッシュを有効にすることで、データ転送コストを節約できます。したがって、Dが正解です。

なお、動的コンテンツとは、Webブラウザ等からのリクエストに対して動的に作られるコンテンツを指します。動的コンテンツは、主にEC2上のWebアプリケーション等とRDS等のDBを組み合わせて生成され、Webブラウザに結果を返します。

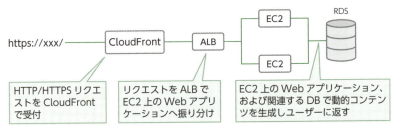

図7.3-3　CloudFrontからロードバランサーのALBを経由し、EC2上のWebアプリケーション等から動的コンテンツを配信するイメージ

- A. Lambda@EdgeはCloudFrontの機能の1つであり、CloudFront上でLambdaを実行します。Lambda関数は、ユーザーがWebブラウザ等でリクエストし

7.3 コスト最適化ネットワークアーキテクチャの設計

た場所に近いロケーションで実行されるので、リクエストに対する待ち時間の短縮にはなりますが、データ転送コストの削減は見込めません。

B. リザーブドインスタンスは、EC2 インスタンス自体の費用削減には効果的ですが、データ転送コストの削減には効果がありません。

C. S3 Transfer Acceleration は、S3 を利用するクライアントと S3 との間の通信を高速化するサービスです。設問の AWS 構成では S3 が利用されていないため不適切です。

[答] D

問 5

あなたの部署では、複数保持している AWS アカウントのコスト状況を把握し、予算策定等の計画を立てたいと考えています。特に AWS アカウントごとのサービス利用料や、サービスごとのデータ転送量などを分析して、コストを削減できる余地を把握しようとしています。ソリューションアーキテクトであるあなたは、これらの情報を簡易に可視化するコストのレポートを求められています。適切なソリューションはどれですか。(1つ選択してください)

A. Cost Explorer を利用してレポートを作成する。

B. AWS Budgets を利用してレポートを作成する。

C. Cost and Usage Report をダウンロードし、Excel 等でレポートを作成する。

D. Cost and Usage Report を Athena に取り込み、クエリを発行してレポートを作成する。

解説

Cost Explorer を利用することで、EC2 のデータ転送などのリソース使用量やサービス利用料を簡易に可視化できます。また、詳細に分析したい場合には、さまざまな条件や期間を指定してフィルタリングした上で可視化できます。したがって、A が正解です。

コスト管理に関連する AWS の主要サービスを表 7.3-2 に示します。

243

第7章　コスト最適化アーキテクチャの設計

表 7.3-2　コスト管理に関連する AWS の主なサービス

コスト最適化に 必要となる活動	活動を支援する AWS サービス	サービスの内容
予算設定と監視	・予算 (Budgets)	・予算の策定 ・予算超過時のアラート
傾向分析と予測	・Cost Explorer	・時系列グラフによる可視化と 　フィルタリング ・将来のコスト予測
コストとリソース 使用状況の詳細分析	・コストと使用状況レポート 　(Cost and Usage Report)	・コストとリソース使用状況の 　詳細レポーティング
請求管理	・一括請求 　(Consolidated Billing)	・AWS アカウントの一括請求 　管理
コスト最適化のアドバイス	・Trusted Advisor	・AWS のコスト最適化ベスト 　プラクティスにもとづくアド 　バイスと是正

B. AWS Budgets は、あらかじめ設定した予算やリソース使用量に対し、現在どのくらい消費しているかを確認したり、超過した場合の通知方法（メール等）を設定することができるサービスです。

C. Cost and Usage Report（コストと使用状況レポート）は、各サービスのリソース使用量やサービス利用料の情報を CSV 形式でダウンロードできるサービスです。Excel 等にインポートしてグラフ化することも可能ですが、簡易な可視化には向いていません。

D. Athena 等のサービスでクエリを発行して分析することはできますが、簡易な可視化には向いていません。

[答] A

問 6

あなたの会社では、複数の EC2 上でアプリケーションを運用しており、EC2 上で処理されたデータは、S3 に転送し格納しています。ソリューションアーキテクトであるあなたは、最近の稼働実績を調査したところ、EC2 は常時起動しているがアプリケーションは長い間実行されていないことがわかりました。コストと稼働率を最適化するソリューションはどれですか。（1つ選択してください）

7.3 コスト最適化ネットワークアーキテクチャの設計

A. アプリケーション処理のロジックを Lambda に移行し、処理が必要な場合は SQS 経由でイベントドリブン型で非同期実行する。
B. EC2 を Auto Scaling Group として再構成する。
C. EC2 にリザーブドインスタンスを適用する。
D. EC2 にスポットインスタンスを適用する。

解説

Lambda は、Java や Python などのプログラムコードをデプロイするだけで実行できるサーバーレスのサービスです。Lambda は呼び出された後、プログラムが実行される時間分に対してのみ課金されるため、EC2 のように起動中は常時課金されるサービスとは異なり、不定期かつ短時間でアプリケーションを実行する要件に向いています。したがって、A が正解です。

一般的にはキューイングサービスである SQS と組み合わせて、Lambda を呼び出す必要がある場合にのみ SQS 経由でキューを連携し、それをトリガーに Lambda を起動します。

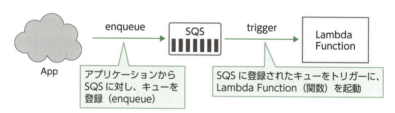

図7.3-4 SQS を経由した Lambda を呼び出す場合の処理イメージ

B、C、D. アプリケーションが実行されていない場合でも EC2 起動中は課金が発生するため、コストと稼働率の観点から不適切です。

[答] A

第 7 章　コスト最適化アーキテクチャの設計

問7

　ある会社は、データセンターにあるオンプレミスのシステムと AWS をネットワークでセキュアに接続したいと考えています。ネットワーク要件として、高速な回線を用意する必要はなく、少量のデータを転送できればよいことになっています。コストが最適で、かつ、すぐに構築できるソリューションはどれですか。(1つ選択してください)

A. サイト間 VPN を設定する。

B. Direct Connect をオンプレミスと AWS 間で構築する。

C. VPC ピアリングを設定する。

D. Transit Gateway を設定する。

解説

　サイト間 VPN（Site to Site VPN）は、AWS とオンプレミス間を VPN でセキュアに接続できるサービスです。インターネット経由のため、高速かつ安定した通信は期待できませんが、すぐに構築でき、構築費や運用費も安価であるため、この設問の要件においては適切なソリューションです。したがって、A が正解です。

B. Direct Connect は高品質の専用線サービスですが、構築・設定に時間がかかるため、この設問の場合はコストが最適とはいえません。

C. VPC ピアリングは、異なる VPC 間を接続するサービスです。オンプレミスとの接続には使用できません。

D. Transit Gateway は、VPC 間のハブ機能を提供する Gateway サービスであり、複数の VPC を簡易に接続し管理を行います。オンプレミスとの接続には使用できません。

[答] A

第8章

模擬試験

　ここでは、模擬試験問題を解いて頂きます。AWS 認定ソリューションアーキテクト−アソシエイト試験では、130 分間という限られた時間の中で 65 問の問題に取り組む必要があります。また、試験では AWS の基本的な事柄から新しい AWS サービスまで幅広く出題されますので、短時間で正答を導き出すためには、効率的に学習し、確かな知識をあらかじめ身につけておくことが必要です。

　本章では実際の試験を想定して 130 分以内に解答し、全問解き終わった後で正答をチェックしてください。そして、必要に応じて、これまでの章の内容を確認し、理解をさらに深めて頂けたらと思います。

第 8 章　模擬試験

8.1　模擬試験問題

問 1　ある会社は、オンプレミスにてアプリケーションサーバーとデータベースサーバーを運用しています。データベースサーバーには業務の基幹となるデータが格納されているため、迅速に復旧できるように備える必要があります。現在、あなたはバックアップのストレージソリューションを選定しています。バックアップストレージに求められる要件は、構築と運用のコストを最小限に抑えることと、バックアップしたデータに即時アクセスができることです。これらの要件を満たす最適なソリューションはどれですか。（1つ選択してください）

　A. Storage Gateway ファイルゲートウェイをオンプレミスにデプロイし、S3 バケットにファイル転送する。
　B. オンプレミスに EFS をマウントし、データベースバックアップファイルを保存する。
　C. データベースの VM を取得し、AWS CLI を利用して定期的に S3 バケットに転送する。
　D. データベースを Snowball デバイスにバックアップし、ライフサイクルルールを使用してデータを S3 Glacier Deep Archive に移動する。

問 2　あるベンチャー企業は、AWS 上で Web アプリケーションを運用しています。Web アプリケーションは、us-east-1 リージョンにて複数の AZ にまたがって ALB の背後で複数の EC2 インスタンスで実行されています。同社は拠点拡大を計画しており、アプリケーションを新たに us-west-1 リージョンにて実行することを考えています。あなたは、拠点拡大にともない低遅延と高可用性を備えたソリューションを要求されています。これに応えるために何をすべきですか。（1つ選択してください）

8.1 模擬試験問題

 A. us-west-1 にて ALB の背後で EC2 インスタンスを実行する。ALB の設定でクロスゾーン負荷分散を設定する。

 B. us-west-1 にて EC2 インスタンスを実行する。ALB を NLB に切り替えて、リージョン間の負荷分散を実現する。

 C. us-west-1 にて ALB の背後で EC2 インスタンスを実行する。加重ルーティングポリシーを使用して Route 53 を設定する。ALB を指すエイリアスレコードを Route 53 に作成する。

 D. us-west-1 にて ALB の背後で EC2 インスタンスを実行する。両方のリージョンのロードバランサーエンドポイントを含むエンドポイントグループを使用するアクセラレーターを、AWS Global Accelerator で作成する。

○ **問 3** あなたは、所属する会社で AWS を使用して、プロジェクト用 AWS アカウ
✕ ントにシステムを構築しました。システムは運用チームのガイドラインに従って構築されている必要があります。運用ガイドラインでは、ログは別の運用チーム用 AWS アカウントに集約するように指定されており、運用チームではログから障害を検知した際に、システムが構築された AWS アカウントを閲覧することがあります。最小権限の原則に従って運用チームにアクセス権限を付与する方法はどれですか。(1つ選択してください)

 A. アクセスが必要な運用チームメンバー用に新しく IAM ユーザーを作成する。

 B. EC2 を立ち上げ、IAM ロールを使用して必要な権限を EC2 へ適用する。運用チーム用 AWS アカウントと VPC ピアリングで接続する。運用チームは、この EC2 へ SSH でアクセスし、AWS CLI を利用して必要な情報を閲覧できる。

 C. IAM ロールを利用して、運用チームのアカウントを信頼ポリシーに追加する。

 D. 運用チーム用 AWS アカウントから、プロジェクト用 AWS アカウントに対してアクセス許可を依頼する申請を行う。申請が許可されるとアクセスが可能になる。

249

第 8 章　模擬試験

○ 問4　開発者は、世界中で使用される静的なシングルページアプリケーション
○　　　（SPA）用のソリューションを設計しています。ソリューションは運用コスト
　　　　が低く、かつ低遅延であることが求められています。開発者は、AWS のどの
　　　　サービスを組み合わせるべきですか。（2つ選択してください）

　　A. RDS
　　B. Auto Scaling グループ
　　C. S3
　　D. NLB
　　E. CloudFront

○ 問5　あなたが運用している会計アプリケーションはオンプレミスで実行され
○　　　ており、データベースとして MySQL を採用しています。業務部門から、パ
　　　　フォーマンスが低下するタイミングがあるという報告があり、分析の結果、
　　　　ユーザーが勤務時間中にレポート作成処理を行っている場合に発生している
　　　　ことがわかりました。
　　　　　あなたはパフォーマンスを改善させることを求められており、AWS への移
　　　　行を検討しています。構築および運用の観点で最も費用対効果が高いソリュー
　　　　ションはどれですか。（1つ選択してください）

　　A. EC2 インスタンスでデータベースを作成する。CPU コア数などコン
　　　　ピューティングリソースが既存のデータベース以上のスペックを持ってい
　　　　ることを確認する。
　　B. DynamoDB を構築し、テーブルにデータをインポートする。レポート作
　　　　成には DynamoDB を使用するようにアプリケーションを改修する。
　　C. Aurora MySQL をマルチ AZ に配置する。クラスターのバックアップイ
　　　　ンスタンスをレポートのエンドポイントとして使用するようにアプリケー
　　　　ションを改修する。
　　D. 複数のリードレプリカを使用して Aurora MySQL をマルチ AZ に配置す
　　　　る。レポート作成処理にはリードレプリカのエンドポイントを使用するよ
　　　　うにアプリケーションを改修する。

250

8.1 模擬試験問題

○ 問 6　ALB と EC2 インスタンスで Web サービスを構成しています。インスタン
○　　　スは、2つの AZ にまたがる EC2 Auto Scaling グループで実行されます。こ
のシステムを安定稼働させるためには、最低でも 4 インスタンスが必要です。
AZ 障害が発生しても、コストを抑えつつ必要なサービスレベルアグリーメン
ト（SLA）を満たすためには、どのようにする必要がありますか。（1つ選択し
てください）

A. Auto Scaling グループを変更して、3つの AZ で 6 台の EC2 インスタン
スを稼働させる。

B. クールダウン期間が短いターゲット追跡スケーリングポリシーを追加する。

C. Auto Scaling グループの起動構成を変更して、より大きなインスタンス
タイプを使用する。

D. Auto Scaling グループを変更して、2つの AZ で 8 台の EC2 インスタン
スを稼働する。

○ 問 7　あなたのチームが担当しているサービスは、毎月請求書を PDF で利用者に
✕　　　提供しています。発行された当月の請求書は経理チームから頻繁にアクセス
されますが、過去の請求書へのアクセス頻度は低く、顧客から再発行の要求が
あったときのみアクセスされます。この再発行の要求に対して、8 時間以内
に請求書を提供する必要があります。最近、顧客が増えて保存コストが上昇
したため、チームリーダーはコストを考慮したソリューションを提案するよ
うに、あなたに要請しました。最適なソリューションはどれですか。（1つ選
択してください）

A. 当月の請求書を S3 に保存し、過去の請求書はライフサイクルポリシーを
使用して S3 Glacier に移動する。再発行の要求があった場合は、標準オ
プションを利用して取り出す。

B. 当月の請求書を S3 に保存し、過去の請求書はライフサイクルポリシーを
使用して S3 Glacier Deep Archive に移動する。再発行の要求があった
場合は、迅速オプションを利用して取り出す。

C. 当月の請求書を S3 に保存し、過去の請求書はライフサイクルポリシーを
使用して S3 Glacier に移動する。再発行の要求があった場合は、迅速オ

（選択肢は次ページに続きます。）

251

第 8 章　模擬試験

プションを利用して取り出す。

D. 当月の請求書を S3 に保存し、過去の請求書はライフサイクルポリシーを使用して S3 Glacier Deep Archive に移動する。再発行の要求があった場合は、標準オプションを利用して取り出す。

X　問 8　VPC 内に存在する EC2 インスタンスから S3 にアクセスします。パブリックサブネット内の EC2 からのアクセスには読み取りのみを許可し、プライベートサブネット内の EC2 からのアクセスには、読み取りに加えて更新も許可したいと考えています。なお、VPC 内の EC2 から S3 へはゲートウェイ VPC エンドポイント経由でアクセスします。これを実現するには、どのようにすればよいですか。（1つ選択してください）

A. バケットポリシーで aws:SourceIp 条件を利用し、プライベートサブネットからのアクセスに対する更新の許可、パブリックサブネットからのアクセスに対する読み取り専用の許可を設定する。

B. パブリックサブネットからは VPC エンドポイントを介さずにインターネット経由で S3 に接続するようにルートテーブルで設定する。

C. VPC エンドポイントを読み取り専用と更新用とで 2つ作成し、各サブネットで利用する VPC エンドポイントを分ける。各エンドポイントのポリシーで、読み取り専用エンドポイントには S3 の読み取りアクションを許可し、更新用エンドポイントには S3 の読み取りおよび更新アクションを許可する設定とする。

D. プライベートサブネット内の EC2 インスタンスのセキュリティグループに、作成した VPC エンドポイントへのアウトバウンドトラフィックの許可ルールを追加する。

8.1 模擬試験問題

問9 メディア会社は、過去の映像などのストリーミングデータを保持するオンプレミスのシステムを運用しています。この会社はオンプレミスからAWSへのシステム移行を検討しています。システムは、メディアコンテンツ再生のために一時領域を使用します。一時領域は、5TB以上のデータを数日間保存でき、I/Oについて高性能で拡張性のあるストレージが必要です。メディアコンテンツは過去1年分のデータを保持する必要があり、そのデータ量は200TB以上です。また、保管したコンテンツは常にアクセス可能な状態にしておく必要があります。1年以上経過したメディアコンテンツはアーカイブします。アーカイブされたコンテンツはめったにアクセスされません。これらの要件を満たし、かつ費用対効果が優れているサービスのセットはどれですか。(1つ選択してください)

A. 一時領域に汎用SSDのEBS、コンテンツ保管にS3、アーカイブにS3

B. 一時領域にインスタンスストア、コンテンツ保管にS3、アーカイブにS3 Glacier

C. 一時領域にプロビジョンドIOPSのEBS、コンテンツ保管にEFS、アーカイブにS3 Glacier

D. 一時領域にプロビジョンドIOPSのEBS、コンテンツ保管にS3、アーカイブにS3 Glacier

問10 ある会社では、多数のEC2を使用してデータ量の変動が大きいバッチ処理を実行しています。バッチ処理はステートレスに構成されており、システムに影響せずに、いつでも開始・終了することができます。通常、この処理には60分かかります。あなたはソリューションアーキテクトとして、費用対効果が高く、スケーラブルな設計をするようにいわれています。どのようなソリューションを提案しますか。(1つ選択してください)

A. スポットインスタンス

B. リザーブドインスタンス

C. オンデマンドインスタンス

D. Lambda

253

第 8 章　模擬試験

問 11　あなたは、作成した見積り書類を期間限定で顧客と共有するため、署名付き URL によるファイル共有を検討しています。S3 上にアップロードしたファイルの署名付き URL を作成してリンクからアクセスしましたが、ファイルをダウンロードできませんでした。理由として考えられるものはどれですか。（1つ選択してください）

A. ダウンロード用の IAM ユーザーを作成していなかった。
B. ファイルを配置するバケットに public-read を付与していなかった。
C. 署名付き URL の有効期限が切れていた。
D. 署名付き URL を作成したユーザーが S3 上のオブジェクトの所有者ではなかった。

問 12　ネットワークエンジニアが 2つの VPC を作成し、VPC1、VPC2 としました。それぞれの VPC で EC2 が稼働しており、VPC1 の EC2 から VPC2 の EC2 にアクセスする必要があります。アプリケーションは大量のデータを VPC をまたいだ EC2 間でやりとりするため、VPC 間の通信は単一障害点を持たず、十分な帯域幅を持ち、かつセキュアである必要があります。これらの要件を満たすには、どのソリューションが適切ですか。（1つ選択してください）

A. VPC1 と VPC2 で Direct Connect を設定する。
B. VPC1 と VPC2 で Transit Gateway を設定する。
C. VPC1 に NAT ゲートウェイを配置し、EC2 の通信を NAT ゲートウェイへ向ける。
D. VPC2 で稼働している EC2 にゲートウェイ VPC エンドポイントを設定し、VPC1 からのルーティングを設定する。

問 13　EC2 で稼働するアプリケーションがあり、開発環境と本番環境にデプロイされています。開発環境は営業日にしか利用されませんが、本番環境は 24 時間 365 日サービスを提供する必要があります。あなたは、管理者として EC2 の利用料を削減するようにいわれており、開発環境は可用性よりもコストを優先したいと考えています。最もコスト効率が高いソリューション

はどれですか。（1つ選択してください）

A. 開発環境にスポットインスタンスを使用し、本番環境にリザーブドインスタンスを使用する。

B. 開発環境にリザーブドインスタンスを使用し、本番環境にスポットインスタンスを使用する。

C. 開発環境にオンデマンドインスタンスを使用し、本番環境にスポットインスタンスを使用する。

D. 開発環境にオンデマンドインスタンスを使用し、本番環境にリザーブドインスタンスを使用する。

問 14 セキュリティグループとネットワーク ACL について述べた以下の表において、空欄に当てはまる言葉として適切なものはどれですか。（1つ選択してください）

セキュリティグループ	ネットワーク ACL
（ア） レベルで動作	（イ） レベルで動作
ルールの （ウ） 設定可能	ルールの許可と拒否を設定可能
（エ） ：アウトバウンドルールに関係なくインバウンドに対して返されたトラフィックが自動的に許可される	（オ） ：返されたトラフィックに対してアウトバウンドルールでの許可が必要
すべてのルールを評価してトラフィックの許可を決定	最も小さい番号のものから順番にルールを評価し、条件に合致した場合は後続のルール評価は行われない
インスタンス起動時や後で明示的にセキュリティグループを関連付けた場合に、対象のインスタンスに適用される	関連付けられているサブネット内に存在するすべてのインスタンスに適用される

A. ア - インスタンス、イ - サブネット、ウ - 許可、エ - ステートフル、オ - ステートレス

B. ア - サービス、イ - サブネット、ウ - 許可、エ - ステートレス、オ - ステートフル

C. ア - サブネット、イ - インスタンス、ウ - 許可と拒否、エ - ステートフル、オ - ステートレス

D. ア - インスタンス、イ - サブネット、ウ - 許可と拒否、エ - ステートフル、オ - ステートレス

第 8 章 模擬試験

問 15 ある会社は、AWS で通販用の Web サイトを運営しています。Web サイトは、パブリックの ALB と、プライベートサブネット内の EC2 インスタンスを使用しています。静的コンテンツは EC2 インスタンスでホストされ、動的コンテンツは RDS for Oracle から取得されます。同社は最近、アメリカとヨーロッパのユーザーへの販売を開始しました。アプリケーションは日本で実行されていますが、海外のユーザーにも遅延なくブラウジングを実現する必要があります。最も費用対効果の高いソリューションはどれですか。(1つ選択してください)

A. S3 で Web サイト全体をホストする。

B. CloudFront と S3 を使用して、静的コンテンツをホストする。

C. アメリカおよびヨーロッパのリージョンにアプリケーションをデプロイする。

D. EC2 インスタンスの数を増やす。

問 16 ある会社では、マルチリージョンでディザスタリカバリが可能なリレーショナルデータベースを実装しようとしています。データベースへのトランザクションは、一貫性やデータの整合性を担保する必要があります。また、データベースの障害発生時のサービスレベルとして、目標復旧時点 (RPO) が 10 秒、目標復旧時間 (RTO) が 1 分と定められています。この要件を実現できる AWS ソリューションはどれですか。(1つ選択してください)

A. DynamoDB グローバルテーブル

B. マルチ AZ 配置が有効になっている RDS for MySQL

C. クロスリージョンスナップショットコピーを使用した RDS for MySQL

D. Aurora グローバルデータベース

問 17 あなたは、スタートアップ企業でソリューションアーキテクトとして働いています。スタートアップ企業では決済サービスを提供しており、サードパーティの支払いサービスを使用して、支払いを処理します。システムは EC2 のサーバー群で稼働しており、ELB でサーバーへの振り分けを行います。また、支払いサービスにはインターネット経由で接続する必要があり、

256

一度に許可される IP アドレスは最大 5つです。これらの要件を満たす最も
セキュアなソリューションはどれですか。(1つ選択してください)

A. パブリックサブネットに ELB を配置し、プライベートサブネットに
EC2 を配置する。パブリックサブネットに NAT ゲートウェイを配置し、
プライベートサブネットのルートテーブルを変更して EC2 からのイン
ターネットアクセスを NAT ゲートウェイ経由に設定する。

B. パブリックサブネットに ELB と EC2 を配置する。セキュリティグルー
プに支払いサービスに接続可能な IP アドレスを定義し、EC2 にアタッチ
する。

C. パブリックサブネットに ELB を配置し、プライベートサブネットに
EC2 を配置する。パブリックサブネットにカスタマーゲートウェイを配
置し、プライベートサブネットのルートテーブルを変更して EC2 からの
インターネットアクセスをカスタマーゲートウェイ経由に設定する。

D. パブリックサブネットに ELB と EC2 を配置する。ネットワーク ACL に
支払いサービスへの通信を許可する IP アドレスを定義し、それ以外のイ
ンターネット向け通信をブロックする。

問 18　あなたは、自然現象を解析する物理演算システムを作成するために、高
性能な演算処理が可能な EC2 インスタンスの構築を任されました。このイ
ンスタンスには、低レイテンシーで高スループットのネットワークと、適切
なストレージ容量が必要です。要件を満たす EC2 インスタンス起動のオプ
ションはどれですか。(1つ選択してください)

A. EC2 インスタンスを起動するときに、クラスタープレイスメントグルー
プを選択する。

B. EC2 インスタンスを起動するときに、パーティションプレイスメントグ
ループを選択する。

C. EC2 インスタンスを起動するときに、専用のインスタンステナンシーを
選択する。

D. EC2 インスタンスを起動するときに、専有ホスト (Dedicated Hosts)
を選択する。

第 8 章 模擬試験

○ **問 19** あなたは AWS アカウントを作成後、ルートユーザーでリソース操作を
○ 開始していましたが、セキュリティ管理者からセキュリティリスクの指摘を
受けました。セキュリティリスクを解消することができるのはどれですか。
（2つ選択してください）

A. 利用目的に沿った権限を持つ IAM ユーザーを作成する。

B. ルートユーザーを削除してログイン機能を無効化する。

C. ルートユーザーに多要素認証（MFA）を設定する。

D. ルートユーザーのアクセスキーとシークレットキーを使用して AWS
CLI から操作する。

E. EC2 キーペアを使用してマネジメントコンソールから操作する。

○ **問 20** ある会社は、Web サイトを複数の AZ にまたがった EC2 インスタンスで
○ ホストしています。同社は、特定の日時に重要なプレスリリースを予定して
おり、その際にアクセスが急増すると予想しています。突発的なアクセスの
増加時において、Web サイトのパフォーマンスが低下しないよう設定を変
更する必要があります。ソリューションアーキテクトは、この要件を満たす
ためにどのような提案をしますか。（1つ選択してください）

A. ステップスケーリングを使用する。

B. 簡易スケーリングを使用する。

C. スケジュールにもとづくスケーリングを使用する。

D. ライフサイクルフックを使用する。

○ **問 21** ある会社では、複数の Windows サーバー上で稼働しているインターネッ
○ トインフォメーションサービス（IIS）ベースの Web アプリケーションを
AWS に移行しようとしています。現在、このアプリケーションで利用する
ファイルに対して複数のサーバーからアクセスできるよう、NAS（Network
Attached Storage）を利用しています。AWS への移行後、ファイル共有
において最も耐久性がある AWS ソリューションはどれですか。（1つ選択し
てください）

258

A. RDS

B. Storage Gateway

C. EFS

D. Amazon FSx

問 22 あなたは、S3 バケットの一覧を取得する API を呼び出す Lambda 関数を設計しています。最も安全に Lambda へ必要な権限を与える方法はどれですか。(1つ選択してください)

A. Lambda 用に必要な権限を設定した IAM ユーザーを作成する。IAM アクセスキーとシークレットキーを作成し、Lambda 関数に保存する。

B. すべての S3 バケットをリストする権限を持つ IAM ユーザーを利用して、Lambda 関数を作成する。

C. Lambda 用に必要な権限を設定した IAM ユーザーを作成する。IAM アクセスキーとシークレットキーを作成し、暗号化された RDS に保存する。Lambda 関数から RDS 内の IAM アクセスキーとシークレットキーを取得して利用する。

D. すべての S3 バケットをリストする権限を持つ IAM ロールを作成して、Lambda 関数へアタッチする。

問 23 ある企業では、e コマースの Web アプリケーションを複数の EC2 インスタンス上で稼働させています。先日、新しい商品が発売された際に、トラフィックの急増により Web アプリケーションのパフォーマンスが低下するという問題が生じました。この企業では、来月にも新しい商品の発売を予定しています。経営陣は、製品の販売開始からトラフィックの負荷に応じて、処理に必要な EC2 インスタンスをスケールさせたいと考えています。ただし、その際、できるだけ無駄な EC2 インスタンスを立てないように設定しておく必要があります。この要件を満たす最も効率的な方法はどれですか。(1つ選択してください)

A. Auto Scaling の段階スケーリングポリシーを利用する。

(選択肢は次ページに続きます。)

第 8 章　模擬試験

B. Auto Scaling のスケジュールされたスケーリングアクションを利用する。

C. EC2 スポットインスタンスを追加する。

D. EC2 をリザーブドインスタンスとして、台数を増やしておく。

問 24　あなたの会社は、オンプレミス環境にあるアプリケーションとデータを AWS に移行しようとしています。300TB のアプリケーションデータを S3 に移動させる必要があります。小規模の会社であるため、会社で利用しているネットワークの帯域幅は広くありません。普段の業務に影響を与えず、かつ最もコスト効率の高いソリューションはどれですか。（1つ選択してください）

A. Storage Gateway のファイルゲートウェイを利用して、S3 にデータを転送する。

B. Snowmobile にデータを入れて AWS に搬送し、S3 にデータをアップロードする。

C. Snowball Edge にデータを入れて AWS に搬送し、S3 にデータをアップロードする。

D. インターネットを利用して、S3 にデータを転送する。

問 25　ある金融企業では、取引情報をデータベースで管理しており、取引情報は頻繁に書き込みされる一方、読み込みは常に最新状態を返却する必要があります。アプリケーションは、データベースのデータに関するレポートを不定期に生成し、複数のテーブル間で結合を行います。データベースは、データ量の増加に応じて自動的にスケーリングする必要があります。要件を満たす AWS サービスはどれですか。（1つ選択してください）

A. S3

B. Aurora

C. DynamoDB

D. Redshift

260

8.1 模擬試験問題

○ 問 26　あなたは、ある企業のソリューションアーキテクトです。担当するシステ
○　　　　ムでは、RDS（MySQL）を利用していますが、RDS に格納されたデータを暗
号化する要件があります。また、データを暗号化する暗号鍵は毎年ローテー
ションする必要があります。これらの要件を満たすソリューションはどれで
すか。（1つ選択してください）

A. AWS が管理する暗号鍵で RDS のデータ暗号化を有効化する。AWS が
管理する暗号鍵は自動的にローテーションが行われる。

B. RDS データ暗号化用のカスタマーマスターキー（CMK）を KMS に作成
し、CMK で RDS のデータ暗号化を有効化する。CMK の自動ローテー
ションを有効化する。

C. RDS データ暗号化用のカスタマーマスターキー（CMK）を KMS に作成
し、CMK で RDS のデータ暗号化を有効化する。CMK はデフォルトで
ローテーションされる。

D. AWS が管理する暗号鍵で RDS のデータ暗号化を有効化する。AWS が
管理する暗号鍵のローテーションを有効化する。

8

✕ 問 27　ソリューションアーキテクトは、社員が業務でかかった費用を請求する領
✕　　　　収書の画像をキャプチャして、経費をトラッキングするモバイルアプリケー
ションを設計しています。フロントには Web/AP サーバーとして EC2 イ
ンスタンスが 2 台設置されており、CLB により負荷分散されています。
EC2 インスタンスは Auto Scaling グループで構成されています。領収書の
画像データは、EC2 上で認証やウイルスチェック処理をした後で S3 に保存
したいと考えています。現在、Web/AP サーバー経由で画像をアップロー
ドすると、トラフィックが大量に発生します。負荷を分散しながら S3 のモ
バイルアプリケーションから領収書の画像を保存する最も効率的な方法はど
れですか。（1つ選択してください）

A. 署名済み URL を使用して S3 に直接アップロードする。

B. 2 番目の S3 バケットに画像データをアップロードし、Lambda イベン
トで画像をプライマリバケットにコピーする。

C. Web/AP サーバーの Auto Scaling グループにある EC2 の台数を増加

（選択肢は次ページに続きます。）

261

第8章　模擬試験

し、Web/AP サーバー経由で S3 バケットに書き込む。

D. スポットインスタンスを使用して Web/AP サーバーを拡張し、画像を処理するためのリソースを提供する。

問 28　あなたの部署では Web サイトをオンプレミスで運営していますが、Web サイトの利用者情報の分析を AWS 上で行いたいと考えています。分析は Web サイトのログファイルを AWS に取り込んで、分析チームが毎日特定のクエリを実行します。AWS 上で新たに構築する分析ソリューションの要件は、オンプレミスのデータソースからデータの損失を最小限に抑えられること、構築と運用の負荷をできるだけ軽くすること、ニアリアルタイムでデータクエリを実行できることです。これらの要件を満たす AWS サービスの最適な組み合わせはどれですか。（1つ選択してください）

A. Kinesis Data Firehose を構築し、オンプレミスからのストリーミングデータを S3 に配信させる。Redshift クラスターへデータを読み込ませて、Redshift に格納されたデータをクエリする。

B. Kinesis Data Streams を構築し、オンプレミスからのストリーミングデータを S3 Glacier に配信させる。Kinesis Data Analytics を使用してデータをクエリする。

C. Snowball を利用してデータを S3 に保存する。Athena を使用してデータをクエリする。

D. Web サイトのログを保存するデータソースを EBS ボリュームとするように改修する。Amazon Elasticsearch Service を利用してデータをクエリする。

問 29　あなたの会社では、IT 部門全員に AWS アカウントへのアクセス権限を与えることにしました。社内システムでは認証にオンプレミスの LDAP (Lightweight Directory Access Protocol) ディレクトリサービスを利用しています。AWS マネジメントコンソールへは、社内システムと同じ認証を利用してシングルサインオンできるようにしたいと考えています。どのようにすれば実現できますか。（2つ選択してください）

A. IAM ロールを使用して、ID プロバイダー (IdP) からフェデレーションされたユーザーのアクセス許可を設定する。

B. SAML 2.0 を使用した ID フェデレーションでシングルサインオンを有効にする。

C. 認証情報連携用の EC2 を起動し、オンプレミスの LDAP と資格情報を連動するように設定する。

D. 組織の IdP で、組織のユーザーまたはグループを IAM ユーザーにマッピングする。

E. Cognito とオンプレミスの LDAP ディレクトリサービスを連携させる。

問 30 ある会社では、モバイルチャットアプリケーションを運用しています。アプリケーションのデータベースには DynamoDB を利用しています。現在、アプリケーションの追加開発を検討しており、メッセージの読み込み速度をこれまでよりも高速にしたいと考えています。また、追加開発にあたり、アプリケーションの変更を最小限に抑える必要があります。これらの要件を満たす最適な方法はどれですか。（1つ選択してください）

A. DynamoDB のリードレプリカを追加して、増加した読み込み負荷を処理する。リードレプリカのリードエンドポイントを指すようにアプリケーションを更新する。

B. 新しいメッセージテーブル用に DynamoDB Accelerator（DAX）を設定し、DAX エンドポイントを使用するようにアプリケーションを更新する。

C. ElastiCache for Redis をアプリケーションスタックに追加する。Redis キャッシュエンドポイントを指すようにアプリケーションを更新する。

D. DynamoDB の読み込みキャパシティユニットを 2 倍にする。既存の DynamoDB エンドポイントを引き続き使用する。

問 31 あなたの会社では、ECS を利用して画像処理のアプリケーションを運用しています。画像は S3 バケットに格納しています。画像を読み出す ECS は 2つのプライベートサブネットにあり、各々のプライベートサブネット上にある NAT インスタンス経由でインターネット越しに S3 にアクセスしてい

ます。

　最近のコスト調査で、インターネット経由のネットワーク通信コストが高くなっていると指摘されています。コストが最適なアーキテクチャに変更するには、どのソリューションが適切ですか。（1つ選択してください）

A. プライベートサブネットから S3 へのアクセス経路を、ゲートウェイ型の VPC エンドポイント経由に変更する。

B. ECS をパブリックサブネットに配置する。

C. NAT インスタンスを NAT ゲートウェイに変更する。

D. ECS を EC2 に変更する。

問 32　ある会社は、事業分野ごとに複数の Web サイトを稼働させています。これらの Web サイトにアクセスするユーザーは、アクセス先のサブドメインにもとづいて、適切なバックエンド EC2 インスタンスにルーティングされます。Web サイトでは、静的 Web ページ、画像、PHP、および JavaScript などのサーバーサイドのスクリプトを実行します。一部の Web サイトは、業務開始から 2 時間以内にアクセスのピークを迎え、残りの時間は一定したアクセスで継続的に使用されます。

　ソリューションアーキテクトは、コストを低く抑えながら、これらのトラフィックパターンに合わせてキャパシティを自動調整するソリューションを設計する必要があります。どの AWS サービスまたは機能を組み合わせると、これらの要件を満たしますか。（2つ選択してください）

A. AWS Batch

B. NLB

C. ALB

D. EC2 Auto Scaling

E. S3 静的 Web サイトホスティング

問 33　ソリューションアーキテクトは AWS の東京リージョンで稼働する EC2 で、EBS ボリュームを使用するアプリケーションを設計しています。災

害対策として、EBS ボリュームを別のリージョンにバックアップし、災害発生時に別リージョンで EBS ボリュームを復旧させる必要があります。この要件を満たす最も効率的な方法はどれですか。（1つ選択してください）

A. あるリージョンから別のリージョンに直接 EBS スナップショットを作成する。

B. データを S3 バケットに移動し、リージョン間レプリケーションを有効にする。

C. EBS スナップショットを作成してから、目的のリージョンにコピーする。

D. スクリプトを使用して、現在の EBS ボリュームから宛先の EBS ボリュームにデータをコピーする。

問 34 ある会社では、事業部ごとの複数の AWS アカウントを管理するために AWS Organizations を構成する必要があります。ソリューションアーキテクトが、メンバーアカウントが利用するサービスを制御するために、以下のサービスコントロールポリシー（SCP）を Organization Unit（OU）に対して付与しました。

```
{
    "Version": "2012-10-17",
    "Statement": {
        "Effect": "Allow",
        "Action": ["ec2:*", "rds:*"],
        "Resource": "*"
    }
}
```

　OU 配下のメンバーアカウントの IAM ユーザーは EC2 インスタンスを作成できましたが、RDS インスタンスは作成できませんでした。RDS インスタンスを作成するために必要な対応はどれですか。（1つ選択してください）

A. SCP の代わりに IAM ポリシーを OU に設定する。

B. AWS アカウントのルートユーザーを利用し、RDS インスタンスを作成

（選択肢は次ページに続きます。）

第 8 章　模擬試験

する。

C. IAM ユーザーに RDS インスタンスを作成可能な IAM ポリシーを設定する。

D. OU の SCP に RDS インスタンスの作成権限を明示的に設定する。

○ **問 35**　ある企業では、モバイルアプリケーションから毎日約 1,000 トランザクションの API リクエストを受信し、平均応答時間が 50 ミリ秒で数十 kB のコンテンツを表示する Web サイトを所有しています。このシステムは、現在、1 つの m5.xlarge インスタンスでホストされています。このシステムにどのような変更を加えると、費用対効果が高くて高可用性なアーキテクチャを実現できますか。（1つ選択してください）

A. 最小 1、最大 2 のインスタンスで Auto Scaling グループを作成し、ALB を使用してトラフィックを分散する。

B. Amazon API Gateway を使用して API を再作成し、Lambda をサービスのバックエンドとして使用する。

C. 最大 2 つのインスタンスを持つ Auto Scaling グループを作成し、ALB を使用してトラフィックを分散する。

D. Amazon API Gateway を使用して API を再作成し、新しい API と既存の EC2 インスタンスをバックエンドとして使用する。

✕ **問 36**　あなたが構築中の AWS 上のシステムでは、機密データを扱うためデータの暗号化が必須であり、暗号鍵について以下の管理要件があります。

・シングルテナントで管理されていること
・FIPS 140-2 レベル 3 を満たす暗号モジュールであること

上記の要件を満たす最適なソリューションはどれですか。（1つ選択してください）

A. 暗号鍵を KMS で管理する。

B. 暗号鍵を CloudHSM で管理する。

266

C. 暗号鍵をオンプレミスで管理する。

D. 暗号鍵を KMS で管理し、CloudTrail で監査を行う。

問 37 ある会社で、Auto Scaling グループにプロビジョニングされている EC2 インスタンス数の見直しを行っています。現在、Auto Scaling グループは 2つの AZ を利用し、最小 2、最大 6 のインスタンスが設定されています。CloudWatch のメトリクスを確認すると、定常的に CPU 使用率が低いことがわかりました。アプリケーションの可用性を維持したままコストを最適化するソリューションはどれですか。(1つ選択してください)

A. CPU 使用率を高めるため、インスタンス起動数の最小値を減らす。

B. CPU 使用率を高めるため、インスタンス起動数の最大値を減らす。

C. Auto Scaling グループのスケーリングポリシーのメトリクスを CPU 使用率に変更する。

D. Auto Scaling グループの起動設定で、大きいインスタンスタイプを設定する。

問 38 開発者は、読み書きが非常に集中する小さなデータベース用の新しいオンライントランザクション処理 (OLTP) アプリケーションを構築しています。データベース内の単一のテーブルは終日、継続的に更新されるため、開発者はデータベースアクセスにおいて十分なパフォーマンスを確保したいと考えています。アプリケーションのパフォーマンスを維持するのに適した EBS ストレージオプションはどれですか。(1つ選択してください)

A. プロビジョンド IOPS SSD

B. 汎用 SSD

C. コールド HDD

D. スループット最適化 HDD

第 8 章　模擬試験

問 39　あるスタートアップ企業が Web アプリケーションを構築しています。フロントエンドは静的コンテンツで構成され、また、アプリケーションレイヤーはマイクロサービスで構成されます。ユーザーデータは JSON 形式で、低レイテンシーでアクセスできる必要があります。アプリケーションへのトラフィックは通常時は多くありませんが、新しい機能をローンチしたタイミングで一時的にトラフィックが増えることが予想されています。スタートアップ企業の開発チームは、維持管理コストを最小にしたいと思っています。どのソリューションが適していますか。（1つ選択してください）

A. フロントエンドに S3 静的サイトホスティングを使用し、アプリケーションレイヤーには Elastic Beanstalk を使う。ユーザーデータは DynamoDB に保存する。

B. フロントエンドに S3 静的サイトホスティングを使用し、アプリケーションレイヤーには EKS を使う。ユーザーデータは RDS に保存する。

C. フロントエンドに S3 静的サイトホスティングを使用し、アプリケーションレイヤーには Lambda を使う。ユーザーデータは DynamoDB に保存する。

D. フロントエンドに S3 静的サイトホスティングを使用し、アプリケーションレイヤーには Lambda を使う。ユーザーデータは RDS に保存する。

問 40　あなたの会社では、大量の画像データを管理するモバイルアプリケーションを開発しています。モバイル端末からアップロードされた画像データは、EC2 上で複数のサムネイルを生成してストレージに格納されます。フロントの EC2 は、ALB で複数のインスタンスに負荷分散されています。サムネイルファイルは、モバイル端末上で数秒以内に複数枚同時に描画する必要がありますが、オリジナルの画像ファイルは描画を行わず、モバイル端末からダウンロードのみ行われます。オリジナルの画像ファイルを保存しておくのに費用対効果の優れた AWS サービスはどれですか。（1つ選択してください）

A. 汎用 SSD の EBS ボリューム

B. EFS

C. S3

D. S3 Glacier

8.1 模擬試験問題

問 41 あなたは、CLB と EC2 で構成した Web アプリケーションを公開しています。AWS WAF を有効にする方法はどれですか。（1つ選択してください）

A. 現在の構成のまま AWS WAF を有効にする。

B. CLB を ALB に置き換えて AWS WAF を有効にする。

C. CLB を NLB に置き換えて AWS WAF を有効にする。

D. EC2 を ECS に置き換えて AWS WAF を有効にする。

問 42 ある企業は、全世界に顧客を持つシングルページアプリケーション（SPA）ベースの音楽情報 Web サイトを運営しています。Web サイトは、1つのリージョン内で ALB によって負荷分散された複数の EC2 インスタンスで構成されています。現在、リージョン以外の国の顧客からのアクセスのパフォーマンスが低いことが問題になっています。パフォーマンスを向上させるには、どうすればよいですか。（1つ選択してください）

A. 静的ファイルを S3 でホスティングする。

B. Lightsail を利用する。

C. CloudFront を利用する。

D. ECS を利用する。

問 43 以下のような 3 層構造のシステムにおいてセキュリティグループを設定します。

Web 層：
　インターネット上のユーザーから Web アクセスを受け付ける。セキュリティグループ web-sg を関連付ける。

ロジック層：
　RESTful API を実行するサーバー群。Web 層のサーバー群から HTTPS アクセスを受け、データ層にリクエストを送信する。セキュリティグループ logic-sg を関連付ける。

データ層：
　PostgreSQL サーバー。ロジック層から 5432 ポートを利用してアクセス

269

第 8 章　模擬試験

がある。セキュリティグループ db-sg を関連付ける。

　各セキュリティグループに設定するルールとして正しい組み合わせはどれ
ですか。(3つ選択してください)

A. web-sg のインバウンドルールに送信元 0.0.0.0/0 からポート番号
   80 および 443 を追加
B. web-sg のインバウンドルールに送信元 logic-sg からポート番号 80 お
   よび 443 を追加
C. logic-sg のインバウンドルールに送信元 db-sg からポート番号 1024-
   65535 を追加
D. logic-sg のインバウンドルールに送信元 web-sg からポート番号
   443 を追加
E. db-sg のインバウンドルールに送信元 logic-sg からポート番号 5432 を
   追加
F. db-sg のアウトバウンドルールに送信先 web-sg からポート番号
   5432 を追加

問 44　ソリューションアーキテクトは、Lambda を使用してバッチ処理の実行環
　　　境を構築したいと考えています。バッチ処理は、S3 にファイルを保存した
　　　ときや、指定した時刻になったときに起動されます。バッチ処理は複数のス
　　　テップで構成され、ステップごとに Lambda 関数を実行します。あるステッ
　　　プの処理が失敗した場合に、例外処理を実行し最初のステップから再実行す
　　　るように、Lambda 関数の処理結果に応じた条件分岐を行いたいと考えてい
　　　ます。この場合、どの AWS サービスを使用すればよいですか。(1つ選択し
　　　てください)

A. EMR
B. SQS
C. CodePipeline
D. Step Functions

270

8.1 模擬試験問題

問 45 　あなたは、作成した製品図面ファイルを保存し、保存した図面を表示する
アプリケーション用のストレージを設計しています。図面を表示するために
データベースへのクエリが発生します。データベースの読み込み時間を最小
限に抑えるため、クエリ結果をキャッシュします。また、作成された製品図
面ファイルは 2 年以上アーカイブとして保存する必要があります。アーカイ
ブする製品図面のデータサイズは全部で約 800TB になる見込みです。アー
カイブされたファイルには数か月に 1 回程度のアクセスがあります。費用対
効果が高いストレージと最適なキャッシュサービスの組み合わせはどれです
か。(1つ選択してください)

A. S3、ElastiCache

B. S3、CloudFront

C. EBS、CloudFront

D. S3 Glacier、ElastiCache

問 46 　あなたの会社では、オンプレミスで基幹システムを運用しています。可用
性を高めるために、DR（Disaster Recovery）サイトを AWS で構築してい
る最中です。オンプレミスにあるデータを AWS 上の DR サイトに数日かけ
て移行したいと考えています。データは 15TB あり、オンプレミスのデー
タセンターは 1.5Gbps のインターネット回線を保有しています。会社のセ
キュリティポリシー上、データ転送時にネットワーク暗号化が必須となりま
す。コストの観点で最も適切なソリューションはどれですか。(1つ選択して
ください)

A. AWS とオンプレミスの間に Direct Connect 回線を敷設する。

B. AWS とオンプレミスの間で VPN を設定し接続する。

C. FTP を用いて、オンプレミスのサーバーから AWS にデータを転送する。

D. Kinesis を用いて、オンプレミスのサーバーから AWS にデータを転送
する。

271

第 8 章　模擬試験

問 47　あなたの部署では、バッチサーバーとして複数の EC2 を使用して運用しています。毎週特定日において、夜間バッチ処理の負荷が大きくなることがわかっており、特定日には手動で EC2 をスケールアップして対応しています。スケールアップした EC2 は翌営業日の出社後に手動でスケールダウンすることになっています。

現在の運用では、スケールダウンするまで不必要に大きなサイズのインスタンスを利用していること、および毎週作業の工数がかかっていることが課題です。あなたは、この課題を解決するために、費用対効果の高いソリューションを求められています。

これらの要件を満たすために、あなたは何をすべきですか。(1つ選択してください)

A. Auto Scaling を利用する。スケーリング戦略の予測スケーリングを有効にし、夜間バッチ処理の時間帯に合わせてインスタンス数を増減させる。

B. CloudWatch を利用する。EC2 の CPU 使用率を監視し、しきい値を超えたら CloudWatch Events でインスタンス数を増減させる。

C. Lambda を利用する。Lambda 関数をスケジュール実行するように設定し、夜間バッチ処理の時間帯に合わせてインスタンス数を増減させる。

D. ECS を利用する。EC2 上のバッチアプリケーションをすべて ECS に移行する。ECS クラスターの設定でインスタンス数を増減させる。

問 48　インターネットに公開している Web アプリケーションは、高可用性である必要があります。ELB が Web 層の EC2 の前にデプロイされています。データベースは、RDS マルチ AZ を使用して展開されています。NAT ゲートウェイは、EC2 インスタンスからインターネットにアクセスするために設置されています。EC2 インスタンスにはパブリック IP アドレスが割り当てられていません。このアーキテクチャで潜在的な単一障害点となるコンポーネントはどれですか。(1つ選択してください)

A. EC2

B. NAT ゲートウェイ

C. ELB

D. RDS

272

8.1 模擬試験問題

問 49　あなたの会社では Web サイトを運用しています。サーバー負荷が急激に上昇したためログを確認したところ、特定のアドレスから大量のアクセスが発生していることがわかりました。一時的な対処として、早急にこれらのアクセスをブロックするためには、どのようにしたらよいですか。(1つ選択してください)

A. Web サーバーのセキュリティグループのインバウンドルールから、HTTP、HTTPS アクセスを削除する。

B. Web サーバーのセキュリティグループのインバウンドルールで、特定のアドレスからの HTTP、HTTPS アクセスを拒否する。

C. パブリックサブネットのネットワーク ACL で、特定のアドレスからの HTTP、HTTPS アクセスを拒否する。

D. サイト内の全 Web サーバーの OS のファイアウォールに、特定のアドレスからのアクセスを拒否する設定を加える。

問 50　インターネットからアクセス可能な Web アプリケーションは、プライベートサブネットの EC2 インスタンス上で動作している MySQL データベースを利用しています。複数のテーブル結合を含む複雑なクエリの増加によりデータベースの負荷が上昇し、アプリケーションのパフォーマンスが低下しています。アプリケーションチームは、パフォーマンスを向上させるための検討を行っています。データベースをスケールさせつつ、パフォーマンスを向上させるために、ソリューションアーキテクトはアプリケーションチームにどのような提案ができますか。(2つ選択してください)

A. SQS にクエリデータをキャッシュする。

B. データベースを Athena に移行する。

C. データベースを Aurora MySQL に移行する。

D. DynamoDB Accelerator を実装してデータをキャッシュする。

E. リードレプリカを作成し、クエリをオフロードする。

273

第 8 章　模擬試験

○ **問 51**　あなたは、AWS 上でパブリックに公開される Web サービスのインフラ
構築を担当しています。VPC 上に 2 つのパブリックサブネットと 2 つのプラ
イベートサブネットがすでに作成されています。Web アプリケーションは
マイクロサービス化されて開発されるため、それらの資源を配置するために
複数の EC2 を構築することになります。URL に応じて、別々の EC2 をター
ゲットにしてリクエストをルーティングさせることが必要になります。こ
れらの要件を満たすロードバランサーのベストプラクティスはどれですか。
（1 つ選択してください）

A. パブリックサブネットで NLB を構築する。プライベートサブネットで
EC2 を複数構築する。NLB から URL に応じてリクエストを EC2 に振り
分ける。

B. パブリックサブネットで NLB を構築する。パブリックサブネットで
EC2 を複数構築する。NLB から URL に応じてリクエストを EC2 に振り
分ける。

C. パブリックサブネットで ALB を構築する。プライベートサブネットで
EC2 を構築する。ALB から URL に応じてリクエストを EC2 に振り分け
る。

D. プライベートサブネットで ALB を構築する。プライベートサブネットで
EC2 を構築する。ALB から URL に応じてリクエストを EC2 に振り分け
る。

✕ **問 52**　ある企業が S3 を利用したデータレイクを構築しています。データは、機
密情報を含むため保存時に暗号化されることが求められています。また、暗
号化には、セキュリティチームから提供された暗号鍵を利用する必要があり
ます。これらの要件を満たすソリューションはどれですか。（2 つ選択してく
ださい）

A. S3 のサーバーサイド暗号化（SSE-S3）を構成する。

B. ユーザーの暗号鍵による暗号化（SSE-C）を構成する。

C. KMS に保存されているカスタマーマスターキー（CMK）による暗号化
（SSE-KMS）を構成する。

D. S3 は、ユーザーの暗号鍵による暗号化はサポートしていない。

274

8.1 模擬試験問題

E. 暗号鍵をバケットにアップロードし、バケットの暗号化を有効にする。

問53 ある会社は、過去数年間に渡り、DynamoDB に分析データを保存してきました。同社はソリューションアーキテクトに対し、ユーザーが API を使用してこのデータにアクセスできるようにするソリューションの提案を依頼しました。API 用に Amazon API Gateway を設置し、バックエンドで DynamoDB からデータを取得します。API はデータベースから数件のデータ（数百バイト）を参照します。アプリケーションの利用状況は、低負荷な時間帯もありますが、数秒でトラフィックがバーストする可能性があります。

ソリューションアーキテクトは、突発的な高負荷に対応するための費用対効果の高いソリューションとして、Amazon API Gateway のバックエンドにどの AWS サービスを利用しますか。（1つ選択してください）

A. ECS

B. Lambda

C. Elastic Beanstalk

D. EC2 Auto Scaling

問54 あなたの会社は、イラストを提供するサービスを運営しています。現在、イラストは S3 Standard に保管されていて、アクセスはランダムに行われます。ソリューションアーキテクトであるあなたは保管コストを抑えるように要請を受けました。コスト削減に効果的な AWS サービスはどれですか。（1つ選択してください）

A. EBS

B. S3 Glacier

C. EFS

D. S3 Intelligent-Tiering

275

第 8 章　模擬試験

問 55　開発者は、社内で利用されるオンライン承認システムを構築したいと考えています。承認プロセスは最大 2 日間かかると想定しています。できるだけシステムの保守作業を減らすために、サーバーレスのソリューションを設計する必要があります。要件を満たすのは、どの処理方式ですか。（1つ選択してください）

　A. Lambda と Step Functions を使用する。

　B. 単一の Lambda 関数内に全処理を記載する。

　C. EC2 上で ECS を使用する。

　D. Lambda と Amazon API Gateway を使用する。

問 56　複数の AZ にデプロイされた EC2 インスタンス上で稼働するアプリケーションを構築しています。セキュリティポリシーでは、EC2 内のデータとバックアップデータの暗号化が定められています。また、プロジェクト予算に限りがあるため、できるだけ低コストで暗号化を実現したいと考えています。これらの要件を満たす最適なソリューションはどれですか。（1つ選択してください）

　A. AWS 管理のカスタマーマスターキー（CMK）で EBS 暗号化を構成する。EBS スナップショット取得後にバックアップジョブでスナップショットを暗号化する。

　B. アプリケーションでデータを暗号化し、EC2 へ書き込む。

　C. デフォルトで EBS および EBS スナップショットが暗号化される。

　D. KMS でユーザー管理の CMK を作成し、作成した CMK で EBS 暗号化を有効にする。EBS スナップショットは自動で暗号化される。

問 57　コールセンター向けのアプリケーションは、EC2 上で稼働し、Auto Scaling グループで構成されています。負荷に応じてリソースを自動的にスケーリングします。オペレータの業務は午前 9 時から午後 5 時までで、特に毎朝午前 9 時から約 15 分の間にシステムの動作が非常に遅くなります。コールセンタースタッフの大部分が午前 9 時に作業を開始することが決まっていて、午前 9 時前にはアプリケーションへログインし、業務の準備をして

います。毎朝の高負荷な状況に対応できる適切なリソースを効率的に確保するために、ソリューションアーキテクトはどうすればよいですか。（1つ選択してください）

A. Auto Scaling のスケジュールされたアクションを作成して、毎朝午前 8 時 30 分に必要なリソースをスケールアウトする。

B. リザーブドインスタンスを使用して、システムがスケールアップイベント用に適切な容量を予約していることを確認する。

C. 使用可能なリソースを保証するために、スポットインスタンスを利用して、午前 9 時前に必要なインスタンスを確保する。

D. 現在稼働しているものよりも大きいサイズの EC2 インスタンスをあらかじめ起動させておき、高負荷にも対応できるようにする。

問 58 ソリューションアーキテクトは、起動中の RDS インスタンスを暗号化する方法を検討しています。最も適切な方法はどれですか。（1つ選択してください）

A. DB インスタンスのスナップショットを取得する。「暗号化を有効化」オプションを選択してスナップショットをコピーする。コピーしたスナップショットから DB インスタンスを復元する。

B. DB インスタンスのスナップショットを取得する。スナップショットから「暗号化を有効化」オプションを選択して DB インスタンスを復元する。

C. 「暗号化を有効化」オプションを選択して DB インスタンスのスナップショットを取得する。スナップショットから DB インスタンスを復元する。

D. DB インスタンスを停止する。「暗号化を有効化」オプションを選択して DB インスタンスを起動する。

第 8 章　模擬試験

問 59　あなたの会社では、静的コンテンツ中心の Web サイトを構築しています。Web サイトはカスタムドメイン名を利用する予定で、Web サイトへのアクセスは低レイテンシーである必要があります。また、サーバーの構築・運用コストを削減するため、サーバーレスで運用したいと考えています。どの AWS サービスを利用するのが適切ですか。（1つ選択してください）

A. ELB

B. ECS Fargate

C. EBS

D. CloudFront

問 60　ある会社は、毎日約 50TB のデータをテープにバックアップし、アプリケーションデータをオフサイトに保存しています。バックアップは、コンプライアンス対応として 7 年間保持する必要があります。バックアップファイルにアクセスすることはめったになく、バックアップを復元する必要がある場合は、通常、5 営業日前に通知されます。

同社は現在、テープ管理のストレージコストと運用上の負担を軽減するためのクラウドベースの機能を検討しており、テープバックアップからクラウドへの移行による中断は最小限に抑えたいと考えています。最も費用対効果が高いストレージソリューションはどれですか。（1つ選択してください）

A. Snowball Edge を使用して、バックアップを S3 Glacier と直接統合する。

B. 手動でバックアップデータを S3 にコピーし、ライフサイクルポリシーを作成して、データを S3 Glacier に移動する。

C. Storage Gateway のテープゲートウェイを使用して、S3 Glacier Deep Archive にバックアップする。

D. Storage Gateway のボリュームゲートウェイを使用して S3 にバックアップし、ライフサイクルポリシーを作成してバックアップを S3 Glacier に移動する。

8.1 模擬試験問題

問 61 あなたが担当するアプリケーションは、複数リージョンの EC2 で実行されており、EC2 インスタンスは開始時に S3 バケットから機密性の高い構成をロードし、DynamoDB をデータベースとして使用しています。セキュリティチームは、セキュリティを向上させるため、パブリックエンドポイントを使用して AWS サービスにアクセスする代わりにプライベートネットワークを使用するように、あなたにアドバイスしました。この指摘に対応するための有効な変更はどれですか。（2つ選択してください）

A. ゲートウェイ VPC エンドポイントを S3 に対して作成する。インターフェイス VPC エンドポイントを DynamoDB に対して作成する。

B. インターフェイス VPC エンドポイントを S3 に対して作成する。ゲートウェイ VPC エンドポイントを DynamoDB に対して作成する。

C. インターフェイス VPC エンドポイントを S3、DynamoDB に対して作成する。

D. セキュリティグループを作成し、S3、DynamoDB に対する通信を許可するルールを設定する。

E. ルートテーブルを変更し、DynamoDB に対する通信を VPC エンドポイントにルーティングする。

問 62 ある会社は、オンプレミスの Oracle データベースを東京リージョンの RDS for Oracle に移行したいと考えています。最高技術責任者（CTO）は、東京リージョンでデータベースが使用できなくなった場合に備えて、シンガポールリージョンでデータベースを継続的に利用するディザスタリカバリ計画を考えています。リカバリは、RTO（目標復旧時間）が 3 時間、RPO（目標復旧時点）が 4 時間以内である必要があります。これらの要件を満たしつつダウンタイムを最小にするためには、どのようにすべきですか。（1つ選択してください）

A. 東京リージョンとシンガポールリージョンに存在する VPC を指定し、マルチマスタークラスターを有効化した RDS をプロビジョニングする。

B. RDS の自動スナップショットを作成し、4 時間ごとにシンガポールリージョンにコピーする。リカバリ時には、最新のスナップショットを利用

（選択肢は次ページに続きます。）

279

第 8 章　模擬試験

してシンガポールリージョンに RDS をプロビジョニングする。

C. RDS のリードレプリカをシンガポールリージョンに作成する。リカバリ時には、シンガポールリージョンのリードレプリカをマスターに昇格させる。

D. RDS のマルチリージョン配置を有効にし、シンガポールリージョンにスタンバイインスタンスをプロビジョニングする。リカバリ時には、シンガポールリージョンのスタンバイインスタンスが自動的にマスターに昇格する。

問 63　あなたの会社は、EC2 で社内システムを運用しようとしています。このシステムは、毎日ピークの時間があり、ピーク時には最大 6,000 IOPS を必要とします。ソリューションアーキテクトであるあなたは、ピーク時に十分なパフォーマンスを発揮し、コスト効率が高いストレージを選択する必要があります。最適なストレージタイプはどれですか。（1つ選択してください）

A. EBS 汎用 SSD (gp2)

B. EBS コールド HDD (sc1)

C. EBS プロビジョンド IOPS SSD (io1)

D. EBS スループット最適化 HDD (st1)

問 64　あなたは、CloudFront を使用して日本国内向けの Web アプリケーションサービスを展開しています。配信コンテンツへのアクセス元を日本国内のみに制限する方法はどれですか。（1つ選択してください）

A. セキュリティグループで日本国内の GeoIP を追加する。

B. ネットワーク ACL で日本国外の GeoIP をすべて拒否する。

C. S3 バケットポリシーの地理的ディストリビューション機能を有効にしてホワイトリストに日本を追加する。

D. CloudFront の地理的ディストリビューション機能を有効にしてホワイトリストに日本を追加する。

問 65 ソリューションアーキテクトは、アプリケーションサーバーとデータベースサーバーから成るゲームアプリケーションの Web アーキテクチャを設計しています。近々、人気のあるアプリケーションの新サービスの提供を開始することになっており、それにともなってアクセスが非常に増えることが予想されます。ソリューションアーキテクトは、頻繁にアクセスされるクエリが原因で RDS for MySQL データベースがボトルネックになることを防ぐ必要があります。ソリューションアーキテクトは、どのサービスまたは機能を追加する必要がありますか。（1つ選択してください）

A. RDS for MySQL データベースのマルチ AZ 機能を利用する。
B. Web アプリケーション層の前に CLB を配置して、Web アプリケーションのサーバー台数を増やし、トランザクションを負荷分散する。
C. RDS for MySQL データベースの前に SQS を配置して、トランザクションを非同期で処理する。
D. RDS for MySQL データベースの前に ElastiCache を配置して、一部のデータをキャッシュする。

第 8 章　模擬試験

8.2 模擬試験問題の解答と解説

問1　　　　　　　　　　　　　　　　　　　　　　　　　　　　[答] A

　Storage Gateway のファイルゲートウェイを利用することで、S3 バケットにバックアップを取得することが可能になります。SMB または NFS プロトコルでのファイル共有設定が必要ですが、ゲートウェイサービスはマネージドサービスであるため、初期設定と運用コストを最小限に抑えることができます。また、バックアップデータは S3 バケットに格納されているため、即時アクセスの要件を満たします。したがって、A が正解です。

B. EFS は複数の EC2 にマウントしてファイル共有することはできますが、オンプレミスにマウントして利用することはできません。

C. VM を取得して S3 バケットに転送する場合、AWS CLI のスクリプトを作成する必要があり、A と比較して構築と運用のコストが増大します。

D. Snowball デバイスは、オンプレミスのデータを外部の物理デバイスにバックアップし、AWS に移行するサービスです。ただし、移行にはリードタイムがかかります。また、S3 Glacier Deep Archive にデータを保管すると、データの取り出しにも時間がかかります。

問2　　　　　　　　　　　　　　　　　　　　　　　　　　　　[答] D

　この設問では、複数リージョンにまたがるシステムを低遅延かつ高可用性で実行するソリューションが問われています。AWS Global Accelerator でアクセラレーターを作成すると、us-west-1 で実行される EC2 インスタンスの数が拡張された場合でも、環境に変更を加えることなくバックエンドでトラフィックを最適化し、利用可能なエンドポイントに自動的に再ルーティングしてくれます。したがって、D が正解です。

A. クロスゾーン負荷分散は、複数の AZ にまたがって登録された EC2 インスタ

282

ンスに均等に負荷を分散するサービスです。リージョン間の負荷分散ではありません。

B. ALB を NLB に変更しています。NLB は、通信の遅延を抑えながら秒単位で大量のリクエストを処理でき、かつスパイク負荷にも対応できるよう最適化されたソリューションです。リージョン間の負荷分散を最適にするソリューションではありません。

C. us-west-1 で実行される EC2 インスタンス数が拡張された場合に、加重ルーティングポリシーを変更する必要があり、ネットワーク構成の修正にコストがかかります。

問3   [答] C

別の AWS アカウントからアクセスできるようにするためには、IAM ロールを使用してクロスアカウントアクセスを設定することが推奨されています。IAM ロールには、最小権限の原則に従いアクセス許可ポリシーを設定します。昇格されたアクセス許可の使用は、特定のタスクに必要なときのみに制限されます。IAM ロールを使用すると、機密性の高い環境が誤って変更されるのを防ぐことができます。

クロスアカウントアクセスには IAM ロールの信頼ポリシーを利用し、特定の AWS アカウントからの AssumeRole を許可します。どの AWS アカウントからアクセスできるかは、信頼ポリシー内の Condition として外部 ID を指定することで制御します。

以上より、C が正解です。

A、B. 別の AWS アカウントのユーザーにアクセス許可を与える際、クロスアカウントのアクセス許可を使用せずに別の方法で実施しているため不適切です。

D. アクセス許可を申請するような機能は用意されていないため不適切です。

問4   [答] C、E

S3 の静的 Web サイトホスティングを用いると、低コストで静的な SPA を実装できます。また、CloudFront を用いることで、低レイテンシーで世界中にコンテンツの提供が可能です。したがって、これらを組み合わせることにより、低コストで低レイテンシーな静的アプリケーションを提供できるため、C と E が正解です。

A. ソリューションの対象が静的アプリケーションなので、RDS は不要です。

B. 静的アプリケーションをホストするために Auto Scaling グループを利用すると、S3 を利用する場合よりも運用コストが高くなります。

D. NLB は、選択肢の中では Auto Scaling グループとしか組み合わせることができず、運用コストが高くなるため不適切です。

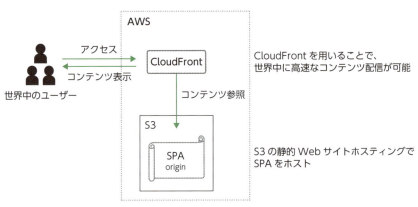

図 8.2-1 CloudFront と S3 を用いた静的 SPA 実装

問5 [答] D

この設問では、リアルタイムにレポートを作成することでパフォーマンスの問題が生じています。このため、レポート作成処理を分離することがポイントとなります。リードレプリカを使用することによりマスターノードの負荷を軽減でき、書き込みのパフォーマンスが向上します。また、リードレプリカの利用は AWS のコンソール画面から容易に実行することができ、構築作業の工数も少なく済みます。したがって、D が正解です。

A. レポート作成処理が分離されず、パフォーマンスが向上するかどうか不明瞭です。また、EC2 でデータベースを運用すると、Aurora MySQL を利用する場合と比較して運用コストが増えます。

B. 既存のアプリケーションが MySQL を採用していることから、リレーショナルデータベースを利用する必要があります。DynamoDB のような Key-Value 型の NoSQL のデータベースを使うと、データ移行が発生し、そのためのコストがかかります。

C. マルチ AZ 環境では、スタンバイ用のインスタンスを読み込み専用の処理では使用できないため不適切です。

問6   ［答］**A**

EC2 Auto Scaling グループを 6 台（3AZ × 2 台）にすると、1つの AZ に障害が発生しても 4 台での稼働が可能になります。したがって、A が正解です。

- **B.** ターゲット追跡スケーリングポリシーは、メトリクスを指定したターゲット値近くに維持することで、Auto Scaling の急激な変動を最小限に抑えるサービスです。クールダウン期間が短いターゲット追跡スケーリングポリシーを追加しても、AZ 障害には対応できません。
- **C.** EC2 インスタンスタイプをスケールアップすると性能は向上しますが、AZ 障害に対する可用性は高くなりません。
- **D.** EC2 Auto Scaling グループを 8 台（2AZ × 4 台）にすることで、1つの AZ に障害が発生しても 4 台での稼働が可能になりますが、A の方法よりもコストが高くなります。

問7   ［答］**A**

S3 Glacier と S3 Glacier Deep Archive は、いずれも低コストでファイルを保管できますが、ファイルにアクセスするためにはファイルを取り出すための時間と料金が必要です。取り出し時間はオプションによって異なり、取り出し時間が短いほど料金も高くなります。問題文には、過去の請求書は当月の請求書に比べてアクセス頻度が低く、8 時間以内に再発行できればよいと書かれており、この場合、S3 よりも S3 Glacier にファイルを保存するほうがコスト効率は高いです。また、S3 Glacier と S3 Glacier Deep Archive の選択では、「8 時間以内」という条件を満たすために S3 Glacier を選ぶ必要があります。その際、コストを考慮し、S3 Glacier の標準オプションを選択します。したがって、A が正解です。

- **B.** S3 Glacier Deep Archive には迅速オプションは用意されていません。
- **C.** S3 Glacier の迅速オプションの取り出し時間は 1～5 分です。しかし、標準オプションでも 3～5 時間で取り出すことが可能なので、今回は標準オプションを選択したほうがコストを抑えることができます。
- **D.** S3 Glacier Deep Archive の標準オプションの取り出し時間は、12 時間以内となっています。したがって、8 時間以内に取り出せない可能性があるので、ソリューションとして利用できません。

問8 [答] C

エンドポイントポリシーにS3の特定バケットへのアクセス制限を設定することができます。また、経由するエンドポイントをサブネットごとに分けることで、異なるアクセス許可設定を適用できます。したがって、Cが正解です。

- **A.** VPCエンドポイント経由でS3にアクセスする場合、バケットポリシーのaws:SourceIp条件を使用することはできません。
- **B、D.** Bは、パブリックサブネットからの接続経路をインターネット経由に切り替える手順です。また、Dは、プライベートサブネットのEC2インスタンスからVPCエンドポイントに接続するための手順です。いずれもS3への読み書きおよび更新のコントロールはできません。

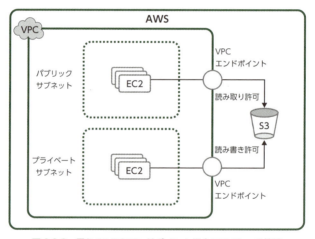

図8.2-2 異なるVPCエンドポイント経由でのS3への接続

問9 [答] D

この設問では、メディアコンテンツを処理および保存するための要件に合致し、かつ費用対効果が高いストレージソリューションの組み合わせを選択します。ストレージに求められている要件は、次の3つです。

・一時領域となるストレージは、数日間データを保存できて高性能なI/Oを持ち、拡張可能であること
・過去1年以内のコンテンツを保管するストレージは、大容量で常にアクセスが

可能であること

・1年以上経過したコンテンツを保管するストレージは、めったにアクセスされないが、大容量データをアーカイブできること

これらの要件を満たすには、一時領域にプロビジョンド IOPS の EBS、コンテンツ保管に S3、アーカイブに S3 Glacier をそれぞれ利用するのが最適であり、費用対効果の面でも優れています。したがって、D が正解です。

A. 一時領域に汎用 SSD の EBS を利用する場合、プロビジョンド IOPS の EBS よりもコストが低くなりますが、最大 IOPS が 16,000 なので、持続的な IOPS パフォーマンスを求めるならプロビジョンド IOPS のほうが適しています。また、アーカイブされたメディアコンテンツには、めったにアクセスしないので、アーカイブには S3 Glacier で十分です。さらに、コンテンツ保管に関しては、S3 を使用すると S3 Glacier よりもコストが高くなります。

B. 一時領域にインスタンスストアを利用しています。インスタンスストアは EC2 の揮発性ブロックストレージです。EBS よりも高 IOPS のストレージで、キャッシュや一時コンテンツの処理を格納するのに適していますが、EBS のように永続性はないので保存しているデータが失われる可能性があります。よって、設問のケースでは不適切です。

C. コンテンツ保管に関しては、S3 でも要件を満たせます。S3 の代わりに EFS を利用すると、S3 と比較して I/O の性能はよくなりますが、コストが高くなります。

問10 [答] A

バッチ処理はステートレスに構成されており、いつでも処理を中断できるため、スポットインスタンスと Lambda が正解候補になります。スポットインスタンスは、AWS によって強制終了されるリスクがある代わりに、クラウド内の余っている EC2 を低価格で利用できる料金モデルです。一方、Lambda は、処理が稼働した時間分だけが課金対象となり、処理の待ち時間は課金対象とならないため、EC2 と比べると費用対効果が高いサービスです。次に処理時間に注目すると、問題文には「60分」と書かれています。これは Lambda のタイムアウト時間の上限である 15分より長いため、Lambda の利用は適していません。したがって、A のスポットインスタンスが正解です。

第 8 章　模擬試験

B. 設問のケースはデータ量の変動が大きいバッチ処理のため、キャパシティ予
測が難しいワークロードです。また、リザーブドインスタンスでは 1 年また
は 3 年の利用をコミットする必要があり、定常的に起動していることが利用
料の前提となっているため、処理時間が 60 分のバッチ処理には適していませ
ん。

C. オンデマンドインスタンスは通常料金での購入オプションなので、スポット
インスタンスやリザーブドインスタンスと比較すると費用対効果が高いとは
いえません。

D. Lambda の稼働時間は最大で 15 分なので、処理に 60 分かかるバッチ処理に
は適していません。

問11 [答] C

署名付き URL を作成し、オブジェクトにアクセスするための期限付きの許可を相
手に付与することができます。署名付き URL を受け取った相手は誰でもそのオブ
ジェクトにアクセスできるようになります。

オブジェクトにアクセスするための IAM ユーザーは必要ありません。よって、
ファイルをダウンロードできない理由として A は不適切です。また、オブジェクト
やバケットはプライベートの状態であればよく、public-read になっている必要はあ
りません。よって、B も不適切です。

有効なセキュリティ認証情報を持つすべてのユーザーは、署名付き URL を作成す
ることができます。しかし、正常にアクセスするには、署名付き URL で実行しよう
としている処理に対する権限を持つユーザーが、署名付き URL を作成する必要があ
ります。この場合、URL を作成するユーザーはオブジェクトの所有者でなくてもよ
いので、D も不適切です。

以上より、ファイルをダウンロードできなかった理由として考えられるのは、C の
「署名付き URL の有効期限が切れていた」になります。

問12 [答] B

異なる VPC 間で通信を行う方法を選択する問題です。VPC をまたいで、安全か
つ可用性の高い通信を行うには、Transit Gateway を使用します。Transit Gateway
は単一障害点や帯域幅のボトルネックがなく、接続する VPC が増えた場合でも 1 か
所で管理することができます。したがって、B が正解です。

VPC 間の接続は VPC ピアリングでも可能です。しかし、VPC ピアリングは 2 つの

288

VPC 間でのみ有効です。VPC 間同士の接続数が増えてくると、それぞれの VPC 間でピアリングを作成することになり、メッシュな状態になります。Transit Gateway のほうが VPC 間のルーティング情報を集約して管理することができます。

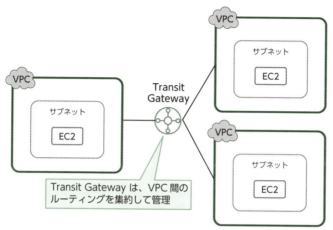

図 8.2-3　Transit Gateway での VPC 間接続

- **A.** Direct Connect は、オンプレミス環境と AWS 間を専用線で接続するサービスです。AWS 内の VPC 間を接続するものではありません。
- **C.** NAT ゲートウェイは、AWS 内のプライベートサブネットからインターネットへ通信を行う際に使用するサービスです。VPC 間を接続するものではありません。
- **D.** ゲートウェイ VPC エンドポイントにより、インターネットを経由せず AWS ネットワーク内を通って、サポートされている AWS のサービスを利用することができます。ただし、ゲートウェイ VPC エンドポイントが対応する AWS サービスは、S3 および DynamoDB のみです。

問13　　　　　　　　　　　　　　　　　　　　　　　　　　　　　　　　　　[答] A

開発環境は、営業日にしか利用されず、可用性よりもコストを優先するためスポットインスタンスが適しています。一方、本番環境は、24 時間 365 日稼働しているのでリザーブドインスタンスが適しています。したがって、A が正解です。

- **B.** 開発環境は営業日にしか利用していないため、リザーブドインスタンスでは非営業日分の無駄なコストが発生します。また、本番環境にスポットインス

第8章　模擬試験

タンスを利用すると、AWS によって強制的にインスタンスが停止されて、可用性が低下するおそれがあります。

C、D. オンデマンドインスタンスは、リザーブドインスタンスやスポットインスタンスに比べるとコスト効率が高い料金モデルとはいえません。設問では、開発環境は可用性よりもコストを優先することが要件となっているため、より低価格なスポットインスタンスが適しています。

問14　[答] A

設問の表の空欄について、上から順に見ていきます。まず、セキュリティグループは、「(ア) インスタンス」の仮想ファイアウォールとして機能するものであり、1つのインスタンスに複数割り当てることができます。一方、ネットワーク ACL は、サブネットへのトラフィックを制御するファイアウォールであり、「(イ) サブネット」に対して1つ設定することができます。

また、セキュリティグループが指定できるのは「(ウ) 許可」ルールのみですが、ネットワーク ACL は、許可に加えて拒否のルールも指定することができます。

セキュリティグループもネットワーク ACL も、インバウンドトラフィックルールとアウトバウンドトラフィックルールを個別に指定できます。セキュリティグループは「(エ) ステートフル」であり、許可されたインバウンドトラフィックに対する応答 (戻りのトラフィック) は、アウトバウンドルールに関わらず通過することができます。また、アウトバウンドルールで許可されたインスタンスからのリクエスト送信に対するレスポンスも、インバウンドルールに関わらず通過することができます。一方、ネットワーク ACL は「(オ) ステートレス」であり、インバウンドトラフィックに対する応答が通過できるようにするには、アウトバウンドルールに許可の指定を行う必要があります。

以上より、A が正解です。

問15　[答] B

この設問では、海外のユーザーにも遅延なくブラウジングを実現する必要があります。そのため、海外からアクセスしてきたユーザーに対しても、Web サイトでの静的コンテンツを素早く表示できるソリューションを選択することがポイントです。世界中から静的コンテンツにアクセスされる場合、CloudFront と S3 を使用してホストする方法が最も費用対効果が高く、レスポンスが早くなります。したがって、B が正解です。

290

8.2　模擬試験問題の解答と解説

A. S3 には動的コンテンツをホストできないので不適切です。

C. アメリカとヨーロッパのリージョンにアプリケーションをデプロイするのは費用対効果が高いとはいえません。

D. EC2 インスタンスの数を増やすのは費用対効果が高いとはいえません。

問16 [答] D

Aurora グローバルデータベースを使うと、プライマリリージョンで障害が発生した場合に 1 分以内にセカンダリリージョンへの切り替えが可能です。したがって、D が正解です。

A. 設問のケースでは、リレーショナルデータベースを実装することになっています。DynamoDB はリレーショナルデータベースではないため、不正解となります。

B. マルチ AZ 配置は、同一リージョン内の複数の AZ に対応するためのものです。リージョン障害には対応できません。

C. RDS のクロスリージョンスナップショットコピーを使うと、リージョン間でのデータベースの復旧はできますが、設問にあるような RPO/RTO のサービスレベルを満たせません。

問17 [答] A

支払いサービスに接続可能な IP アドレス数に制限があるため、NAT ゲートウェイを利用し、パブリック IP アドレスを固定化します。これにより、EC2 サーバー数の制限がなくなります。また、EC2 サーバー群をパブリックサブネットに配置することはセキュリティ面で推奨される構成ではないため、A が正解です。

次ページの図 8.2-4 は、NAT ゲートウェイを利用した VPC の構成例です。プライベートサブネットに配置した EC2 からのインターネットへのアクセスは NAT ゲートウェイを経由して行います。

291

第8章 模擬試験

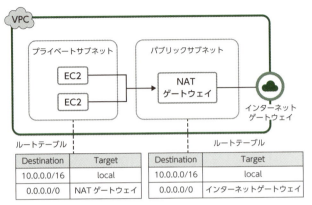

図 8.2-4 NAT ゲートウェイを利用した VPC 構成

- **B、D.** EC2 のサーバー数に制限があることと、パブリックサブネットに EC2 を配置しており、A と比較してセキュリティレベルが低い構成であることから、不適切です。
- **C.** カスタマーゲートウェイは、VPN 接続を行うために用いられるサービスです。EC2 からのインターネットアクセスを目的として利用されるわけではないので不適切です。

問18 [答] A

選択肢 A と B に記述されている EC2 におけるプレイスメントグループとは、複数の EC2 インスタンスをグループ化して、ネットワークパフォーマンスの向上やハードウェア障害の軽減を図るためのオプションです。A のクラスタープレイスメントグループは、同一の AZ 内におけるインスタンス間のネットワークレイテンシーを抑えて、スループットの上限を高めることができます。このため、設問のようなハイパフォーマンスコンピューティングの用途として最適なオプションとなります。したがって、A が正解です。

- **B.** パーティションプレイスメントグループを有効にすることで、インスタンスを複数の論理的なパーティションに分散させて、他のパーティション内にあるインスタンスとの間でハードウェアを共有しないようにします。これは、HDFS（Hadoop Distributed File System）のような大規模分散処理のユースケースで有用です。
- **C.** 専用のインスタンステナンシーは、ハードウェア専有インスタンスとも呼ば

れ、このオプションを選択すると、物理的に1台のハードウェアを占有することができます。これにより、ライセンスやコンプライアンス基準で物理的に単一のハードウェアにインストールしなければならないようなアプリケーションを利用することができます。

D. 専有ホストは、Cでは不可能なホストの指定が可能です。たとえば、CPUコア数を指定できるので、コアライセンス契約のソフトウェアを起動させたい場合に利用します。CとDは、いずれも設問の要件とは無関係のオプションです。

問19 ［答］A、C

ルートユーザーに多要素認証（MFA）を設定後、普段のオペレーションにはIAMを使用することがベストプラクティスとされています。AWSアカウントの初期設定後、基本的にルートユーザーでログインすることはありません。また、ルートユーザーに設定したMFAデバイスと認証情報は厳重に保管します。したがって、AとCが正解です。

B. ルートユーザーを削除することはできません。

D. ルートユーザーのアクセスキーとシークレットキーの使用は、特別な理由がない限り、セキュリティ上推奨されていません。

E. EC2キーペアはEC2起動時にログイン認証で使用します。EC2キーペアでリソースの操作を行うことはできません。

問20 ［答］C

適切なオートスケーリング設定を検討する問題です。突発的なアクセスが発生することと、アクセス急増のトリガーとなるイベントの日時が決まっていることから、スケジュールにもとづくスケーリングを使用します。したがって、Cが正解です。

A、B. Aのステップスケーリングは、平均CPU使用率などのスケーリングメトリクスに対するしきい値に応じて、スケールするインスタンスの台数を制御するものです。また、Bの簡易スケーリングは、しきい値を超えるとインスタンスの台数をスケールします。これらAとBのオートスケールは、インスタンスがスケールしてリクエストを正常に処理できるようになるまで数分かかるので、突発的なアクセス増加時にはリソースの追加が間に合わない場合が

第 8 章　模擬試験

あります。

D. ライフサイクルフックは、オートスケーリンググループのインスタンス起動時または削除時にカスタムアクションを実行する機能です。

問21　　　　　　　　　　　　　　　　　　　　　　　　　　　　[答] D

Amazon FSx は、Windows の EC2 向けのマネージド型ストレージサービスです。複数の Windows サーバーからマウントが可能で、ファイル共有を行う場合に採用します。Amazon FSx を構築する際にマルチ AZ を選択することで、障害に対して耐久性を確保できます。したがって、D が正解です。

A. RDS は、リレーショナルデータベースソリューションです。複数のサーバーから RDS 内にあるデータを共有することはできますが、リレーショナルデータベースはファイルの共有には向いていません。

B. Storage Gateway は、ファイルシステムがオンプレミス側にある構成となります。AWS 側のサーバーでファイルを共有するサービスではありません。

C. EFS は、Linux 用ファイル共有サービスです。Windows インスタンスではサポートされていません。

問22　　　　　　　　　　　　　　　　　　　　　　　　　　　　[答] D

Lambda 関数に AWS のリソースへのアクセス権限を付与するためには、AWS Identity and Access Management（IAM）の IAM ロールを利用します。IAM ロールの詳細なアクセス権限は、アクセス許可設定を記載した IAM ポリシーをアタッチすることで実現できます。したがって、D が正解です。

A、C. IAM アクセスキーとシークレットキーをソースコードやデータベース内に保持することになり、セキュリティ面で推奨されません。

B. Lambda を作成したユーザーの権限は、作成された Lambda へは適用されません。

問23　　　　　　　　　　　　　　　　　　　　　　　　　　　　[答] A

負荷に応じて適切に EC2 インスタンスを増やしていく方法が問われています。トラフィックの負荷に応じて EC2 の台数を決める場合、Auto Scaling の段階スケーリングポリシーの利用が適しています。段階スケーリングポリシーでは、CloudWatch

294

のメトリクスで取得できる値をベースに、しきい値を超えたときにアラームを発する場合、得られた値の使用率が60%なら1台追加、75%なら2台追加、90%なら4台追加といったように、値によってスケールする台数を指定することができます。したがって、Aが正解です。

    B. Aと同様にAuto Scalingを利用していますが、この選択肢Bでは、スケジューリングで指定した時間になったら何台追加する、という設定方法になります。あらかじめ負荷が上がる時点がわかっていれば有効な手段ですが、負荷状況に応じてインスタンスを増減させるのには向いていません。

    C. スポットインスタンスは、EC2インスタンスをオンデマンドよりも安く利用できるので、短期間の一時的な利用には適していますが、動作中でもEC2インスタンスがダウンする可能性があります。

    D. リザーブドインスタンスにして1台あたりのEC2インスタンスのランニングコストを下げておけば、同じコストで多くの台数を用意できますが、負荷に応じて柔軟に増減させるような対応はできません。

問24 [答] C

Snowball Edgeは、物理デバイスを利用してAWSにデータを転送できるサービスです。データを保存できる物理デバイスがAWSから送られてくるので、デバイスをローカルネットワークに接続し、データを入れてAWSに返送します。このサービスを活用すれば、ネットワーク帯域幅が逼迫することなくデータをAWSに転送できます。問題文には、ネットワークの帯域幅は広くないと書かれているので、Snowball Edgeを利用する方法が、普段の業務に影響を与えずにデータを移行できる適切なソリューションです。なお、AのようにStorage Gatewayを利用すると、普段のネットワークの帯域幅では業務に影響を与えてしまうので帯域の増設が必要となり、またデータの移動が終わった際に元の帯域に戻す作業とコストが発生します。したがって、Cが正解です。

    A. Storage Gatewayは、インターネットを利用してS3にファイルを転送する必要があるため、ネットワーク帯域幅を多く使用します。

    B. Snowmobileは、エクサバイト規模のデータをAWSに移行する際に利用するサービスであるため、設問の要件に合いません。

    D. インターネットを利用した転送はネットワーク帯域幅を多く使用します。

第 8 章　模擬試験

問25　　　　　　　　　　　　　　　　　　　　　　　　　　　　　[答]　B

　書き込みと読み込みに対するデータの一貫性を担保するには、リレーショナルデータベースが適しています。また、「データ量の増加に応じて自動的にスケーリングする」という要件から、Aurora を使用します。したがって、B が正解です。

- **A.** S3 は、大容量のデータを低コストで保存するのには適していますが、データ処理に使用するには、別途 Athena や Lambda と組み合わせる必要があります。
- **C.** DynamoDB は NoSQL サービスです。デフォルトでは書き込み直後のデータの読み込みは最新状態が返却される保証がなく、強い整合性オプションを有効にしても読み込み結果の返却に時間がかかる場合があるため、要件を満たしません。
- **D.** Redshift はデータウェアハウスのサービスであり、データの分析および可視化のために使われます。Redshift は自動的にスケーリングする機能は持っていません。

問26　　　　　　　　　　　　　　　　　　　　　　　　　　　　　[答]　B

　AWS が管理する暗号鍵と KMS が管理する CMK は、いずれも保存時の暗号化を実装できます。ただし、AWS が管理する RDS 暗号鍵のローテーション管理はできないため、ローテーション管理を行う場合は、KMS に暗号化用の CMK を作成して自動ローテーションを有効化する必要があります。したがって、B が正解です。

- **A、D.** AWS が管理する暗号鍵は、ローテーション管理を行うことができません。
- **C.** KMS に作成した CMK は、デフォルトではローテーションされません。ローテーションするためには、手動で行うか、もしくは自動ローテーションを有効化する必要があります。

問27　　　　　　　　　　　　　　　　　　　　　　　　　　　　　[答]　C

　このシステムでは EC2 上でユーザーを認証し、アップロードする画像のチェックを行った後で、S3 に画像を格納します。つまり、S3 にアップロードする前の処理をEC2 上で実行する必要があります。

　設問のようなケースでは、EC2 の負荷を分散させる方法として Auto Scaling を利用します。Auto Scaling によって負荷分散された EC2 に画像をアップロードした後、

処理を行って S3 に格納する C が正解です。

- **A、B.** S3 に領収書の画像データを直接アップロードしていますが、問題文には、EC2 上で認証やウイルスチェック処理を行うと記載されています。S3 や Lambda での認証、ウィルスチェック処理は要件を満たしません。
- **D.** スポットインスタンスでは、不足している EC2 リソースを比較的低コストで増やすことができますが、処理の途中で EC2 インスタンスがダウンする場合もあるので、設問のケースには適していません。

問28　　　　　　　　　　　　　　　　　　　　　　　　　　　　　　　　　　　　[答] A

　Kinesis Data Firehose は、ストリーミングデータを分析ツールやデータストアに配信するマネージドサービスです。設問のようなログファイルの取り込み処理を、複雑なアプリケーションを構築しなくても実装できます。また、Redshift は、AWS が提供するデータウェアハウスのサービスであり、大量のデータを蓄積し、分析クエリを発行することができます。

　Kinesis Data Firehose と Redshift の連携については、Redshift クラスターにログデータをロードさせるために、S3 バケットから Redshift への COPY コマンドを発行させることが必要です。したがって、これらを組み合わせた A が正解になります。

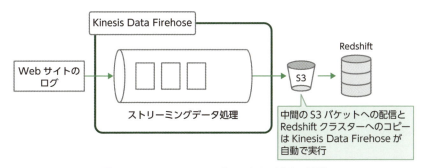

図 8.2-5　Kinesis Data Firehose と Redshift の連携

- **B.** Kinesis Data Streams は、ミリ秒レベルのリアルタイム処理を実行できるので、よりリアルタイム性を求める要件では適切なサービスですが、データを取り込む処理を実装する必要があります。よって、構築・運用負荷の軽減、ニアリアルタイムという設問の要件に照らすと、Kinesis Data Firehose のほうが相対的に適しています。また、ログデータの保存先に S3 Glacier を採用していますが、これは低コストで長期保存する用途で用いられるサービスで

第 8 章　模擬試験

す。データの取り出しに時間とコストがかかるため、頻繁に分析を行うログ
の保存先としては適していません。

C. Snowball は、テラバイトを超えるような大容量のデータを物理的なデバイス
を用いて AWS に移行するサービスです。設問では Web サービスそのものを
AWS に移行することは求められておらず、分析対象となる利用者データを移
行する必要はありません。

D. オンプレミスの Web サイトのサーバーに EBS をマウントして利用すること
はできません。

問29　　　　　　　　　　　　　　　　　　　　　　　　[答] A、B

　AWS は、SAML 2.0 を使用した ID フェデレーションをサポートしています。こ
の機能を利用して、AWS マネジメントコンソールへのシングルサインオン（SSO）
を実現できます。SSO を利用すると、ユーザーが AWS マネジメントコンソールへ
ログインし各種操作を実行するために、組織内の全員の IAM ユーザーを個別に作成
する必要がなくなります。

　オンプレミスの認証情報を利用して AWS マネジメントコンソールへの SSO を実
現するためには、オンプレミスの ID プロバイダー（IdP）と AWS の SSO エンドポ
イントを利用します。ユーザーがポータルにアクセスすると、IdP はユーザーを認
証し、ユーザーの認証情報や属性などが記述されたメタデータドキュメントである
SAML アサーションを返します。ブラウザ等のクライアントが SAML アサーション
を AWS の SSO エンドポイントに POST すると、SSO エンドポイントは STS から
一時的な認証情報を取得します。SSO エンドポイントはリダイレクト URL を生成
して、クライアントへ AWS マネジメントコンソールの URL を返します。クライア
ントは、この URL を利用して AWS マネジメントコンソールへアクセスすることが
できます。AWS マネジメントコンソール上でのアクセス権限は、事前に SAML ア
サーションの属性に対応付けられた IAM ロールにより決定されます。したがって、
A と B が正解です。

C. このような機能は AWS では提供されていません。

D. IAM ユーザーではなく IAM ロールにマッピングされます。

E. Cognito では、AWS マネジメントコンソールへのシングルサインオンはサ
ポートされていません。

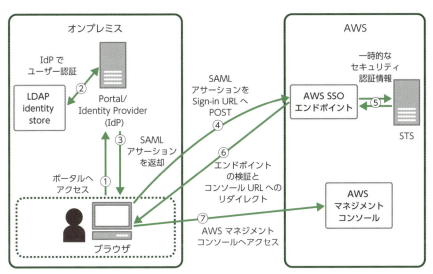

図 8.2-6　SAML 2.0 を利用した AWS コンソールへのシングルサインオン

問30 [答] B

この設問では、アプリケーションの変更を最小限に抑えつつ、DynamoDB の読み込み速度を向上させることが求められています。DynamoDB Accelerator（DAX）を使用することで、読み込みに必要なメッセージを DynamoDB 内でキャッシュすることができ、読み込み速度が向上します。また、DAX は DynamoDB との互換性もあるので、アプリケーションの変更を最小限に抑えることが可能です。したがって、B が正解です。

- **A.** RDS はリードレプリカを利用できますが、DynamoDB はリードレプリカを利用することができません。
- **C.** ElastiCache for Redis を使用してキャッシュの仕組みを導入することで読み込み性能は向上しますが、B と比較して大きな変更が必要となります。
- **D.** 読み込みキャパシティユニットを増加させると、読み込みスループットは向上します。しかし、読み込み速度は向上しません。

第 8 章　模擬試験

問31　　　　　　　　　　　　　　　　　　　　　　　　[答] A

　VPC 内に配置された EC2 や ECS から、グローバルサービスである S3 にアクセスする場合は、通常、インターネットを経由してアクセスする必要があります。しかし、ゲートウェイ型の VPC エンドポイントを利用すれば、VPC 内のプライベートネットワークからインターネットを経由せずに、AWS 内のネットワークを経由して S3 へ直接アクセスできるようになります。この場合、インターネットへのアウトバウンドの通信費用や、NAT ゲートウェイ、NAT インスタンス等のコストを節約できます。したがって、A が正解です。

　B、C、D. インターネットを経由するアウトバウンドの通信費用がかかるため、ネットワーク通信コスト削減の観点から適切ではありません。

問32　　　　　　　　　　　　　　　　　　　　　　　[答] C、D

　この設問のポイントは 2 つあります。1 つはアクセス先のサブドメインにもとづいて適切なルーティングが行えること、もう 1 つはトラフィックパターンに合わせてキャパシティを自動調整できることです。アクセス先のサブドメインごとにルーティングするには、ALB が最適です。また、負荷に応じて動的にサーバー台数を自動調整するには、EC2 Auto Scaling を用います。したがって、C と D が正解です。

　A. AWS Batch はバッチ処理に利用するサービスです。Web システムの負荷に応じて EC2 を増加するものではありません。
　B. NLB はドメインごとのルーティングはできません。
　E. S3 には動的資源を配置できません。

問33　　　　　　　　　　　　　　　　　　　　　　　　[答] C

　EBS ボリュームを東京リージョンと別のリージョン間でコピーして利用する場合、EBS のスナップショットを作成します。そして、スナップショットを東京リージョンから別のリージョンにコピーします。したがって、C が正解です。

　A. EBS ボリュームは、リージョンをまたいで直接スナップショットを作成することはできません。
　B. S3 にデータをコピーし、S3 のリージョン間レプリケーションでリージョン間のコピーはできますが、EBS のボリューム内のデータをすべて S3 にコピーす

300

8.2　模擬試験問題の解答と解説

る処理をカスタムで作る必要があります。

D. 別リージョン上の EBS ボリュームに直接コピーする方法も、B と同様に、コピーする処理をカスタムで作る必要があります。

問34　　　　　　　　　　　　　　　　　　　　　　　　　　　　　　　[答] C

SCP には、RDS へのアクセス権限が与えられています。RDS インスタンスを作成できない要因として、IAM ユーザーに必要な許可が与えられていない可能性があるため、C が正解です。

A. OU には IAM ポリシーを設定できません。

B. ルートユーザーで RDS インスタンスを作成できる可能性はありますが、ベストプラクティスとしてルートユーザーの利用は推奨されていません。

D. SCP ではサービス単位の利用可否は設定可能ですが、サービス内の特定操作の利用可否は設定できません。

問35　　　　　　　　　　　　　　　　　　　　　　　　　　　　　　　[答] B

設問のケースでは、処理がシンプルで処理時間も短い Web サイトをサーバー側で実装しています。この場合、EC2 インスタンスで実装するよりは、Lambda を使った実装に切り替えるほうが従量課金となり費用対効果が上がります。Lambda は複数の AZ で実行されるため、高可用性が担保されています。したがって、B が正解です。

A、C. Auto Scaling で EC2 インスタンスを柔軟に増減させる方法は、負荷に応じて複雑な処理を行うのには適していますが、Lambda と比べるとコストが高くなります。

D. Amazon API Gateway を設置してバックエンドの EC2 インスタンスと統合しても、コスト削減にはなりません。

問36　　　　　　　　　　　　　　　　　　　　　　　　　　　　　　　[答] B

ここでは、シングルテナント、および FIPS 140-2 レベル 3 の要件を満たす暗号鍵管理が求められています。暗号鍵を管理するサービスは KMS および CloudHSM ですが、設問の要件を満たすのは CloudHSM なので、B が正解です。

FIPS 140-2 とは、暗号化モジュールの米国連邦政府標準規格です。レベル別にセキュリティ要件が定義されており、KMS はレベル 2、CloudHSM はレベル 3 を満た

301

第 8 章　模擬試験

します。

A、D. KMS は、マルチテナントであり、FIPS 140-2 レベル 3 を満たしていない
（KMS はレベル 2 までを満たす）ため不適切です。

C. 設問の要件を満たす構成をオンプレミスで構築することは可能ですが、AWS
サービスの中に要件を満たす CloudHSM があるため、同サービスを使う手法
のほうが、より最適です。

問37　　　　　　　　　　　　　　　　　　　　　　　　　　　　　　[答]　C

定常的に CPU 使用率が低いということは、スケーリングポリシーにより、CPU 使
用率が高まる前にインスタンス数が増やされていることを意味します。

CPU 使用率がある程度まで上がった場合にだけインスタンスを追加するよう、
CPU 使用率にもとづいたスケーリングポリシーを設定することで、リソース使用率
を高めることができます。したがって、C が正解です。

A. この設問では、インスタンス起動数の最小値は 2 です。インスタンス起動数
の最小値を減らすと、最小値は 1 となり、シングル AZ 構成になるので可用
性が維持されません。

B. インスタンス起動数の最大値を減らすことで、最大にスケールアウトしてい
るタイミングでは CPU 使用率が高まることが期待できますが、インスタンス
数が少ない時間帯は稼働率が向上しません。

D. インスタンスタイプを大きくすると、CPU 使用率がさらに低下してしまいま
す。

問38　　　　　　　　　　　　　　　　　　　　　　　　　　　　　　[答]　A

オンライントランザクション処理で十分なパフォーマンスを確保し、パフォーマ
ンスを維持しつつ小さいサイズのデータを頻繁にアクセスするのに適した EBS スト
レージは、プロビジョンド IOPS SSD です。したがって、A が正解です。

B. 汎用 SSD は、ソリッドステートドライブのストレージですが、プロビジョン
ド IOPS SSD ほど高いパフォーマンスまで拡張することはできません。

C. コールド HDD は、スループット指向でアクセス頻度の低いデータ用のスト
レージです。データに頻繁にアクセスするストレージとして利用するのには

向いていません。

D. スループット最適化 HDD は、高スループットを必要とするアクセス頻度の高い処理向けのハードディスクです。ビッグデータを対象とする処理に適しています。

問39　　　　　　　　　　　　　　　　　　　　　　　　　　　　[答] C

静的コンテンツは S3 に格納し、Web サイトホスティングを有効にします。アプリケーションレイヤーはマイクロサービスで構成されるため、EKS または Lambda が適しています。また、ユーザーデータなどマスターデータは、RDS より Key-Value ストアである DynamoDB を利用したほうが低レイテンシーでのアクセスが可能になり、一時的なトラフィック増加にも低コストで対応できます。したがって、C が正解です。

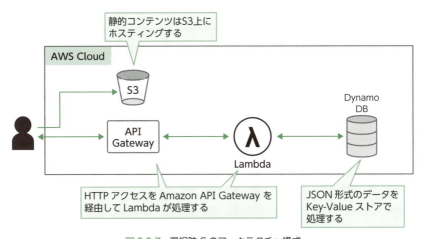

図 8.2-7　選択肢 C のアーキテクチャ構成

A. Elastic Beanstalk は、マイクロサービスに最適な構成ではありません。サーバーレスサービスである Lambda の場合、マイクロサービスのような小さな単位でコード実行環境を構築でき、一時的にトラフィックが増加しても自動でスケールするので運用コストも小さくなります。Elastic Beanstalk で一時的なトラフィック増加に対応するには、Auto Scaling を設定し、利用者が適切に運用する必要があり、この点でも最適とはいえません。

B. RDS に格納する場合、一時的にトラフィックが増加したときにスケールアップが必要になります。また、JSON 形式のユーザーデータは Key-Value スト

第 8 章　模擬試験

アと相性がよく、RDS よりも DynamoDB のほうが最小のコストで低レイテンシーアクセスを実現できます。

D. B と同様に、設問のワークロードには RDS よりも DynamoDB のほうが最小のコストで要件を満たします。

問40　　　　　　　　　　　　　　　　　　　　　　　　　　[答] C

複数の EC2 インスタンスからアクセスでき、オリジナルの画像ファイルのように容量が大きくなるファイルの保存に関して費用対効果が高いのは、S3 です。S3 は EBS と比較してファイルの読み書き性能が劣るため、複数のサムネイルを短時間で描画することには不向きですが、設問のケースではオリジナルの画像ファイルはダウンロードのみで利用されるため、読み書き性能が劣る点は問題ありません。したがって、C が正解です。

A. EBS ボリュームは、サムネイルファイルの読み書きの要件を満たしますが、複数の EC2 インスタンス上から汎用 SSD タイプの EBS ボリュームを共有することができません。

B. EFS は、サムネイル画像を保存するのには適していますが、オリジナルの画像ファイルの保存に関しては S3 よりもコストが高くなります。

D. S3 Glacier は、ファイルを直接参照することができず、ファイルの取り出しまでに数時間のリードタイムを要するため、ユーザービリティの面で適していません。

問41　　　　　　　　　　　　　　　　　　　　　　　　　　[答] B

AWS WAF は、この機能に対応した AWS サービスに転送される HTTP(S) リクエストをモニタリングできる Web アプリケーションファイアウォールです。AWS WAF に対応しているロードバランサー (Load Balancer) タイプは、ALB (Application Load Balancer) のみです。CLB (Classic Load Balancer) は AWS WAF に対応していないため、これを ALB に置き換える必要があります。したがって、B が正解です。

A、C. CLB (Classic Load Balancer) と NLB (Network Load Balancer) は、AWS WAF には未対応です。

D. ECS は、サービス単体で AWS WAF を利用することはできません。

304

8.2 模擬試験問題の解答と解説

問42 [答] C

　この設問では、全世界のユーザーに対して Web サイトを配信する際にパフォーマンスを向上させる方法が問われています。この場合、CloudFront の利用が有効です。CloudFront を利用することで、世界各地に Web サイトのキャッシュを持つことができます。ユーザーは自分に最も近いキャッシュにアクセスすることになるので、パフォーマンスの向上が見込めます。したがって、C が正解です。

- **A.** S3 はリージョンに紐付くストレージサービスであり、地理的に離れているユーザーに対してはパフォーマンス向上が見込めません。
- **B.** Lightsail は、アプリケーションや Web サイトの構築に必要なすべてのものを備えていて、コスト効率がよい仮想プライベートサーバーです。Web サイトを構築する際、数回クリックするだけで Web アプリケーションをデプロイできます。シンプルな Web サイトを簡単に構築したい場合に有用なサービスですが、世界中に Web サイトを配信するのには向いていません。
- **D.** ECS はコンテナサービスです。EC2 インスタンスを ECS に変更してもパフォーマンスは向上しません。

問43 [答] A、D、E

　接続要件に沿って設定します。まず、web-sg は、インターネット（すべての送信元 0.0.0.0/0）から HTTP（ポート 80）および HTTPS（ポート 443）のインバウンドアクセスを許可する必要があるので、A は正しい設定です。

　次に、logic-sg は、web-sg が関連付けられているサーバー群（送信元セキュリティグループ web-sg）から HTTPS（ポート 443）のインバウンドアクセスを許可する必要があるので、D は正しい設定です。

　また、db-sg は、logic-sg が関連付けられているサーバー群（送信元セキュリティグループ logic-sg）からポート 5432 へのインバウンドアクセスを許可する必要があるので、E は正しい設定です。

　セキュリティグループのルールは、送信元にセキュリティグループを指定することが可能です。なお、セキュリティグループはステートフルなので、インバウンドトラフィックの応答を許可するためのアウトバウンドルールの設定は不要です。

　以上より、正解は A、D、E になります。

8

305

第 8 章　模擬試験

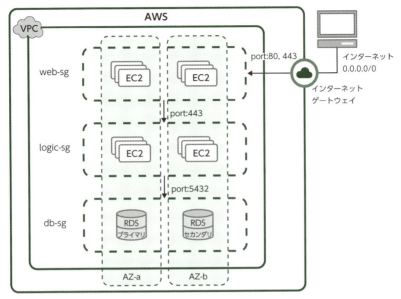

図 8.2-8　各セキュリティグループの通信要件

問44　　　　　　　　　　　　　　　　　　　　　　　　　　　　　　　　　　　　　　　[答]　D

　Lambda 等を使用して一連の処理ステップフローを記述し、実行できるのは、Step Functions サービスです。S3 へのファイル格納や CloudWatch イベントをトリガーとして、バッチ処理のステップを起動し、ステップごとに定義した Lambda 関数をコールして処理を進めます。したがって、D が正解です。

- A. EMR はビッグデータ処理のサービスです。Lambda のオーケストレーションはできません。
- B. SQS はキューサービスであり、分岐処理を制御できません。
- C. CodePipeline は、開発したプログラミングコードを AWS 環境にデプロイするための CI/CD サービスです。バッチ処理のステップ実行や分岐処理は行えません。

問45　　　　　　　　　　　　　　　　　　　　　　　　　　　　　　　　　　　　　　　[答]　D

　この設問では、費用対効果に優れたアーカイブストレージに関するソリューションと、データベースにクエリを発行する場合のキャッシュに関するソリューション

8.2 模擬試験問題の解答と解説

が問われています。数か月に1回程度のアクセスで費用対効果に優れたアーカイブストレージには S3 Glacier、データベースにクエリを発行する場合のキャッシュには ElastiCache が適しています。したがって、D が正解です。

- **A.** S3 にデータを保存することも可能ですが、S3 Glacier と比較してコストが高くなります。
- **B.** A と同様に、S3 は、S3 Glacier と比較してコストが高くなります。また、CloudFront は、静的なコンテンツであればキャッシュとして有効ですが、この設問のように図面表示のためにデータベースへのクエリ結果をキャッシュする場合は、ElastiCache のほうが適しています。
- **C.** EBS の最大サイズは 16TiB であり、約 800TB のデータを保存できません。

問46 [答] B

Direct Connect や VPN 接続では、ネットワークレイヤーで暗号化を行うことができます。しかし、設問のケースでは数日以内に 15TB のデータ移行が必要であるため、敷設に時間とコストがかかる Direct Connect は不適切です。

そこで、VPN 接続を検討します。AWS とオンプレミス間でインターネット回線（1.5Gbps）経由での VPN 接続を設定し、セキュアなデータ転送を行うことができます。したがって、B が正解です。

- **A.** 前述のように、今回のケースでは Direct Connect は不適切です。
- **C.** FTP でデータを転送することは可能ですが、その前にネットワークレイヤーにおいて暗号化を行う必要があります。
- **D.** Kinesis はデータストリーミングに関連するサービスであり、設問のデータ移行要件には適しません。

問47 [答] A

Auto Scaling は、設定した条件のもとで EC2 を自動的にスケールアウト・スケールインすることができるサービスです。スケーリング戦略を設定することができ、予測スケーリングを有効にすると、最大 14 日間の負荷状況の履歴を機械学習で自動分析し、需要予測に応じたスケーリングが実行されます。これにより、毎週特定日にバッチ処理量が増えたことを検知するとバッチ処理時間に合わせたスケーリングアクションが実行され、負荷が低減するとスケールインするので、コスト効率のよい構成を実現できます。したがって、A が正解です。

307

B. CloudWatchを利用してCPU使用率を監視することはできますが、CloudWatch Eventsが発行されただけでは、インスタンス数を増減させることができません。スケーリングのためにはAuto Scalingを組み合わせる必要があります。

C. Lambdaだけでは、特定の時間にスケジュール実行させたとしてもEC2をスケールアウト・スケールインさせることはできません。

D. ECSにEC2上のバッチアプリケーションを移行する工数がかかるため、費用対効果は高くありません。また、ECSクラスターには自動スケーリングを有効化する設定がないので、Auto Scalingとの組み合わせが必要となります。

問48 [答] A

本構成で単一障害点をなくして高可用性を実現するには、EC2もAZごとに複数台設置する必要があります。図8.2-9のような構成をとることで単一障害点を除去できます。したがって、Aが正解です。

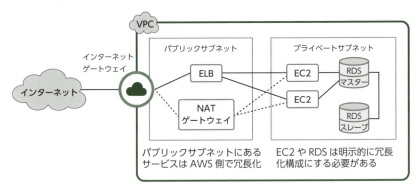

図8.2-9 Webアプリケーションの冗長化構成

B. NATゲートウェイは、AWSのゾーン内で冗長構成を実装しているサービスです。複数のゾーンをまたいで冗長化することがベストですが、アクセス頻度が低いのであれば、コストを考慮してゾーン内の冗長化だけにするケースもあります。

C. ELBはAZをまたいで自動的に冗長化されるため、1台がダウンしても残りのELBで処理することが可能です。

D. RDSはマルチAZ構成にしているので、マスターのRDSがダウンしても、スレーブのRDSをマスターに昇格させることで高可用性を実現できます。

8.2 模擬試験問題の解答と解説

問49　　　　　　　　　　　　　　　　　　　　　　　　　　[答] C

ネットワーク ACL により、特定の不正なアドレスからの拒否ルールを設定することができます。追加された拒否ルールは、サブネット内の全サーバーに適用されます。なお、拒否ルールにマッチしないアドレスからのアクセスは引き続き受け付けることができます。したがって、C が正解です。

A. セキュリティグループのインバウンドルールを削除してしまうと、不正ではないアクセスまでブロックされてしまいます。

B. セキュリティグループでは、拒否の設定を行うことはできません。

D. 一時的な対処法として、全 Web サーバーに対して変更作業を実施するよりも、ネットワーク ACL の拒否ルールで対応するほうが、この場合は適しています。

問50　　　　　　　　　　　　　　　　　　　　　　　　　[答] C、E

EC2 上で稼働する MySQL よりもフルマネージドの Aurora MySQL のほうが、可用性、性能面、拡張性において優れています。Aurora の場合、リードレプリカインスタンスを追加することにより、読み込み専用のトラフィックを容易にスケールさせることができます。そのため、データベースを Aurora MySQL に移行し、リードレプリカを作成するのが最適です。したがって、C と E が正解です。

A. SQS はメッセージキューイングサービスであり、キューに入ったデータを非同期で取得します。クエリデータをキャッシュする用途には適していません。

B. Athena は、S3 内のデータに対しクエリを発行し、処理を行うサービスです。データベースのパフォーマンスを向上させるサービスではありません。

D. DynamoDB Accelerator は、DynamoDB 用のキャッシュサービスです。DynamoDB は NoSQL データベースなので、複数のテーブル結合を含む複雑なクエリを処理できません。

問51　　　　　　　　　　　　　　　　　　　　　　　　　　[答] C

パブリックに公開する Web サービスなので、外部からのアクセスを許可する必要があります。また、外部からのアクセスは、パブリックサブネットに配置したロードバランサーで受け付けるようにしなければなりません。

ALB は、リスナールールを設定することで、URL に応じたリクエストの振り分け

が可能です。一方、NLBは、ロードバランサーの設定だけではURLに応じてリクエストをターゲットに振り分けることができません。したがって、パブリックサブネットでALBを利用し、プライベートサブネットのEC2をターゲットとしてリクエストを振り分けているCが正解となります。

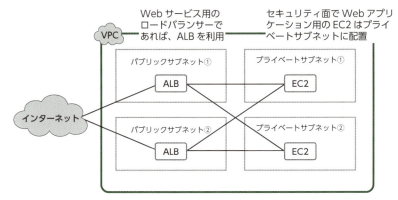

図8.2-10　ALBを配置したWebアプリケーションの構成

A. NLBの設定だけではURLに応じたリクエストの振り分けはできないため、リバースプロキシなどの仕組みを別途作り込む必要があり、Cと比較してベストプラクティスとはいえません。

B. Webアプリケーション用のサーバーとしてEC2をパブリックサブネットに配置する構成は、インターネットからの攻撃対象になりやすく、セキュリティ上好ましくありません。また、Aと同様に、NLBだけではURLに応じてリクエストをターゲットに振り分けることができません。

D. プライベートサブネットにALBを構成すると、パブリックからのアクセスを受け付けることができません。

問52　　　　　　　　　　　　　　　　　　　　　　　　　　　　[答] B、C

既存の暗号鍵を用いてS3へ保存するオブジェクトの暗号化を実現する手段は、SSE-CとSSE-KMSの2つです。したがって、BとCが正解です。SSE-Cは、ユーザーが管理する暗号鍵を用いて、S3へのアップロード時に鍵とデータを同封し暗号化する構成です。一方、SSE-KMSは、KMSに暗号鍵をインポートし、インポートした暗号鍵でS3の暗号化を構成する手法です。

A. SSE-S3は、AWSが管理する暗号鍵を利用して、データの保存時に暗号化を

行います。セキュリティチームから提供された暗号鍵を利用できないため、要件に合いません。

D. S3 は、ユーザーが管理する暗号鍵による暗号化機能を有しています。

E. S3 の暗号化を構成するために、暗号鍵を S3 バケットにアップロードする必要はありません。

問53 　　　　　　　　　　　　　　　　　　　　　　　　　　　　　　　　[答] B

負荷が急に増大しても瞬時に対応できるサービスは、Lambda です。Lambda は最大ペイロードサイズが 6MB という制限がありますが、この API で取得するデータサイズは数百バイトなので、制限には抵触しません。したがって、B が正解です。

A. ECS はコンテナ管理サービスです。突発的なスパイク処理には対応できますが、費用対効果の面で従量課金の Lambda に劣ります。

C, D. Elastic Beanstalk や EC2 Auto Scaling は、スケールアウトにインスタンス起動のリードタイムがかかるので、瞬時の対応力が必要なスケールには向きません。

問54 　　　　　　　　　　　　　　　　　　　　　　　　　　　　　　　　[答] D

S3 Intelligent-Tiering は、適切なストレージクラスにファイルを自動的に移動してくれる S3 のストレージクラスです。モニタリング費用（2021 年 5 月 10 日現在、1,000 件あたり 0.0025USD）が毎月発生しますが、ファイルのアクセスパターンを分析し、最もコスト効率の高いクラスにファイルを移動して利用できます。今回の設問では、すべてのイラストファイルに共通のアクセスパターンがあるわけではなく、ランダムにアクセスされます。したがって、S3 Intelligent-Tiering でファイルを保管する方法が最も効率的にコストを抑えることができます。したがって、D が正解です。

A. EBS はブロックストレージサービスであり、S3 Standard よりも保管コストが高くなります。

B. S3 Glacier では、ファイルの保管コストは下がりますが、ファイルへのアクセスに時間がかかります。

C. EFS はファイルストレージサービスであり、S3 Standard よりも保管コストが高くなります。

第 8 章　模擬試験

問55 [答] A

Step Functions は、ワークフローに承認プロセスを設定できます。標準ワークフローは最長で 1 年間実行することができるので、承認プロセスが最大 2 日間かかっても問題ありません。したがって、A が正解です。

- B. Lambda のタイムアウト値は最大でも 15 分なので、Lambda 単一での処理は、今回の設問のような待ち時間の長いケースには向いていません。
- C. ECS を使うとコンテナでアプリケーションを実行できますが、EC2 上で起動されるため、EC2 の保守作業が必要になります。
- D. Amazon API Gateway のタイムアウト値は最大でも 29 秒なので、待ち時間の長い処理には向いていません。

問56 [答] D

EBS 暗号化を構成するためには、EC2（EBS）の構成時に暗号化を有効にする必要があります。EBS 暗号化を有効にすると、EBS スナップショットも自動的に暗号化されるため、バックアップデータの暗号化要件を満たすことができます。したがって、D が正解です。

EBS 暗号化は、AWS 管理の CMK、もしくは KMS で作成したユーザー管理の CMK を暗号鍵として指定可能です。

- A. EBS 暗号化を有効にすることで、EBS スナップショットも自動的に暗号化されるため、バックアップジョブで暗号化する必要はありません。
- B. アプリケーションによる暗号化で要件を満たすことができますが、アプリケーションで明示的に処理を行う必要があり、自動で暗号化を行う EBS 暗号化と比較するとコスト面で最適とはいえません。
- C. EBS は、デフォルトでは暗号化されません。

問57 [答] A

負荷に応じて必要なリソースを確保するには、どのような設定を行えばよいかが問われています。設問のように、毎朝午前 9 時に高負荷になることがわかっていて、15 分間ほどその高負荷状態が続くのであれば、早めにスケールアウトさせておいて、午前 9 時には十分なリソースを確保している必要があります。したがって、A が正解です。

312

8.2 模擬試験問題の解答と解説

B. リザーブドインスタンスは、同じインスタンスを長期間利用する場合に EC2 利用コストを削減できるサービスです。サービスの利用期間が長いほどコスト効率が上がります。

C. スポットインスタンスを使うと、低コストでインスタンスを起動できますが、15 分間稼働し続ける保証はないため、意図しないタイミングでインスタンスが中断される可能性があります。

D. スケールアップして大きいインスタンスを立ち上げ、15 分後にスケールダウンするオペレーションは、操作に手間がかかり、柔軟にリソースを増減させる効率的なオペレーションとはいえません。

問58   [答] A

起動中の RDS インスタンスで暗号化機能を有効化することはできませんが、取得したスナップショットのコピーを暗号化することは可能です。スナップショットのコピー時に「暗号化を有効化」オプションを選択します。これにより、コピーしたスナップショットから、暗号化されたインスタンスを復元することができます。したがって、A が正解です。

スナップショットのコピー時以外のタイミングで「暗号化を有効化」オプションを選択することはできないので、その他の選択肢 (B、C、D) は誤りです。

問59   [答] D

静的コンテンツ中心の Web サイトは、通常 S3 に静的コンテンツを配置し、CloudFront で配信することで、サーバーレスかつ低レイテンシーで Web コンテンツを配信する構成を構築できます。CloudFront はコンテンツを配信する CDN サービスであり、大容量のファイルをキャッシュしながら比較的低コストで利用できます。したがって、D が正解です。

A. ELB はロードバランサーであり、通常、EC2 や ECS の手前に配置して負荷分散の目的で利用します。

B. ECS では Web サーバーを構築・運用する必要があるので、サーバーレスの観点から不適切です。

C. EBS は EC2 インスタンスにアタッチして使用するブロック型のストレージです。EC2 が必要になるため、サーバーレスの観点から不適切です。

第 8 章　模擬試験

問60 [答] C

　AWS への移行にあたり、大容量のデータを毎日 AWS に転送し、そのデータを7年間保持することが要件となっています。ここで、高い費用対効果が求められ、データ取り出しに5営業日の猶予があることから、S3 Glacier Deep Archive の利用が想定されます。また、Storage Gateway のテープゲートウェイを利用すると、S3 Glacier Deep Archive に直接接続できるので、最も効率的に実装できます。したがって、C が正解です。

- **A.** Snowball Edge は S3 Glacier に直接接続することはできません。
- **B.** 手動バックアップが必要なため、移行コストが高くなります。
- **D.** S3 に一時的に配置するよりも、直接 S3 Glacier Deep Archive に保存できる C のほうが費用対効果の面で適しています。

問61 [答] B、E

　この設問では、VPC エンドポイントを用いて、VPC 内から S3 および DynamoDB へのプライベート通信を構成することが問われています。VPC エンドポイントにはゲートウェイ型とインターフェイス型がありますが、S3 はインターフェイス型とゲートウェイ型の双方を、DynamoDB はゲートウェイ型のみをサポートするサービスなので、B が正解です。

　また、ゲートウェイ型の VPC エンドポイントを利用するためには、サブネットのルートテーブルを変更し、DynamoDB への通信を VPC エンドポイントにルーティングする必要があるので、E も正解です。

- **A、C.** インターフェイス型の VPC エンドポイントを DynamoDB に利用しているので不適切です。
- **D.** セキュリティグループは VPC エンドポイントの構成に必須ではないので不適切です。

問62 [答] C

　クロスリージョンでリードレプリカを作成し、障害発生時にマスターに昇格させることで、ディザスタリカバリを実現できます。したがって、C が正解です。

- **A.** マルチマスタークラスターは、Aurora では同一リージョン内で使用できます

314

が、RDS for Oracle では使用できません。

B. スナップショットをコピーし、それを利用すれば、リカバリは可能です。し
かし、スナップショットからの復元は、C と比較するとダウンタイムが長く
なってしまいます。

D. RDS にはマルチ AZ 配置の設定はありますが、マルチリージョン配置でスタ
ンバイインスタンスをプロビジョニングする設定はありません。

問63　　　　　　　　　　　　　　　　　　　　　　　　　　　　　　　　　[答] A

EBS にはさまざまなストレージタイプがあるので、システム要件に合わせて適切
なタイプを選ぶ必要があります（P.221 の表 7.1-3、P.222 の表 7.1-4 参照）。

この設問の場合、最大 6,000 IOPS が必要であり、HDD タイプの sc1 と st1 は要件
を満たすことができません。SSD タイプである gp2 と io1 は、いずれも要件を満た
すことができるので、料金がより安い gp2 を選ぶとよいでしょう。したがって、A
が正解です。

B. EBS コールド HDD（sc1）は、最大 IOPS が 250 なので設問の要件を満たしま
せん。

C. EBS プロビジョンド IOPS SSD（io1）は、最大 IOPS の要件は満たしますが、
EBS 汎用 SSD（gp2）と比較して利用料金が高いです。

D. EBS スループット最適化 HDD（st1）は、最大 IOPS が 500 なので設問の要件
を満たしません。

問64　　　　　　　　　　　　　　　　　　　　　　　　　　　　　　　　　[答] D

CloudFront の地理的ディストリビューション機能により、国単位のアクセス制限
を行うことができます。リクエスト元の GeoIP でアクセス元の地域を特定して、許
可または拒否のアクションを選択できます。したがって、D が正解です。

A、B. セキュリティグループとネットワーク ACL は、いずれも配信コンテンツ
のアクセス制限方法ではありません。

C. S3 バケットポリシーに地理的ディストリビューション機能はなく、また、
S3 は配信コンテンツのアクセス制限方法とは無関係です。

第 8 章　模擬試験

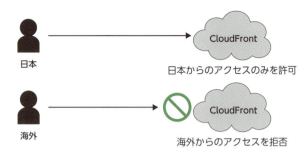

図 8.2-11　地理的ディストリビューション機能による国単位のアクセス制限

問65　　　　　　　　　　　　　　　　　　　　　　　　　　　　　　　　[答] D

　この設問の場合、RDS for MySQL データベース内にある一部のデータを ElastiCache に格納することで、処理のトランザクションを分散し、RDS for MySQL の処理を減らすことが有効な手段です。したがって、D が正解です。

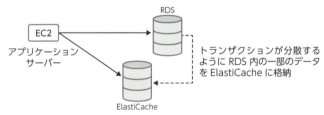

ElastiCache を配置して、アプリケーションサーバーから
RDS へのアクセスを分散することでボトルネックを解消

図 8.2-12　ElastiCache を配置した構成

- A. マルチ AZ 構成は、データベースの高可用性を実現するための構成です。設問のケースでマルチ AZ 構成にしても、アプリケーションサーバーからのトランザクションはマスターの RDS で処理するため、RDS のトランザクション量は変わりません。
- B. Web アプリケーション層の負荷を分散した場合、アプリケーションサーバーの 1 台あたりの負荷は軽減されますが、RDS へのトランザクション量は変わりません。
- C. SQS を配置するとトランザクションがキューイングされ、非同期で全トランザクションを処理できます。キューで待機させるので一時的に RDS の負荷は軽減されますが、結果的に RDS へのリクエスト数は変わらず、トランザクション全体の処理時間がかかります。

監修者・著者プロフィール

■ **平山 毅** (ひらやまつよし)【本書監修。はじめに、第 1 章、第 2 章第 1 節執筆】

元アマゾンウェブサービス　ソリューションアーキテクト、
プロフェッショナルサービスコンサルタント

東京理科大学理工学部卒業。専攻は計算機科学と統計学。同学 SunSite ユーザーで電子商取引を研究。早稲田大学大学院経営管理研究科ファイナンス専攻修了（EQUIS、AACSB 認定 MBA）、ブロックチェーンファイナンスを研究。学生時代から GMO インターネット株式会社や株式会社サイバーエージェントでインターネット技術に親しむ。株式会社東京証券取引所、株式会社野村総合研究所にて、最先端ミッションクリティカル証券システムの企画開発運用に従事。2011 年 3 月の東京リージョン開設直後より AWS の本格利用を開始し、Oracle Open World にて Oracle Enterprise Manager on AWS を講演し事例化。

2012 年 7 月、アマゾンデータサービスジャパン株式会社（現アマゾンウェブサービス）に入社。エンタープライズソリューションアーキテクトとして、初期を代表するクラウドファーストプロジェクトの多くを担当。その間に、AWS 認定トレーニングコースである「Architecting on AWS」の講師を多数回に渡り担当。2014 年 5 月よりプロフェッショナルサービスの立ち上げにともない、同社コンサルティング部門に異動。外国人ボスのもと、初期を代表する大規模グローバルでクラウドネイティブにカスタマイズするプロジェクトの多くを担当。2016 年 2 月より日本 IBM 株式会社にて、ブロックチェーン、AI、アナリティクス、クラウドを担当し、2019 年 3 月よりデジタルイノベーション事業開発部でエバンジェリスト、チーフアーキテクトを務め、2020 年 5 月より Fintech スタートアップ企業の Chief Science Officer（最高科学責任者）も兼ねる。2021 年 1 月よりテクノロジー事業本部にて World Wide Hybrid Cloud Build Team 兼 Data Science Team で Data AI アーキテクト、データサイエンティストを務めつつ、自身の運営会社を含めてグローバル横断的な働き方変革を実践中。

2010 年、東京証券取引所認定テクニカルマネージャー（当時最年少）。2013 年、MVP of AWS Solutions Architect 2013 3Q。2016 年、2020 年、IBM 社長賞。2019 年、IBM パートナーアワード。産業技術大学院大学情報アーキテクチャ専攻ゲスト講師、早稲田大学大学院経営管理研究科ゲスト講師、事業構想大学院大学ゲスト講師。

著書：「AWS 認定ソリューションアーキテクト – プロフェッショナル〜試験特性から導き出した演習問題と詳細解説〜」（監修および著作）、「AWS 認定アソシエイト 3 資格対策〜ソリューションアーキテクト、デベロッパー、SysOps アドミニストレーター〜」（監修および著作）、「ブロックチェーンの革新技術〜Hyperledger Fabric によるアプリケーション

開発」(以上、リックテレコム)、「絵で見てわかるクラウドインフラと API の仕組み」(翔泳社)、「絵で見てわかるシステムパフォーマンスの仕組み」(翔泳社)、「RDB 技術者のための NoSQL ガイド」(秀和システム)、「サーバ／インフラ徹底攻略」(技術評論社)

TwitterID：@t3hirayama

保有資格

AWS Certified Solutions Architect - Professional

AWS Certified DevOps Engineer - Professional

その他、VMware vExpert 2017, 2018, 2019、Oracle 認定資格、IBM 認定資格、Cisco Systems 認定資格、Microsoft 認定資格、Red Hat 認定資格、SAP 認定資格、IT サービスマネージャ、応用情報技術者、基本情報技術者、等。

福垣内 孝造 (ふくがうち こうぞう)【本書監修。第 2 章、第 4 章、第 5 章、第 8 章執筆】

AWS グローバルのプレミアコンサルティングパートナー企業に所属。
クラウドソリューションアーキテクト

テクノロジーコンサルティング部門に所属。クラウドソリューションアーキテクトとして、エンタープライズ企業向けのクラウド化の企画フェーズから参画し、クラウド移行支援、マイクロサービスをベースとしたクラウドネイティブアーキテクチャの設計、構築等、クラウド案件のアーキテクチャ設計、ソリューション立案を幅広く担当。

著書：「AWS 認定ソリューションアーキテクト－プロフェッショナル～試験特性から導き出した演習問題と詳細解説～」(監修)、「AWS 認定アソシエイト 3 資格対策～ソリューションアーキテクト、デベロッパー、SysOps アドミニストレーター～」(監修。以上、リックテレコム)

保有資格

AWS Certified Solutions Architect - Professional

AWS Certified DevOps Engineer - Professional

その他、プロジェクト管理マネージャ、情報処理安全確保支援士、等。

■ 堀内 康弘（ほりうち やすひろ）【本書監修】

元アマゾンウェブサービス　テクニカルエバンジェリスト

慶應義塾大学大学院理工学研究科修士課程修了。

株式会社ブイキューブにて、学生時代から Web システム開発に携わり、卒業後は取締役として開発をリードする。その後、動画共有サービス「FlipClip」の立ち上げを経て、2009 年、創業期の株式会社 gumi に参画。複数のソーシャルアプリの開発を手がけた後、2010 年、同社取締役 CTO に就任。gumi にて AWS に出会い、スケーラブルでプログラマブルな AWS の可能性に一目惚れ。以後、すべてのアプリケーションを AWS 上で運用する。

AWS の素晴らしさを日本のすべてのデベロッパーに知って欲しいという思いから、2012 年 3 月にアマゾンデータサービスジャパン株式会社（現アマゾンウェブサービス）入社。AWS の普及のために、テクニカルエバンジェリストとして日本中を飛び回る日々を送る。

2014 年 10 月、同社を退職しフリーに。現在は、複数のスタートアップの技術顧問やアドバイザーの他、トレノケート株式会社で AWS 公式トレーニングの講師も務める。

著書：「AWS 認定ソリューションアーキテクト − プロフェッショナル〜試験特性から導き出した演習問題と詳細解説〜」（監修）、「AWS 認定アソシエイト 3 資格対策〜ソリューションアーキテクト、デベロッパー、SysOps アドミニストレーター〜」（監修。以上、リックテレコム）、「Amazon Web Services エンタープライズ基盤設計の基本」（日経 BP 社）、「FFmpeg で作る動画共有サイト」（毎日コミュニケーションズ）

TwitterID：@horiyasu

保有資格

AWS Certified Solutions Architect – Professional

■ 澤田 拓也（さわだ たくや）【第 4 章、第 5 章、第 8 章執筆】

AWS グローバルのプレミアコンサルティングパートナー企業に所属。
アプリケーション開発スペシャリスト

日系の大手 SIer において、大規模 EC サイトのリプレイスやさまざまな Web サービス開発プロジェクトでアーキテクトとして活躍。その後、現在の所属企業に転職し、AWS を用いた基幹システムのマイグレーションや AWS 上での API 基盤、認証基盤の構築、IoT システムの開発など幅広い領域に携わる。

著書：「AWS 認定ソリューションアーキテクト − プロフェッショナル〜試験特性から導き出した演習問題と詳細解説〜」、「AWS 認定アソシエイト 3 資格対策〜ソリューションアーキテクト、デベロッパー、SysOps アドミニストレーター〜」（以上、リックテレコム）

保有資格

AWS Certified Solutions Architect - Professional
その他、応用情報技術者、等。

■ 門倉 新之助 (かどくら しんのすけ)【第 4 章、第 5 章、第 8 章執筆】

AWS グローバルのプレミアコンサルティングパートナー企業に所属。
クラウドソリューションアーキテクト

クラウドおよび技術基盤専門チームに所属し、大手小売業や製造業、外資系金融機関等に対しクラウド化を促進させる立場として活躍。グローバルプロジェクトの経験も豊富で、多国籍なメンバーとコラボレーションしながら最先端のテクノロジーの知見を日々インプット・アウトプットしている。現在は、クラウドネイティブ化の促進担当として幅広いクライアントのアーキテクチャレビュー等も行う。

趣味の将棋では、AWS の知見を活かしてコンピュータ将棋大会にも出場。

保有資格

AWS Certified Solutions Architect – Professional

■ 新井 將友 (あらい まさとも)【第 4 章、第 5 章、第 8 章執筆】

AWS グローバルのプレミアコンサルティングパートナー企業に所属。
インフラエンジニア

オンプレミス、クラウドによらない SI 部門に所属。製造、官公庁、IT、金融など幅広い業種で SI プロジェクトに参画。クライアントの高いセキュリティ要求に対し、クラウドにおけるアーキテクチャの検討・設計を担当。

保有資格

AWS Certified Solutions Architect – Associate (SAA-C02)
その他、ORACLE MASTER Gold、等。

■ 中根 功多朗 (なかね こうたろう)【第 4 章、第 5 章、第 8 章執筆】

AWS グローバルのプレミアコンサルティングパートナー企業に所属。
クラウドソリューションアーキテクト

クラウドおよび技術基盤専門チームに所属し、大手旅行会社の催行管理システムや、金融機関のスマートフォン向けアプリケーションの設計、開発、運用に従事。また、クライアント子会社のエンジニアに対して継続したクラウド・基盤教育を行い、DX 人材育成にも寄与。

保有資格

AWS Certified Solutions Architect - Professional
AWS Certified DevOps Engineer - Professional
Google Cloud Certified Professional Cloud Architect
その他、応用情報技術者、等。

■ 村越 義親 (むらこし よしちか) 【第4章、第5章、第8章執筆】

AWS グローバルのプレミアコンサルティングパートナー企業に所属。
クラウドソリューションアーキテクト

電気通信事業社にて、BtoC 向けモバイルサービスの企画、設計、開発、運用を行う。2017 年より現職。オンプレミス基幹データベースのクラウド移行プロジェクトに参画し、テラバイトクラスのデータマイグレーションや、データベースアセスメントおよびチューニングを行う。また、直近では大規模なモバイルアプリケーションにおけるバックエンドサーバーのクラウドインフラ領域を担当し、フロントからバックエンドまで幅広くカバーしつつ設計、実装、運用も行うフルスタックエンジニアとして活躍中。

保有資格

AWS Certified Solutions Architect - Professional
AWS Certified DevOps Engineer - Professional

■ 市川 雅也 (いちかわ まさや) 【第4章、第5章、第8章執筆】

AWS グローバルのプレミアコンサルティングパートナー企業に所属。
テクノロジーアーキテクト

2012 年より官公庁の業務用 Web サイトシステム基盤 (オンプレミス) の設計、構築、保守、運用、システム更改案件に従事。構築時における主な役割は HW から MW までのアーキテクチャの検討・設計・構築。2017 年よりクラウドおよび技術基盤専門チームに所属し、AWS などのパブリッククラウドのアーキテクチャを利用した案件に従事。医療保険システム、製造業の SCM システム、電気通信事業会社の ID 管理システム等の要件定義・設計・構築に携わる。

保有資格

AWS Certified Solutions Architect – Associate

■ 杉原 雄介 (すぎはら ゆうすけ) 【第4章、第5章、第8章執筆】

AWS グローバルのプレミアコンサルティングパートナー企業に所属。
テクノロジーコンサルタント

現在の所属会社に入社後、数年間、小売業の基幹システムの基盤設計、構築、クラウド移行に従事。その後、製造業、マスコミなどのクライアントに対して上流工程から参画し、メインフレームのクラウド移行、DevOps 基盤の更改、認証基盤の更改などの計画立案、コンサルティングに携わる。直近では電気通信企業の DX プロジェクトに参画し、インフラ領域に限らず、アジャイル開発の推進を担当。

保有資格

AWS Certified Solutions Architect - Professional
AWS Certified DevOps Engineer - Professional
その他、応用情報技術者、等。

▌星 幸平 (ほし こうへい)【第 6 章、第 8 章執筆】

日本 IBM 株式会社　グローバルビジネスサービス事業本部
クラウドインフラエンジニア

クラウド専業 MSP、国内大手 SIer を経て現職。
パブリッククラウド上で提供するプロダクトのインフラ設計と構築、運用監視設計、障害対応等のトラブルシューティングに従事するインフラエンジニア。AWS、Azure 等のパブリッククラウドを活用した案件を幅広く経験。その他、CCoE としてクラウド最適化、普及活動やクラウド資格教育等のクラウド推進業務にも従事。
2019, 2021 APN AWS Top Engineers に選出。

保有資格

AWS Certified Solutions Architect - Professional
AWS Certified DevOps Engineer - Professional
他、Specialty 資格を含む合計 8 つの AWS 認定資格を保有。
その他、Microsoft Certified: Azure Solutions Architect Expert を含む Azure 系資格を複数保有。

▌榛葉 大樹 (しんば たいき)【第 6 章、第 8 章執筆】

日本 IBM 株式会社　グローバルビジネスサービス事業本部
IT スペシャリスト

製造、金融、農業、メディア、スポーツ等、幅広い業種・業界において、主にクラウドを利用したシステム構築に従事。現在はマルチクラウドの提案、構築を行う部署に所属し、IBM Cloud、AWS、Azure 等、複数のクラウドの設計・開発を経験。

保有資格

AWS Certified Solutions Architect - Professional
AWS Certified DevOps Engineer - Professional
他、Specialty 資格を含む合計 7 つの AWS 認定資格を保有。
その他、IBM 認定資格、Google Cloud 認定資格、等。

■ 藤田 郁子（ふじたいくこ）【第6章第1～2節、第8章執筆】

日本 IBM 株式会社　グローバルビジネスサービス事業本部
IT スペシャリスト

国内の保険業、金融業のシステムにおけるインフラ・運用の設計、開発に従事。現在はマルチクラウドのソリューション提案、構築を行う部署で、主に AWS を用いたシステムのインフラ提案、設計、開発を行っている。

保有資格

AWS Certified SysOps Administrator - Associate
AWS Certified Solutions Architect - Professional

■ 大西 孝高（おおにしよしたか）【第6章、第8章執筆】

日本 IBM 株式会社　グローバルビジネスサービス事業本部
アプリケーションエンジニア

大手 SIer において、アプリケーションアーキテクトとして主にアーキテクチャ設計やフレームワーク開発などアプリケーション基盤構築を担当。直近では、クラウドおよびコンテナにフォーカスし、それらを用いたプロジェクトにてアプリケーションとインフラストラクチャ設計の双方を担うフルスタック的な役割を務める。
クラウド時代に必要とされるスキルはマルチクラウド＆フルスタックであると信じ、理想像を目指し邁進中。

保有資格

AWS Certified Solutions Architect - Professional
AWS Certified DevOps Engineer - Professional
Google Cloud Certified Professional Cloud Architect
Certified Kubernetes Administrator

■ 鳥谷部 昭寛（とりやべ あきひろ）【第7章、第8章執筆】

コンサルティング企業に所属。
システムエンジニア

日系大手 SIer にてシステム基盤の設計・構築やクラウドに関わる調査・コンサルティングを長年経験。IT 人材育成を目的とした Linux や AWS に関する著書や技術セミナー等も多数担当。現在はコンサルティング企業に所属し、大企業向けのデジタルコンサルティングに従事。

著書：「徹底攻略 AWS 認定ソリューションアーキテクト －アソシエイト教科書」、「徹底攻略 LPIC Level 1 問題集［Version 4.0］対応」、「徹底攻略 LPI 教科書 Level 1／Release3 対応」（以上、インプレス）、「スマートコントラクト本格入門～FinTech とブロックチェーンが作り出す近未来がわかる～」（技術評論社）、「AWS 認定ソリューションアーキテクト

－プロフェッショナル～試験特性から導き出した演習問題と詳細解説～」（リックテレコム）、「AWS 認定アソシエイト 3 資格対策～ソリューションアーキテクト、デベロッパー、SysOps アドミニストレーター～」（リックテレコム）、等。

保有資格

AWS Certified Solutions Architect - Professional
MCSE：Cloud Platform and Infrastructure
Google Cloud Certified Professional Cloud Architect
その他、Oracle Master、PMP、LPIC、等。

早川 愛 (はやかわ あい)【第 3 章、第 7 章、第 8 章執筆】

AWS ジャパンのプレミアコンサルティングパートナー企業に所属。
上級テクニカルエンジニア

金融系システムのインフラエンジニアとしてシステム基盤の設計・構築・エンハンス業務を担当。2016 年より金融を中心としたエンタープライズ企業向けにパブリッククラウド導入の技術支援に従事。セキュリティ・統制を考慮した AWS 利用時のガイドライン及び共通設計の作成を支援した。

2018 年、AWS Summit Tokyo で開催される、AWS に関する深い知識を問うクイズ大会「ウルトラクイズ」に勝ち抜き、ラスベガスで開催されるグローバルカンファレンス「AWS re:Invent」に招待された。その後も、FinTech に関する AWS ユーザー会「Fin-JAWS」の運営など、社内外のコミュニティを通して AWS に関する情報発信や AWS エンジニア育成に貢献している。2020 年、2021 年に APN Ambassador に認定。

著書：「AWS 認定ソリューションアーキテクト – プロフェッショナル～試験特性から導き出した演習問題と詳細解説～」（リックテレコム）

保有資格

AWS Certified Solutions Architect - Associate
AWS Certified SysOps Administrator – Associate
AWS Certified Solutions Architect - Professional
AWS Certified Security - Specialty
Microsoft Certified（Azure Security Engineer Associate／Azure Data Scientist Associate／Azure Solutions Architect Expert）
Google Cloud Certified（Associate Cloud Engineer／Professional Cloud Architect）
その他、OLACLE MASTER Gold、LPIC Level 3、情報セキュリティスペシャリスト、ネットワークスペシャリスト、データベーススペシャリスト、等。

■ **姜 禮林**（かん いぇりむ）【第 7 章、第 8 章執筆】

AWS ジャパンのプレミアコンサルティングパートナー企業に所属。
テクニカルエンジニア

社内クラウド利用推進チームに所属し、社内 AWS ガイドライン準拠サービスの開発、サーバーレス環境での AWS Well-Architected 設計ポイントの整理や DevOps 環境構築などに従事。

保有資格

AWS Certified Solutions Architect - Professional
AWS Certified DevOps Engineer - Professional
AWS Certified Machine Learning - Specialty
Google Cloud Certified Professional Cloud Architect
その他、応用情報技術者、等。

執筆協力（第 6 章および第 8 章の執筆をサポート）

■ **山崎 まゆみ**（やまざき まゆみ）

日本 IBM 株式会社　グローバルビジネスサービス事業本部
IT スペシャリスト／マネージャー

索引

A

Active Directory Connector	185
ALB	28, 87
Amazon API Gateway	43, 193
Amazon AppFlow	48
Amazon Athena	45
Amazon Aurora	36, 105
Amazon CloudFront	
	27, 84, 86, 120, 193, 284
Amazon CloudSearch	45
Amazon CloudWatch	51
Amazon CodeGuru	33
Amazon Cognito	58
Amazon Corretto	33
Amazon Detective	59
Amazon DocumentDB	37
Amazon DynamoDB	37, 44, 303
Amazon EBS	40, 144, 221,315
Amazon EC2	21, 70
Amazon ECR	23
Amazon ECS	23
Amazon EFS	40, 87, 126, 131, 153
Amazon EKS	23
Amazon EKS Distro	23
Amazon ElastiCache	37, 167, 316
Amazon Elasticsearch Service	45
Amazon EMR	45
Amazon EventBridge	31
Amazon FinSpace	46
Amazon FSx for Lustre	41, 146
Amazon FSx for Windows File Server	
	41
Amazon GuardDuty	59
Amazon Inspector	59
Amazon Keyspaces	37

Amazon Kinesis	46, 68
Amazon Lightsail	21
Amazon Macie	59
Amazon Managed Streaming for Apache Kafka	46
Amazon Managed Workflows for Apache Airflow	48
Amazon MQ	48
Amazon MSK	46
Amazon MWAA	48
Amazon Neptune	37
Amazon Pinpoint	43
Amazon QLDB	38
Amazon QuickSight	46
Amazon RDS	36
Amazon RDS on VMware	36
Amazon Redshift	46, 297
Amazon Route 53	27, 66, 107, 158
Amazon S3	40, 69, 151, 223
Amazon S3 Glacier	41
Amazon SageMaker	217
Amazon SES	49
Amazon SNS	48
Amazon SQS	49, 90, 235
Amazon Timestream	38
Amazon VPC	25, 77, 292
Amazon VPC Endpoint	25
Amazon VPC NAT Gateway	25
Amazon VPC Peering	26
AMI	56, 96
Amplify	43
Apache Cassandra	37
API Gateway	43, 193
App Mesh	27
App2Container	24

AppFlow..48	AWS CodeDeploy.........................34
Application Discovery Service...............55	AWS CodePipeline.........................34
Application Migration Service 55	AWS CodeStar 35
AppSync 44	AWS Compute Optimizer.......................52
Artifact 59	AWS Config 52
Athena...45	AWS Config ルール 204
Audit Manager...59	AWS Control Tower 52
Aurora 36, 105	AWS Copilot 24
Aurora MySQL 105	AWS Cost and Usage Report 50
Aurora PostgreSQL............................... 168	AWS Cost Explorer 50, 82, 243
Aurora Serverless 170	AWS Data Exchange 47
Aurora レプリカ.......................................86	AWS Data Pipeline.........................47
Auto Scaling 51, 65, 87, 232, 296	AWS DataSync 56, 128
Auto Scaling グループ.......................94, 231	AWS Device Farm 44
AWS Amplify.....................................43	AWS Direct Connect...............28, 84, 241
AWS App Mesh...............................27	AWS Directory Service 60
AWS App2Container...............................24	AWS DMS 55
AWS Application Discovery Service.....55	AWS Elastic Beanstalk 21
AWS Application Migration Service 55	AWS Fargate....................................24
AWS AppSync 44	AWS Fault Injection Simulator...............35
AWS Artifact 59	AWS Firewall Manager...........................60
AWS Audit Manager................................59	AWS Global Accelerator......30, 142, 159
AWS Auto Scaling ...51, 65, 87, 232, 296	AWS Glue 47
AWS Backup 41	AWS IAM...58
AWS Batch......................................21	AWS KMS.................................60, 81
AWS Budgets.................................50	AWS Lake Formation 47
AWS CDK..33	AWS Lambda 31, 71, 230, 245
AWS Certificate Manager 60, 81	AWS License Manager...........................52
AWS Chatbot..................................51	AWS Managed Rules for AWS WAF
AWS CLI 35	 194
AWS Cloud Map 27	AWS Managed VPN 28
AWS Cloud9 33	AWS Migration Hub...............................55
AWS CloudFormation.............................51	AWS Network Firewall............................61
AWS CloudHSM....................60, 81	AWS OpsWorks.......................................53
AWS CloudShell.............................33	AWS Organizations............................53, 76
AWS CloudTrail 52	AWS Outposts....................................22
AWS CodeArtifact..................................34	AWS Personal Health Dashboard........53
AWS CodeBuild 34	AWS PrivateLink........................25, 79
AWS CodeCommit............................34	AWS RAM...61

AWS Secrets Manager 61, 207
AWS Security Hub 61
AWS Serverless Application Repository
.... 22
AWS Service Catalog 53
AWS Shield 61, 79
AWS Single Sign-On (SSO) 61, 77, 298
AWS SMS 56
AWS Snow Family 56
AWS Step Functions 32, 68, 306, 312
AWS Storage Gateway 42, 69, 98, 214
AWS STS 58, 186
AWS Systems Manager 53
AWS Transfer Family 56
AWS Transit Gateway
.... 26, 30, 84, 113, 241, 288
AWS Trusted Advisor 54
AWS WAF 62, 79, 192, 304
AWS Wavelength 22
AWS Well-Architected Tool 54
AWS Well-Architected フレームワーク
.... 64
AWS X-Ray 35
AWS 認定試験 10
AWS 認定ソリューションアーキテクト -
アソシエイト 11
AZ 36
AZ 障害 99, 231

B

Backup 41
Batch 21

C

CDN 27
Certificate Manager 60, 81
Chatbot 51
CI/CD 34
CLB 28

Cloud Development Kit 33
Cloud Map 27
Cloud9 33
CloudEndure Migration Disaster
Recovery 57
CloudFormation 51
CloudFront 27, 84, 86, 120, 193, 284
CloudHSM 60, 81
CloudSearch 45
CloudShell 33
CloudTrail 52
CloudWatch 51
CloudWatch Events 51
CloudWatch Logs 51
CloudWatch アラーム 51, 109
CMK 81, 208, 209
CodeArtifact 34
CodeBuild 34
CodeCommit 34
CodeDeploy 34
CodeGuru 33
CodePipeline 34
CodeStar 35
Cognito 58
Compute Optimizer 52
Concurrency Scaling 46
Config 52
Config Rules 77
Control Tower 52
Copilot 24
Corretto 33
Cost Explorer 50, 82, 243
CPU 使用率 302
Customer Gateway (CGW) 28

D

Data Exchange 47
Data Pipeline 47
DataSync 56, 128

DDoS 攻撃	79
Design for Failure	65
Detective	59
Device Farm	44
Direct Connect	28, 84, 241
Direct Connect Gateway	84
Direct Connect ロケーション	67
Directory Service	60
DMS	55
DNS	27
DocumentDB	37
DRaaS	57
DynamoDB	37, 44, 303
DynamoDB Accelerator (DAX)	37, 74, 299
DynamoDB グローバルテーブル	37

E

EBS	40, 144, 221, 315
EBS 暗号化	312
EBS ボリューム	80, 300
EC2	21, 70
EC2 インスタンス	96, 138, 236
EC2 インスタンスストア	216
EC2 フリート	224
ECR	23
ECS	23
EFS	40, 87, 126, 131, 153
EKS	23
EKS Distro	23
Elastic Beanstalk	21
Elastic Network Interface	26
ElastiCache	37, 167, 316
Elasticsearch Service	45
ELB	28, 65
EMR	45
Envoy プロキシ	27
ETL 処理	47
EventBridge	31

F

FaaS	31
Fargate	24
Fault Injection Simulator	35
FinSpace	46
FIPS 140-2	301
Firewall Manager	60
FSx for Lustre	41, 146
FSx for Windows File Server	41

G

Gateway Load Balancer エンドポイント	25
GeoIP	192, 315
Git	34
Glacier	41
Global Accelerator	30, 142, 159
Glue	47
GraphQL	44
GuardDuty	59
GWLB	28

I

IaaS	21
IAM	58
IAM グループ	76
IAM データベース認証	197
IAM ポリシー	76, 183, 294
IAM ユーザー	76, 177, 186
IAM ロール	77, 283, 294
ID フェデレーション	185, 298
Inspector	59
IPsec	160
IPsec VPN	28

K

Key-Value	167
Keyspaces	37
Kibana	45

Kinesis 46, 68
Kinesis Data Analytics.....................46, 157
Kinesis Data Firehose 46, 134, 297
Kinesis Data Streams................................46
KMS..60, 81
Kubernetes 23

L

Lake Formation 47
Lambda............................ 31, 71, 230, 245
Lambda@Edge...27
License Manager...52
Lightsail..21

M

Macie..59
Managed Rules for AWS WAF............ 194
Managed Streaming for Apache Kafka
(MSK) 46
Managed Workflows for Apache Airflow
(MWAA) 48
Memcached 37, 74
MFA 125, 174, 293
MFA Delete..69
Migration Evaluator 56
Migration Hub...55
MongoDB...37
MQ..48

N

NACL...78
NAT Gateway...25
NAT インスタンス 25
Neptune..37
Network Firewall..61
NFS..40, 98
NLB..28
NoSQL データベース...................................37

O

OAI..93, 203
OpenJDK..33
OpenShift..24
OpsWorks..53
Organizations.....................................53, 76
OU..76
Outposts..22

P

PaaS 21
Personal Health Dashboard...................53
Pinpoint..43
PrivateLink..25, 79

Q

Quantum Ledger Database (QLDB).....38
QuickSight..46

R

RDBMS 36
RDS..36
RDS on VMware..36
Red Hat OpenShift Service on AWS.....24
Redis..37, 74
Redshift..46, 297
Redshift Spectrum 46
Resource Access Manager 61
REST API 157
ROSA 24
Route 53.................... 27, 66, 107, 158
RPO 130
RTO 130

S

S3............................ 40, 69, 151, 223
S3 Transfer Acceleration..................40, 72
S3 のストレージクラス............................ 212
S3 バケット 115, 155

331

SageMaker 217
SAML 2.0 298
SAML 連携 77
Savings Plans 83
SCP 76, 190
Secrets Manager 61, 207
Security Hub 61
Serverless Application Repository 22
Service Catalog 53
SES 49
Shield 61, 79
Shield Advanced 79
Site to Site VPN 246
SLO 65
SMB 41
SMS 56
Snow Family 56
Snowball 56
Snowball Edge 56, 295
Snowmobile 56
SNS 48
SNS トピック 155
SQS 49, 90, 235
SQS FIFO キュー 49
SQS キュー 49, 68, 89
SSE-C 310
SSE-KMS 310
SSO 61, 77, 298
Step Functions 32, 68, 306, 312
Storage Gateway 42, 69, 98, 214
STS 58, 186
Systems Manager 53

T

Timestream 38
Transfer Family 56
Transit Gateway
.... 26, 30, 84, 113, 241, 288
Trusted Advisor 54

U

UDP 140

V

Virtual Private Gateway (VGW) 28
VMware 22
VMware Cloud on AWS 22
VPC 25, 77, 292
VPC エンドポイント
.... 25, 79, 84, 202, 240
VPC エンドポイントポリシー 201
VPC ピアリング 26, 288
VPN 84
VPS 21

W

Wavelength 22
Web ACL 192
Web ID フェデレーション 198
Well-Architected Tool 54

X

X-Ray 35

あ

アーカイブ 104, 306
アイデンティティ 58
アウトバウンド 290, 305
アクセス権限 187
アクセス制御 178
アクセスログ 206
アベイラビリティーゾーン 36, 75
暗号化 80, 205, 208, 296, 310, 313

い

移行 55
位置情報ルーティング 27
イベント処理 31
インターネットゲートウェイ 78

インターフェイスエンドポイント 25
インバウンド 290, 305
インメモリキャッシュ 74
インメモリデータストア 37

え

エッジコンピューティング 22
エッジサーバー 120
エッジロケーション 27, 75
エンドポイントポリシー 79, 286

お

オリジンアクセスアイデンティティ
.... 93, 203
オンデマンドインスタンス 83
オンプレミス 84

か

ガードレール 52
階層型ディレクトリ構造 126
加重ラウンドロビン 27
カスタマーマスターキー 81, 208, 209
カスタムルール 204
仮想ネットワーク 25
ガバナンス 51
管理ポリシー 186, 187

き

キーポリシー 81
キャッシュ 242, 305, 306
キャパシティユニット 74

く

クライアントサイド暗号化 80
クラスタープレイスメントグループ 139
グローバル IP アドレス 183
クロスアカウントアクセス 77, 283
クロスリージョン 314

クロスリージョンレプリケーション
.... 40, 104, 151

け

ゲートウェイエンドポイント 25

こ

高パフォーマンスアーキテクチャの設計
.... 70, 133
コスト管理 50, 244
コスト最適化アーキテクチャの設計
.... 82, 211
コストと使用状況レポート 50, 83
コンテナ 23, 230
コンテナオーケストレーション 23
コンテンツ配信 25
コントロールプレーン 229
コンピューティング 21, 70
コンプライアンス 58

さ

サーバーサイド暗号化 80
サーバー証明書 60
サーバーレスアプリケーション 22
サービスコントロールポリシー 76, 190
サービスメッシュ 27
サイト間 VPN 246

し

シークレット情報 207
シナリオカテゴリ 13
手動スケーリング 84
冗長化 308
署名付き URL 177, 288
シングルサインオン 298

す

スイッチロール 77
スケーリング 136, 138

333

スケールアウト 143
スケジュールにもとづくスケーリング
....84, 293
ストレージ 40
ストレージサービス 72
スナップショット 80, 300, 312, 313
スポットインスタンス
.... 50, 83, 224, 228, 287
スポットフリート 224
スポットブロック 224

せ

静的 IP アドレス 30
静的 Web サイトホスティング 72, 283
静的コンテンツ 120, 145, 238
責任共有モデル 75
セキュアなアプリケーションとアーキテク
チャの設計 75, 173
セキュリティ 58
セキュリティグループ
.............................77, 180, 181, 290, 305
専用線..28, 241

そ

疎結合 68, 89, 119
組織単位 76

た

ターゲット追跡スケーリングポリシー 234
台帳データベース 38
ダウンタイム 109, 112
多要素認証 125, 174, 293
単一障害点 308
段階スケーリングポリシー....................... 294

ち

地理的ディストリビューション................. 315

て

ディザスタリカバリ 314
データウェアハウス 46
データプレーン 229
データベース 36
データベースサービス 74
データレイク 47
テープゲートウェイ 42, 69

と

動的コンテンツ 156, 242
動的スケーリング 84

に

認証トークン 198

ね

ネットワーキング 25
ネットワーク ACL 78, 180, 290, 309
ネットワークサービス 73
ネットワークファイアウォール............... 199

は

バージョニング 122, 125
バージョニング設定 69
パーティションプレイスメントグループ
.... 139
バケットポリシー 177, 179, 201
バックアップ 69, 104, 282
バッチ処理....................................21, 134
パブリック IP アドレス............................. 291
パブリックサブネット 78, 102, 195

ひ

ピアリング 26
標準キュー...49

ふ

ファイルゲートウェイ 42, 69, 282

ファイルストレージサービス 219
フェイルオーバー 107
フェイルオーバールーティングポリシー
.... 117
負荷分散 28
プライベートサブネット 78, 102, 195
プレイスメントグループ 139, 292
ブロックストレージ 40
プロビジョンドスループット 153

へ

ベストプラクティス 64, 188
ヘルスチェック 66, 107

ほ

ポイントインタイムリカバリ 36
ボリュームゲートウェイ 42, 69

ま

マネージドルール 204
マネジメント 51
マルチ AZ 65, 110
マルチリージョン 66

み

密結合 89

も

目標復旧時間 130
目標復旧時点 130

よ

予測スケーリング 307

ら

ライフサイクルポリシー 69, 82
ライフサイクルルール 218

り

リージョン 75, 165, 300
リードレプリカ
.... 162, 165, 284, 309, 314
リザーブドインスタンス
.... 50, 83, 226, 227
リスクベースアプローチ 75
リスナールール 309
リホスト 56

る

ルーティングポリシー 66
ルートテーブル 78
ルートユーザー 174, 293

れ

レイテンシーベースルーティング 27
レジリエントアーキテクチャの設計
.... 64, 85
レプリケーション 86

ろ

ログ 217

335

©平山 毅、福垣内孝造、堀内康弘、
澤田拓也、門倉新之助、新井將友、
中根功多朗、村越義親、市川雅也、
杉原雄介、星 幸平、榛葉大樹、
藤田郁子、大西孝高、鳥谷部昭寛、
早川 愛、姜 禮林　　　　　2021

AWS認定ソリューションアーキテクト
- アソシエイト問題集

2021年 8 月17日　第 1 版第 1 刷発行	著者・監修	平山 毅、福垣内孝造
2021年11月 5 日　第 1 版第 2 刷発行	監　　修	堀内康弘
	著　　者	澤田拓也、門倉新之助、新井將友、
		中根功多朗、村越義親、市川雅也、
		杉原雄介、星 幸平、榛葉大樹、
		藤田郁子、大西孝高、鳥谷部昭寛、
		早川 愛、姜 禮林
	発 行 人	新関 卓哉
	編集担当	古川美知子、塩澤 明
	発 行 所	株式会社リックテレコム
		〒 113-0034
		東京都文京区湯島 3-7-7
		振替　　00160-0-133646
		電話　　03(3834)8380(代表)
		URL　　https://www.ric.co.jp/
	装　　丁	長久雅行
	組　　版	株式会社トップスタジオ
	印刷・製本	シナノ印刷株式会社

定価はカバーに表示してあります。
本書の全部または一部について、無
断で複写・複製・転載・電子ファイ
ル化等を行うことは著作権法の定
める例外を除き禁じられています。

● 訂正等

本書の記載内容には万全を期しておりますが、万一
誤りや情報内容の変更が生じた場合には、当社ホー
ムページの正誤表サイトに掲載しますので、下記よ
りご確認下さい。

＊正誤表一覧サイトURL

https://www.ric.co.jp/book/errata-list/1

● 本書に関するご質問

本書の内容等についてのお尋ねは、FAXもしくは
下記の「読者お問い合わせサイト」にて受け付け
ております。回答に万全を期すため、電話による
ご質問にはお答えできませんのでご了承下さい。

・FAX：03-3834-8043

・読者お問い合わせサイト：リックテレコムのホーム
ページ(https://www.ric.co.jp/book/)の左列
にある「書籍内容についてのお問い合わせ」のサ
イトから必要事項を入力の上お送り下さい。

造本には細心の注意を払っておりますが、万一、乱丁・落丁（ページの乱れや抜け）がございましたら、当社までお送り
下さい。送料当社負担にてお取り替え致します。

ISBN 978-4-86594-303-0